数学模型在生态学的应用及研究(32)

The Application and Research of Mathematical Model in Ecology(32)

杨东方　王凤友　编著

海洋出版社

2015年 · 北京

内 容 提 要

通过阐述数学模型在生态学的应用和研究,定量化地展示生态系统中环境因子和生物因子的变化过程,揭示生态系统的规律和机制以及其稳定性、连续性的变化,使生态数学模型在生态系统中发挥巨大作用。在科学技术迅猛发展的今天,通过该书的学习,可以帮助读者了解生态数学模型的应用、发展和研究的过程;分析不同领域、不同学科的各种各样生态数学模型;探索采取何种数学模型应用于何种生态领域的研究;掌握建立数学模型的方法和技巧。此外,该书还有助于加深对生态系统的量化理解,培养定量化研究生态系统的思维。

本书主要内容为:介绍各种各样的数学模型在生态学不同领域的应用,如在地理、地貌、水文和水动力以及环境变化、生物变化和生态变化等领域的应用。详细阐述了数学模型建立的背景、数学模型的组成和结构以及其数学模型应用的意义。

本书适合气象学、地质学、海洋学、环境学、生物学、生物地球化学、生态学、陆地生态学、海洋生态学和海湾生态学等有关领域的科学工作者和相关学科的专家参阅,也适合高等院校师生作为教学和科研的参考。

图书在版编目(CIP)数据

数学模型在生态学的应用及研究. 32/杨东方,王凤友编著. —北京:海洋出版社,2015.7
ISBN 978 – 7 – 5027 – 9010 – 3

Ⅰ. ①数… Ⅱ. ①杨… ②王… Ⅲ. ①数学模型 – 应用 – 生态学 – 研究 Ⅳ. ①Q14

中国版本图书馆 CIP 数据核字(2014)第 280878 号

责任编辑:鹿　源
责任印制:赵麟苏

海洋出版社　出版发行

http://www.oceanpress.com.cn
北京市海淀区大慧寺路 8 号　邮编:100081
北京华正印刷有限公司印刷　新华书店北京发行所经销
2015 年 7 月第 1 版　2015 年 7 月第 1 次印刷
开本:787 mm×1092 mm　1/16　印张:20
字数:480 千字　定价:60.00 元
发行部:62132549　邮购部:68038093　总编室:62114335
海洋版图书印、装错误可随时退换

数学是结果量化的工具

数学是思维方法的应用

数学是研究创新的钥匙

数学是科学发展的基础

杨东方

要想了解动态的生态系统的基本过程和动力学机制,尽可从建立数学模型为出发点,以数学为工具,以生物为基础,以物理、化学、地质为辅助,对生态现象、生态环境、生态过程进行探讨。

生态数学模型体现了在定性描述与定量处理之间的关系,使研究展现了许多妙不可言的启示,使研究进入更深的层次,开创了新的领域。

杨东方

摘自《生态数学模型及其在海洋生态学应用》

海洋科学(2000),24(6):21-24.

前　言

细大尽力,莫敢怠荒,远迩辟隐,专务肃庄,端直敦忠,事业有常。

——《史记·秦始皇本纪》

数学模型研究可以分为两大方面:定性和定量的,要定性地研究,提出的问题是:"发生了什么或者发生了没有",要定量地研究,提出的问题是"发生了多少或者它如何发生的"。前者是对问题的动态周期、特征和趋势进行了定性的描述,而后者是对问题的机制、原理、起因进行了定量化的解释。然而,生物学中有许多实验问题与建立模型并不是直接有关的。于是,通过分析、比较、计算和应用各种数学方法,建立反映实际的且具有意义的仿真模型。

生态数学模型的特点为:(1) 综合考虑各种生态因子的影响。(2) 定量化描述生态过程,阐明生态机制和规律。(3) 能够动态地模拟和预测自然发展状况。

生态数学模型的功能为:(1) 建造模型的尝试常有助于精确判定所缺乏的知识和数据,对于生物和环境有进一步定量了解。(2)模型的建立过程能产生新的想法和实验方法, 并缩减实验的数量,对选择假设有所取舍,完善实验设计。(3)与传统的方法相比,模型常能更好地使用越来越精确的数据,从生态的不同方面所取得材料集中在一起,得出统一的概念。

模型研究要特别注意:(1) 模型的适用范围:时间尺度、空间距离、海域大小、参数范围。例如,不能用每月的个别发生的生态现象来检测 1 年跨度的调查数据所做的模型。又如用不常发生的赤潮模型来解释经常发生的一般生态现象。因此,模型的适用范围一定要清楚。(2) 模型的形式是非常重要的,它揭示内在的性质、本质的规律,来解释生态现象的机制、生态环境的内在联系。因此,重要的是要研究模型的形式,而不是参数,参数是说明尺度、大小、范围而已。(3) 模型的可靠性,由于模型的参数一般是从实测数据得到的,它的可靠性非常重要,这是通过统计学来检测。只有可靠性得到保证,才能用模型说明实际的生态问题。(4) 解决生态问题时,所提出的观点,不仅从数学模型支持这一观点,还要从生态现象、生态环境等各方面的事实来支持这一观点。

本书以生态数学模型的应用和发展为研究主题,介绍数学模型在生态学不同领域的应用,如在地理、地貌、气象、水文和水动力以及环境变化、生物变化和生态变化等领域的应用。详细阐述了数学模型建立的背景、数学模型的组成和结构以及其数学模型应用的意义。认真掌握生态数学模型的特点和功能以及注意事项。生态数学模型展示了生态系统的演化过程和预测了自然资源可持续利用。通过本书的学习和研究,促进自然资源、环境的开发与保护,推进生态经济的健康发展,加强生态保护和环境恢复。

本书获得贵州民族大学出版基金、"贵州喀斯特湿地资源及特征研究"(TZJF – 2011 年 –44 号)项目、"喀斯特湿地生态监测研究重点实验室"(黔教全 KY 字 [2012]003 号)项目、教育部新世纪优秀人才支持计划项目(NCET – 12 – 0659)项目、"西南喀斯特地区人工湿地植物形态与生理的响应机制研究"(黔省专合字 [2012]71 号)项目、"复合垂直流人工湿地处理医药工业废水的关键技术研究"(筑科合同[2012205]号)项目、水库水面漂浮物智能监控系统开发(黔教科 [2011]039 号)项目、基于场景知识的交通目标行为智能描述(黔科合字[2011]2206 号)项目、水面污染智能监控系统的研发(TZJF – 2011 年 –46 号)项目、基于视觉的贵阳市智能交通管理系统研究项目、水面污染智能监控系统的研发项目、贵阳市水面污染智能监控系统的研发项目、基于信息融合的贵州水资源质量智能监控平台研究项目以及浙江海洋学院出版基金、浙江海洋学院承担的"舟山渔场渔业生态环境研究与污染控制技术开发"、海洋渔业科学与技术(浙江省"重中之重"建设学科)和"近海水域预防环境污染养殖模型"项目、海洋公益性行业科研专项——浙江近岸海域海洋生态环境动态监测与服务平台技术研究及应用示范(201305012)项目、国家海洋局北海环境监测中心主任科研基金——长江口、胶州湾、莱州湾及其附近海域的生态变化过程(05EMC16)的共同资助下完成。

此书得以完成应该感谢北海环境监测中心崔文林主任、上海海洋大学的李家乐院长、浙江海洋学院校长吴常文和贵州民族大学校长张学立;还要感谢刘瑞玉院士、冯士筰院士、胡敦欣院士、唐启升院士、汪品先院士、丁德文院士和张经院士。诸位专家和领导给予的大力支持,提供的良好的研究环境,成为我们科研事业发展的动力引擎。在此书付梓之际,我们诚挚感谢给予许多热心指点和有益传授的其他老师和同仁。

本书内容新颖丰富,层次分明,由浅入深,结构清晰,布局合理,语言简练,实用性和指导性强。由于作者水平有限,书中难免有疏漏之处,望广大读者批评指正。

沧海桑田,日月穿梭。抬眼望,千里尽收,祖国在心间。

杨东方　王凤友

2015 年 5 月 16 日

目　次

黄瓜干物质的产量模型

1 背景

针对氮素对温室黄瓜干物质分配和产量影响的模拟研究,了解氮素对干物质分配和产量的定量影响是实现温室黄瓜氮肥优化管理的前提。韩利等[1]研究通过黄瓜雌性无限生长型品种"戴多星"不同定植期、开花后不同氮素处理的试验,定量分析不同光温条件下氮素施用水平对温室黄瓜开花后干物质分配指数和果实采收指数的影响。在此基础上,进一步建立氮素对温室黄瓜开花后干物质分配和产量影响的预测模型,以期为中国温室黄瓜生产的氮肥优化管理提供理论依据和决策支持。

2 公式

2.1 分配指数的计算

在干物质分配的研究中,常假设干物质首先在地上部分和地下部分进行分配,然后再以地上部干物量为基础,进一步向叶、果、茎中分配[2]。由于温室黄瓜采用基质栽培,根系不发达,根据我们的试验结果,根系干物质量占植株总干物质量的比例从定植时的 10% 迅速下降到开花结果期的 2%。因此,本研究只考虑地上部分干物质向茎、叶和果实的分配。果实采收后对分配会存在影响,实验分别采用分配指数和收获指数来模拟黄瓜干物质分配和产量。分配指数定义为植株的器官累积干物质量与累积总干物质量之比,随作物的不同生育进程而异,由于分配指数是以器官和植株的累积干物质量计算的,因此已将果实采收对分配的影响考虑进去。根据定义可计算如下[3]:

$$PIS = WS/WSH \tag{1}$$

$$PIL = WL/WSH \tag{2}$$

$$PIF = WF/WSH \tag{3}$$

式中,PIS、PIL、PIF 分别为地上部分干物质向茎、叶和果实的分配指数;WSH、WS、WL、WF 分别为植株地上部分累积干物质量、茎累积干物质量、叶累积干物质量和果实累积干物质量,单位为 g/m^2。

2.2 分配指数随生育进程的变化

温度和辐射是影响干物质分配的两个最重要的环境因子[4],因此分配指数随生育进程的变化规律可以用综合考虑温、光影响的量化指标"辐热积"[5]来描述。辐热积是温度相对热效应和冠层上方光合有效辐射的乘积。由于作物的生长与作物吸收的光合有效辐射直接相关,作物吸收的光合有效辐射与作物实际生长状况和种植密度有关。为了进一步量化辐射效应,本研究在"辐热积"的基础上提出了"冠层吸收辐热积"的概念。冠层吸收辐热积(TEP_{ab})定义为温度相对热效应(RTE)与冠层吸收的光合有效辐射(PAR_{ab})的乘积,计算方法为:

$$TEP_{ab}(i) = RTE(i) \times PAR_{ab}(i) \tag{4}$$

式中,$TEP_{ab}(i)$为第i天冠层日吸收辐热积,$MJ \cdot m^{-2} \cdot d^{-1}$;$RTE(i)$、$PAR_{ab}(i)$分别为第$i$天的日平均相对热效应和冠层吸收的日总光合有效辐射,$MJ \cdot m^{-2} \cdot d^{-1}$。

黄瓜在一定生长阶段内的累积TEP_{ab}($MJ \cdot m^{-2}$)由冠层每日吸收辐热积累积得到:

$$TEP_{ab} = \sum [TEP_{ab}(i)] \tag{5}$$

公式(4)中RTE可按文献[3]的公式进行计算,PAR_{ab}可用下面的公式计算[6]:

$$PAR_{ab} = PAR \times [1 - \exp(-k \times LAI)] \tag{6}$$

式中,k为黄瓜冠层消光系数,本研究中取值为0.8[7];PAR为到达作物冠层上方的总光合有效辐射,$J \cdot m^{-2} \cdot s^{-1}$;$LAI$为叶面积指数。

冠层上方的光合有效辐射PAR是太阳总辐射中能被植物光合作用所利用的部分,可计算为:

$$PAR = 0.5 \times Q \tag{7}$$

式中,Q为到达作物冠层上方的太阳总辐射,$J \cdot m^{-2} \cdot s^{-1}$;$0.5$为光合有效辐射在太阳总辐射中所占的比例[6]。当叶面积指数较小时(根据试验观测,$LAI < 1.3$),由于叶片间没有相互遮光,每张叶片都可以获得充足阳光进行光合作用,且当光辐射超过光饱和点时,光合速率也不再增加[8]。在这个阶段当光合有效辐射高于单叶光饱和点时PAR取单叶光饱和点值。黄瓜单叶光饱和点为$1\,300\ \mu mol \cdot m^{-2} \cdot s^{-1}$[9]。当$LAI$不小于$1.3$,冠层上方光合有效辐射高于单叶光饱和点时,尽管上层叶片接收的PAR在光饱和点以上,群体内部的光照度仍在饱和光强以下,对冠层而言光并没有达到饱和,所以PAR取实际值。

根据试验的观测资料和式(1)~式(7),计算得到各处理的黄瓜分配指数和冠层累积吸收辐热积。各处理的茎、叶和果实的分配指数与累积冠层吸收辐热积的关系如图1所示。

由图1可知,各处理地上部分干物质向茎、叶和果实的分配指数随累积冠层吸收辐热积的变化规律都各自遵循同一模式。不同处理的叶分配指数和果实分配指数随累积冠层吸收辐热积的变化动态均可分别用式(8)和式(9)表示:

$$PIL = \begin{cases} 0.8 \times TEP_{ab}^{-0.05} & 0 < TEP_{ab} \leq 13, R^2 = 0.851, SE = 0.028 \\ PIL_{min} + (PIL_t \times PIL_{min}) \times \exp[-a \times (-13)] & TEP_{ab} > 13 \end{cases} \tag{8}$$

$$PIF = \begin{cases} 0 & 0 < TEP_{ab} \leq 13 \\ PIF_{max} \times \{1 - \exp[-b \times (TEP_{ab} - 13)]/PIF_{max}\} & TEP_{ab} > 13 \end{cases} \tag{9}$$

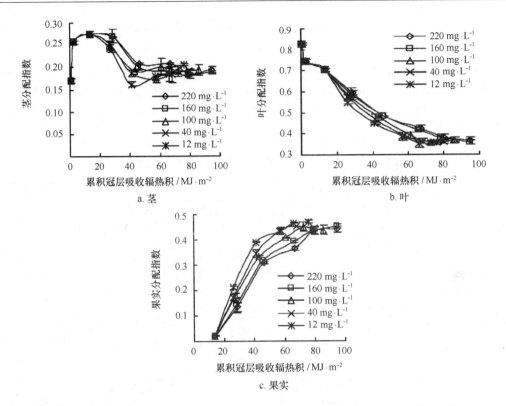

图1　不同处理的地上部分干物质向茎、叶和果实的分配指数与累积冠层吸收辐热积的关系

则茎分配指数为：

$$PIS = 1 - PIL - PIF \qquad (10)$$

　　式(8)、式(9)都是分段函数,以 TEP_{ab} 达到 13 MJ·m^{-2}(黄瓜进入结瓜期)为转折点。式(8)中 PIL 为叶分配指数; PIL_{min} 为叶分配指数的最小值,与品种特性有关,根据试验的实测数据取值为 0.3; PIL_t 为进入结瓜期时的叶分配指数;参数 a 为叶分配指数进入结瓜期后的相对下降速率,受氮素水平影响。式(9)中 PIF 为果实分配指数; PIF_{max} 为果实分配指数的最大值,与品种特性有关,根据试验的实测数据取值为 0.5;参数 b 为果实分配指数相对增加速率,受氮素水平影响。

2.3　氮对地上部干物质向茎、叶和果实的分配指数的影响

　　叶片含氮量和氮浓度是诊断作物氮素亏缺与否的重要指标[10]。由于实验供试的是长季节栽培的无限生长型品种,在盛果期以前是作物搭建"丰产架子"的时期,干物质主要分配给营养器官,此时叶片氮浓度主要是影响作物干物质的积累(即作物生长速率)。到盛果期时,黄瓜的营养生长和生殖生长趋于平衡,此时叶片氮浓度亦趋于稳定,叶片氮浓度对干物质向不同器官特别是叶片和果实的分配的影响很大,从而影响产量。此外,盛果期占黄瓜全生育期的比例很大,而且此时期的氮素营养状况直接决定着盛果期的长短与产量,所

以本研究中采用盛果期的叶片氮浓度(1 g 干物质中所含 N 量 mg/g)作为评价温室黄瓜作物氮素营养状况的指标,来量化氮素对干物质分配的影响。根据试验的观测数据,开花后叶分配指数相对下降速率[式(8)中的参数 a]和果实分配指数相对增加速率[式(9)中的参数 b]与盛果期叶片氮浓度的关系(图2)可分别用式(11)和式(12)来拟合。

$$a = 0.018 + (0.055 - 0.018) \times \exp(-0.040 \times N_L)$$

$$R^2 = 0.979, SE = 0.000\ 5 \tag{11}$$

$$b = 0.009\ 5 + (0.042 - 0.009\ 5) \times \exp(-0.044 \times N_L)$$

$$R^2 = 0.850, SE = 0.001\ 3 \tag{12}$$

式中,a、b 分别表示开花后叶分配指数相对下降速率和果实分配指数相对增加速率;N_L 为盛果期叶片氮浓度,$\mathrm{mg \cdot g^{-1}}$。

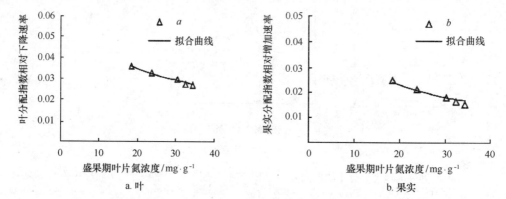

图2　叶分配指数相对下降速率(a)和果实分配指数相对增加速率(b)与
盛果期叶片氮浓度的关系

2.4　茎、叶、果实干物质量的模拟

茎、叶、果实的干物质量可根据植株地上部干物质量和各个器官的分配指数计算:

$$WS = WSH \times PIS \tag{13}$$

$$WL = WSH \times PIL \tag{14}$$

$$WF = WSH \times PIF \tag{15}$$

式中,WSH、WS、WL、WF 分别为地上部干物质量、茎干物质量、叶干物质量和果实干物质量,$\mathrm{g \cdot m^{-2}}$;PIS、PIL、PIF 分别为茎、叶、果实分配指数。

根据本研究各个试验的数据,黄瓜地上部干物质量随累积冠层吸收辐热积的变化如图3所示。本研究采用指数—线性生长方程[6]来描述黄瓜地上部干物质量随累积冠层吸收辐热积的变化:

$$WSH = 2.9/0.08 \times \ln\{1 + \exp[0.08 \times (TEP_{ab} - 13)]\}$$

$$R^2 = 0.987, SE = 7.960 \tag{16}$$

4

式中,WSH 为黄瓜地上部干物质量,$g \cdot m^{-2}$;2.9 为线性生长阶段干物质量增长速率,也是最大增长速率,$g \cdot m^{-2} \cdot MJ^{-1}$;0.08 为指数生长阶段干物质量相对增长速率,$g \cdot m^{-2}/(g \cdot m^{-2} \cdot MJ \cdot m^{-2})$;$TEP_{ab}$ 为累积冠层吸收辐热积,$MJ \cdot m^{-2}$;13 为指数生长结束时累积的冠层吸收辐热积。

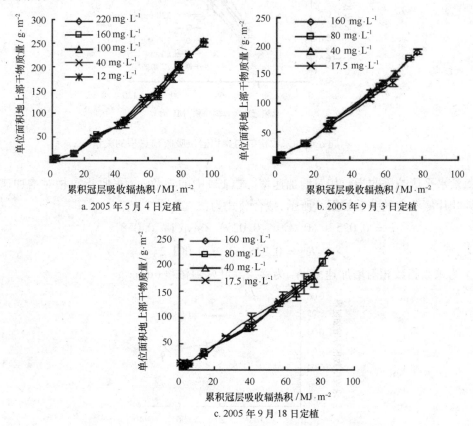

a. 2005 年 5 月 4 日定植

b. 2005 年 9 月 3 日定植

c. 2005 年 9 月 18 日定植

图 3　地上部干物质量与累积冠层吸收辐热积的关系

2.5　产量的模拟

由地上部干物质量和干物质分配指数计算出的果实干物质量包括三个部分:已采收的果实干物质量、植株上尚未成熟的果实干物质量和被摘除化果的果实干物质量,其中已采收的果实即为形成产量的果实。将累积已采收的果实干物质量占累积果实总干物质量的比例定义为采收指数(HI)。利用试验的数据计算得到各处理的黄瓜采收指数,不同处理的采收指数随累积冠层吸收辐热积的变化动态(图4)均可以用式(17)表示:

$$HI = HI_{max} \times \{1 - \exp[-c \times (TEP_{ab} - 13)]\} \quad TEP_{ab} \geqslant 13 \qquad (17)$$

式中,HI 为采收指数;HI_{max} 为采收指数的最大值,根据文献[3]和本研究的试验数据取值为0.96;参数 c 为采收指数相对增加速率,受氮素水平影响;TEP_{ab} 为累积冠层吸收辐热积,

$MJ \cdot m^{-2}$;$TEP_{ab} \geqslant 13$ 是因为累积冠层吸收辐热积达到 13 MJ/m^2 之后黄瓜才进入结果期。

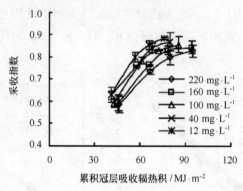

图 4　不同处理的采收指数与累积冠层吸收辐热积的关系

氮素水平影响采收指数相对增加速率[式(17)中的参数 c],采收指数相对增加速率与盛果期叶片氮浓度的关系如图 5 所示,拟合公式为:

$$c = 0.025 + (0.059 - 0.025) \times \exp(-0.058 \times N_L)$$

$$R^2 = 0.848, SE = 0.001\ 2 \tag{18}$$

式中,c 为采收指数相对增加速率;N_L 为盛果期叶片氮浓度($mg \cdot g^{-1}$)。

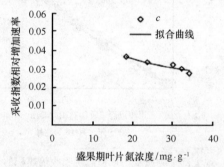

图 5　采收指数相对增加速率与盛果期叶片氮浓度的关系

黄瓜产量的干物质量可以通过果实干物质量与采收指数的乘积求得。由于黄瓜产量是以果实鲜质量来计量的,因此黄瓜产量计算时要将干物质量换算成鲜质量。本研究表明,氮素水平对同一时期成熟果实干物质含量影响不显著,这与 Papadopoulos[11] 的研究结果一致。而温度、同化物供应和需求、采收时果实年龄是决定成熟黄瓜果实的干物质含量的重要因素[12]。根据试验观测数据,试验采收果实的干物质含量范围都在 3.0% ~ 3.5%,本研究中果实干物质含量取平均值 3.2%,则黄瓜的产量可计算为:

$$YIELD = (WF \times HI)/0.032/1\ 000 \tag{19}$$

式中,$YIELD$ 为黄瓜的产量(鲜质量),$kg \cdot m^{-2}$;WF 为模拟的果实总干物质量,$g \cdot m^{-2}$;HI

为采收指数;1 000 为将 g·m^{-2}换算成 kg·m^{-2}的单位转换系数。

2.6 模型检验方法

用预测相对误差(RE)对模拟值与实测值之间的符合度进行统计分析,其中回归估计标准误($RMSE$)的计算参见文献[3],表示为:

$$RE(\%) = \frac{均方根差}{实测样本平均值} \times 100\% \tag{20}$$

3 意义

通过建立氮素对黄瓜开花后干物质分配和产量影响的预测模型,表明对茎干物质量、叶干物质量和果实干物质量及黄瓜产量(鲜质量)预测值与实测值之间基于 1∶1 直线之间的决定系数 R^2 分别为 0.945、0.943、0.990、0.955;预测相对误差 RE 分别为 13.0%、12.3%、9.2%、16.8%。本模型可预测不同氮素水平下温室黄瓜地上部各器官干物质量和产量,可以为中国温室黄瓜生产的氮肥优化管理决策提供参考。

参考文献

[1] 韩利,戴剑锋,罗卫红,等. 氮素对温室黄瓜开花后干物质分配和产量影响的模拟研究. 农业工程学报,2008,24(6):206 – 213.

[2] 曹卫星,罗卫红. 作物系统模拟及智能管理. 北京:高等教育出版社,2003:64 – 68.

[3] 李永秀. 温室黄瓜生长发育模拟模型的研究. 南京:南京农业大学出版社,2005.

[4] Marcelis L F M. Effect of fruit growth, temperature and irradiance on biomass allocation to the vegetative parts of cucumber. Netherlands Journal of Agricultural Science,1994,42: 1387 – 1392.

[5] 徐国彬,罗卫红,陈发棣,等. 温度和辐射对一品红发育及主要品质指标的影响. 园艺学报,2006,33(1):168 – 171.

[6] Goudriaan J,Van Laar H H. Modelling potential crop growth processes. The Netherlands:Kluwer Academic Publishers,1994: 10 – 11.

[7] 李娟,郭世荣,罗卫红. 温室黄瓜光合生产与干物质积累模拟模型. 农业工程学报,2003,19(4): 241 – 244.

[8] 潘瑞炽. 植物生理学. 北京:高等教育出版社,2001:92 – 93.

[9] 艾希珍,张振贤,何启伟,等. 日光温室不同黄瓜叶位叶片光合作用研究. 中国农业科学,2002,35(15):1519 – 1524.

[10] 焦雯珺,闵庆文,林焜,等. 植物氮素营养诊断的进展与展望. 中国农学通报,2006,22(12):351 – 355.

[11] Papadopoulos I. Nitrogen fertigation of greenhouse – grown cucumber. Plant and Soil,1986,93: 87 – 93.

[12] Marcelis L F M. Fruit growth and dry matter partitioning in cucumber. The Netherlands:Wageningen University,1994.

红枣维生素的热降解公式

1 背景

为了了解加热温度对红枣汁中维生素 C 含量变化的影响,降低红枣汁在加工过程中维生素 C 的损失,张静等[1]以红枣澄清汁为材料,采用可逆的一级反应模型研究了不同加热温度下还原型维生素 C(AA)的降解规律并推导出氧化型维生素 C(DHAA)含量变化的数学模型。在此基础上利用 Arrhenius 方程计算得到 AA 和 DHAA 的降解反应活化能。旨为优化红枣汁的加工工艺、提高红枣汁的品质提供理论依据。

2 公式

2.1 红枣汁中 AA 的降解反应的动力学参数计算

维生素 C 在加热条件下以式(1)所示反应方式降解:

$$\text{AA} \underset{k_{-1}}{\overset{k_1}{\Longleftrightarrow}} \text{DHAA} \overset{k_2}{\longrightarrow} \text{DKGA} \tag{1}$$

式中,k_1,k_{-1},k_2 分别为 AA 和 DHAA 发生降解反应的各反应速率常数,$\min^{-1}$;DKGA 为二酮古乐糖酸。维生素 C 在加热条件下由 AA 降解为 DHAA 的反应是一个可逆反应,但在大多数研究报道中,认为此反应符合零级或一级不可逆反应规律,并在此基础上计算出 AA 的热降解反应动力学参数[2,3,4]。已有研究表明,当加热超过一定的时间,维生素 C 的降解反应便开始偏离一级不可逆反应规律[5],因此,采用可逆的一级反应模型能够更加准确地反映维生素 C 的实际降解过程[5]。该反应模型表示为:

$$\frac{C_{\text{AA}} - C_{\text{AA}\infty}}{C_{\text{AA}0} - C_{\text{AA}\infty}} = e^{-k_1 t} \tag{2}$$

式中,t 为反应时间,$\min$;C_{AA} 为 AA 在 t 时的浓度,$\text{mg} \cdot \text{mL}^{-1}$;$C_{\text{AA}0}$ 为 AA 在 t 为 0 时的浓度,$\text{mg} \cdot \text{mL}^{-1}$;$C_{\text{AA}\infty}$ 为 AA 在 t 为 ∞ 时的浓度,$\text{mg} \cdot \text{mL}^{-1}$;$k_1$ 为 AA 降解反应速率常数,$\min^{-1}$。利用式(2)计算 AA 发生热降解反应的相关动力学参数,结果见表 1。借助 MATLBAB 软件以式(2)为模型对试验数据进行非线性回归,得到不同温度下红枣汁中 AA 的浓度随时间变化的趋势图,如图 1 虚线所示。

表 1　红枣汁中还原型维生素 C(AA)热降解的动力学参数

温度 T/K	$k_1/10^{-3}$ min^{-1}	r^2	$C_{AA\infty}$/mg·mL^{-1}	E_a/kJ·mol^{-1}
303.15	8.48	0.980 5		
313.15	12.11	0.982 6		
323.15	13.32	0.985 7	0.35	21.87
333.15	19.84	0.981 3		
343.15	24.42	0.983 2		

注:k_1 为 AA 降解反应速率常数;$C_{AA\infty}$ 为 AA 在反应时间为∞时的浓度;E_{a1} 为 AA 的降解活化能。

由图 1 虚线可以看出,在不同的加热温度条件下,红枣汁中的 AA 均发生降解,并且温度越高,AA 降解反应达到平衡的速率越快。利用模型式(2)得到的预测值与实测值的吻合度较高,相对误差在 0.029～0.142,说明该反应模型[式(2)]能够较真实地反映红枣汁中 AA 的热降解规律。

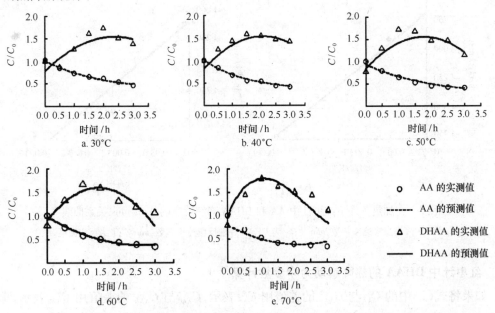

图 1　不同温度下红枣汁中还原型维生素 C(AA)与氧化型维生素 C(DHAA)相对浓度随时间变化的趋势图

AA 和 DHAA 的浓度均采用相对浓度表示,即该物质在 t 时的浓度(C)与其在 $t=0$ 时的浓度(C_0)之比,量纲为 1

活化能是反应动力学研究的重要参数之一,它反映了一个化学反应能够发生需要从外部环境中吸收热量的大小,活化能越大,表明发生该化学反应越困难。

不同温度下的反应速率常数 k 随温度的变化规律由 Arrehnius 方程表示,如式(3)所示,因此根据维生素 C 在不同温度下的反应速率常数可得到其发生反应的活化能:

$$\ln k = -\frac{Ea}{R} \times \frac{1}{T} + \ln k_0 \tag{3}$$

式中,T 为反应温度,K;k 为温度 T 时的反应速率常数,min^{-1};k_0 为指前因子,min^{-1};Ea 为反应活化能,$kJ \cdot mol^{-1}$;R 为理想气体常数,$8.314\ J \cdot mol^{-1} \cdot K^{-1}$。

AA 在不同温度下的降解反应速率常数可由式(2)得出,将不同温度下的 $\ln k$ 对($1/T$)作图(图2),由此可计算出 AA 热降解反应的活化能,结果见表1。

由表1可以看出,随着温度升高,k_1 值不断增大,并且温度越高,k_1 值增大的速度越快。表明红枣汁加热温度越高,AA 降解为 DHAA 的速度越快,这与 AA 在多数果汁体系中的热降解规律是一致的。但 AA 在红枣汁中热降解的活化能仅为 $21.87\ kJ \cdot mol^{-1}$,远低于橙汁中 AA 降解的活化能($128.3\ kJ \cdot mol^{-1}$)[6],表明 AA 在红枣汁中稳定性低,这可能与红枣汁中的有机酸含量较低有关,其机理有待进一步研究。

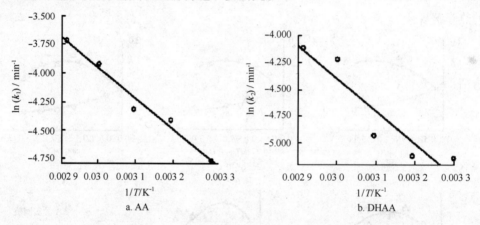

图2 在加热条件下红枣汁中 AA 和 DHAA 降解反应的 Arrhenius 关系曲线

k_1 为 AA 降解反应速率常数,min^{-1};k_2 为 DHAA 降解反应速率常数,min^{-1};T 为反应温度,K

2.2 红枣汁中 DHAA 的热降解动力学参数计算

如果将式(2)中的 C_{AA} 与 $C_{AA\infty}$ 的差值用 C_{AA}^* 表示,C_{AA0} 与 $C_{AA\infty}$ 的差值用 C_{AA0}^* 表示,那么 AA 的可逆反应就可表示为式(4)所示的形式。

$$C_{AA}^* \xrightarrow{k_1} C_{DHAA} \xrightarrow{k_2} C_{DKGA} \tag{4}$$

式中,C_{DHAA} 为红枣汁中 DHAA 的浓度,$mg \cdot mL^{-1}$;C_{DKGA} 为红枣汁中 DKGA 的浓度,$mg \cdot mL^{-1}$;此时式(2)所表示的可逆反应方程式就可以变形为一级不可逆反应方程式[6],变形后的方程式如下:

$$C_{AA}^* = e^{-k_1 t} C_{AA0}^* \tag{5}$$

因此,DHAA 在加热条件下其浓度随时间的变化可表示为:

$$\frac{\mathrm{d}C_{\mathrm{DHAA}}}{\mathrm{d}t} = k_1 C_{\mathrm{AA}}^* - k_2 C_{\mathrm{DHAA}} \tag{6}$$

对上式进行积分,并将红枣汁中 DHAA 的初始浓度 C_{DHAA0} 初始化条件代入积分式,得到的积分式如式(7)所示:

$$\frac{C_{\mathrm{DHAA}}}{C_{\mathrm{DHAA0}}} = \frac{\left(\dfrac{C_{\mathrm{AA}}^*}{C_{\mathrm{AA0}}^*}\right)^{k_2/k_1}\left(\dfrac{-C_{\mathrm{AA0}}^*}{C_{\mathrm{DHAA0}}}\right) + \left(\dfrac{k_2}{k_1} - 1\right) + \dfrac{C_{\mathrm{AA}}^*}{C_{\mathrm{DHAA0}}}}{\dfrac{k_2}{k_1} - 1} \tag{7}$$

借助 MATLBAB 软件以式(7)为模型对试验数据进行非线性回归,得到不同温度下红枣汁中 DHAA 浓度随时间变化的趋势图,如图 1 实线所示。

3 意义

红枣维生素的热降解公式表明,在 303 K,313 K,323 K,333 K,343 K 温度条件下,可逆的一级反应模型适用于表达红枣汁中 AA 的降解规律,非线性回归决定系数 r^2 均大于 0.98。DHAA 的数学模型也能较好地预测 DHAA 在红枣汁中的含量变化规律。在不同的加热温度下,AA 与 DHAA 均能发生降解反应,但 DHAA 的降解速率较 AA 低,DHAA 的降解主要发生在 AA 的降解反应达到平衡之后。AA 热降解反应活化能较低,表明红枣汁中的 AA 对热处理较敏感。该研究为优化红枣汁的加工工艺、提高红枣汁的品质提供理论依据。

参考文献

[1] 张静,曹炜,曹艳萍,等. 红枣汁中维生素 C 热降解的动力学研究. 农业工程学报,2008,24(6): 295 −298.

[2] Karhan M,Aksu M,Tetik N,et al. Kinetic modeling of anaerobic thermal degradation of ascorbic acid in Rose Hip pulp. Journal of Food Quality,2004,27: 311 −319.

[3] Uddin M S,Hawlader M N A,Luo D,et al. Degradation of ascorbic acid in dried guava during storage. Journal of Food Engineering,2002,51: 21 −26.

[4] 潘超然,鲍世利,陈锦全. 锥栗贮藏过程中维生素 C 的降解速率以及保鲜条件研究. 农业工程学报, 2003,19(6):234 −237.

[5] Vieira M C,Teixeira A A,Silva C L M. Mathematical modeling of the thermal degradation kinetics of vitamin C in cupuacu nectar. Journal of Food Engineering,2000,43: 1 −7.

[6] Johnson J R,Braddock R J,Chen C S. Kinetics of ascorbic acid loss and nonenzymatic browning in orange juice serum: experimental rate constants. Journal of Food Science,1995,60: 502 −505.

滤波器的消除噪声公式

1 背景

为了更好地滤除振动信号中包含的各种噪声干扰,在研究数学形态学基本变换的基础上,提出了一种采用广义形态滤波器来处理旋转机械振动信号的方法。张文斌等[1]采用广义形态滤波器对振动信号进行降噪处理,无须考虑振动信号的频谱特征,通过开－闭、闭－开组合的广义形态滤波器对振动信号滤波处理后即可消除噪声干扰,并进行了仿真计算。

2 公式

2.1 基本形态变换

数学形态学是 1964 年由法国 Matheron G 和 Serra J 在积分几何研究成果的基础上创立的,是在严格的数学理论基础上建立起来的密切联系实际的科学[2]。数学形态学用集合来描述目标,集合各部分之间的关系说明了目标的结构特点。在考察目标时,要设计一种被称为结构元素的"探针",通过探针不停地在信号中移动,便可以考察信号各部分之间的关系,从而提取有用的信息做结构分析和描述[3]。

形态变换一般分为二值形态变换和多值(灰度)形态变换。由于在振动信号中一般只涉及一维信号,实验只限于一维离散情况下的多值形态变换,包括腐蚀、膨胀、形态开和形态闭以及形态开、闭的级联组合。

定义 1 设 $f(n)$ 为定义在 $F = \{0,1,\cdots,N-1\}$ 上的离散函数,$g(n)$ 为定义在 $G = \{0, 1,\cdots,M-1\}$ 上的离散函数,且 $N \geqslant M$,这里 $f(n)$ 为输入系列,$g(n)$ 为结构元素,则 $f(n)$ 关于 $g(n)$ 的腐蚀和膨胀分别定义为:

$$(f\Theta g)(n) = \min_{m=0,1,\cdots,M-1}[f(n+m)-g(m)]$$
$$(n = 0,1,\cdots,N+M-2) \tag{1}$$

$$(f\oplus g)(n) = \max_{m=0,1,\cdots,M-1}[f(n-m)+g(m)]$$
$$(n = 0,1,\cdots,N-M) \tag{2}$$

式中,Θ 和 $\oplus$ 分别表示腐蚀和膨胀运算。

$f(n)$ 关于 $g(n)$ 的形态开和形态闭分别定义为:

$$(f \circ g)(n) = [f\Theta g \oplus g](n) \tag{3}$$

12

$$(f \cdot g)(n) = [f \oplus g \ominus g](n) \tag{4}$$

式中，。和·分别表示形态开和形态闭运算，由于噪声通常表现为信号上叠加窄的"毛刺"，即一些很尖的"峰"和很低的"谷"，形态开可以削去"峰"，形态闭可以填平"谷"，因此在实际应用中，对旋转机械振动信号的处理中应采用形态开、闭运算或形态开、闭的级联形式同时去除信号中的正、负脉冲噪声。

2.2 广义形态滤波器的构建

Maragos 利用相同的结构元素，定义了形态开 – 闭和形态闭 – 开滤波器[4,5]。对于形态开 – 闭滤波器而言，首先进行的开运算在去除正脉冲噪声的同时，增强了负脉冲噪声，如果再采用相同的结构元素进行闭运算，就不能有效地去除全部的负脉冲噪声；同样，采用相同结构元素的形态闭 – 开滤波器也不能有效地去除全部的正脉冲噪声。因此，对上述两种滤波器进行改进，提出采用不同结构元素的广义形态开 – 闭和形态闭 – 开滤波器[6]。

定义 2 设 $f(n)$ 为定义在 $F = \{0, 1, \cdots, N-1\}$ 上的离散函数，两个结构元素分别为 $g_1(n)(n \in G_1)$ 和 $g_2(n)(n \in G_2)$，且 $G_1 \subset G_2$，则广义的形态开 – 闭和形态闭 – 开滤波器分别定义为：

$$OC[f(n)] = f(n) \circ G_1 \cdot G_2 \tag{5}$$

$$CO[f(n)] = f(n) \cdot G_1 \circ G_2 \tag{6}$$

利用广义开 – 闭和闭 – 开运算的线性组合，不但能消除标准形态算子产生的偏差，而且消除不模糊信号中的陡峭阶跃变化，较好地保持了信号的几何结构特征[6]。实验选用组合形态滤波器的输出为：

$$y(n) = \{OC[f(n)] + CO[f(n)]\}/2 \tag{7}$$

2.3 仿真计算

为考察广义形态滤波器对振动信号中噪声的处理能力，设原始振动信号为：

$$x(t) = \sin(2\pi \times 50 \times t) + \sin(2\pi \times 100 \times t) \tag{8}$$

取采样频率为 2 kHz，然后在原始信号中加入不同类型的噪声，进行仿真计算如下。

对脉冲干扰广义形态滤波分析，在旋转机械振动信号的现场采集中常常混有随机脉冲干扰，为考察广义形态滤波器对脉冲干扰的滤波效果，在原始振动信号中间隔一定的时间加入幅值为 5 的正负脉冲干扰信号 $i(t)$，即：

$$x(t) = \sin(2\pi \times 50 \times t) + \sin(2\pi \times 100 \times t) + i(t) \tag{9}$$

为便于与传统组合形态滤波器比较，我们同样给出了经过 3 种结构元素处理后的波形的均方根误差，如表 1 所示。可以看出，广义形态滤波器比传统形态滤波器有更强的消除噪声能力，这正是由于采用了一小一大不同尺寸的结构元素所得到的效果。

表1 不同结构元素下的随机染噪信号均方根误差比较

结构元素	直线	三角形	圆形
传统形态滤波器	0.153 3	0.153 8	0.215 7
广义形态滤波器	0.149 8	0.151 3	0.170 1

3 意义

实验针对振动信号噪声的特点,在传统开－闭和闭－开形态滤波器的基础上,提出了采用不同结构元素的广义形态滤波器处理振动信号的方法。并研究了广义组合形态滤波器对不同类型、不同强度噪声下的降噪能力,仿真计算表明广义形态滤波器能更好地对振动信号进行滤波处理,并能保持信号的全局和局部特征。该研究方法滤波效果好,计算简单,易于实现,具有广阔的应用前景。

参考文献

［1］ 张文斌,周晓军,林勇.广义形态滤波器在振动信号处理中的应用研究.农业工程学报,2008,24 (6):203－205.

［2］ 崔屹.图像处理与分析——数学形态学方法及应用.北京:科学出版社,2000.

［3］ 唐贵基,王维珍,胡爱军,等.数学形态学在旋转机械振动信号处理中的应用.汽轮机技术,2005,47 (4):271－272.

［4］ Maragos P,Schafer R W. Morphological filters – Part I:Their set theoretic analysis and relation to linear shift invariant filters. IEEE Transaction on ASSP,1987,35(8):1153－1169.

［5］ Maragos P,Schafer R W. Morphological filters – Part II:Their relation to median,order – statistic,and stack filters. IEEE Transaction on ASSP,1987,35(8):1170－1184.

［6］ 赵春晖,孙圣和.一种形态开、闭自适应加权组合滤波器.电子学报,1997,25(6):107－111.

平原农业生态的能值评估模型

1 背景

能值理论是美国系统生态学家、国际能量分析先驱 H. T. Odum 于 20 世纪 80 年代末期提出的综合研究方法。张洁瑕等[1]旨在通过分析黄淮海平原农业生态系统能值指标变化特点以获得系统信息,为黄淮海平原农业生态系统的结构和功能的调控,利用能值模型对黄淮海平原 17 年农业生态系统演替及可持续性进行评估。为确保该区域可持续发展提出相关建议,同时也可为区域农业生态系统演替理论研究提供实证案例,促进农业生态学的理论发展。

2 公式

2.1 模型方法

2.1.1 作物子系统

$$TEPCS_t = URSE_t \times SRPHC \times EC \times CA_t \times ET \tag{1}$$

式中,$TEPCS_t$ 为在 t 时刻作物子系统总能值产出;$URSE_t$ 为在 t 时刻太阳能利用率;$SRPHC$ 为单位面积太阳能辐射;EC 为经济系数;CA_t 为在 t 时刻作物播种面积;ET 为太阳能值转换率。

2.1.2 渔业子系统

$$TEPFS_t = FM_t \times ENc \times ET \tag{2}$$

式中,$TEPFS_t$ 在 t 时刻渔业子系统总能值产出;FM_t 为在 t 时刻渔业产出;ENc 为能量系数;ET 为太阳能值转换率。

2.1.3 家畜子系统

$$TOLE_t = \sum_i^n L_i C_i \times TRF_t \times ET \tag{3}$$

式中,$TOLE_t$ 为在 t 时刻家畜能值产出;TRF_t 为在 t 时刻饲草转化率;ET 为太阳能值转换率;L 为包括猪、家禽、牛、羊等家畜总数;C 为相对应家畜均饲草消费量。

2.1.4　人子系统

$$TECH_t = HP_t \times ECPC_t \qquad (4)$$

式中,$TECH_t$ 为在 t 时刻人消费总能值;HP_t 为在 t 时刻人口;$ECPC_t$ 为在 t 时刻人均能值消费。

2.1.5　能值输入

$$I_t = R_t + N_t \qquad (5)$$

式中,I_t 为在 t 时刻总的环境能值;R_t 为在 t 时刻可更新资源能值;N_t 为不可更新资源能值。

$$U_t = F_t + R_{lt} \qquad (6)$$

式中,U_t 在 t 时刻总的辅助能值;F_t 为在 t 时刻不可更新工业辅助能;R_{lt} 为在 t 时刻可更新有机辅助能值。

$$T_t = U_t + I_t \qquad (7)$$

式中,T_t 为在 t 时刻总的能值输入。

根据上述的能值模型,计算 1984—2000 年黄淮海平原农业生态系统的能值流投入和产出结果(表 1)。

表 1　1984—2000 年黄淮海平原农业生态系统的能值流投入和产出结果

项目	1984	1986	1988	1990	1992	1994	1996	1998	2000
可更新资源(R)									
太阳能/10^{20}	9.249	9.177	9.124	9.101	9.091	9.017	8.972	8.926	8.881
雨水化学能/10^{21}	9.697	9.622	9.567	9.542	9.532	9.454	9.406	9.359	9.312
雨水势能/10^{26}	5.553	5.510	5.478	5.464	5.458	5.414	5.386	5.359	5.332
灌溉水/10^{23}	1.980	2.268	1.932	1.957	1.905	1.943	1.949	1.956	1.962
合计/10^{23}	1.980	2.268	1.932	1.957	1.905	1.943	1.949	1.956	1.962
不可更新资源(N)									
净土壤侵蚀能/10^{20}	6.915	6.862	6.822	6.805	6.797	6.742	6.708	6.674	6.640
合计/10^{20}	6.915	6.862	6.822	6.805	6.797	6.742	6.708	6.674	6.640
$I=R+N/10^{23}$	1.987	2.275	1.939	1.964	1.912	1.950	1.956	1.962	1.969
化石能(F)									
燃料/10^{22}	1.052	0.893	1.088	1.202	1.238	1.398	1.491	1.589	1.695
电/10^{22}	2.096	2.386	2.979	3.253	4.245	4.904	5.851	6.980	8.327
肥料/10^{22}	1.442	1.509	1.592	1.945	2.218	2.649	2.998	3.392	3.838
农药/10^{20}	1.770	2.488	1.948	2.036	2.162	2.284	2.406	3.159	3.305

项目	1984	1986	1988	1990	1992	1994	1996	1998	2000
农膜/10^{19}	0.957	0.615	1.062	0.942	1.533	1.180	1.181	1.182	1.182
机械/10^{23}	4.581	4.540	5.140	5.826	5.619	6.768	7.363	8.010	8.044
合计/10^{23}	5.042	5.021	5.708	6.468	6.391	7.665	8.399	9.210	9.433
可更新有机能(R_1)									
种子/10^{21}	3.412	3.903	3.341	3.388	3.299	3.373	3.389	3.404	3.420
人力/10^{22}	5.242	4.829	5.190	5.137	5.193	5.077	5.028	4.979	4.930
畜力/10^{20}	4.473	4.445	3.681	2.848	3.082	1.648	0.899	0.087	0.000
合计/10^{22}	5.628	5.264	5.561	5.504	5.554	5.431	5.376	5.321	5.272
$U=F+R_1/10^{24}$	0.560	0.555	0.626	0.702	0.695	0.821	0.894	0.974	0.996
$T=I+U/10^{24}$	0.759	0.782	0.820	0.898	0.886	1.016	1.089	1.170	1.193
麦-玉/10^{23}	2.155	2.231	2.562	2.611	2.682	2.471	2.494	2.518	2.541
棉花/10^{24}	2.228	2.100	1.681	1.611	1.522	1.734	1.683	1.631	1.580
$TEPCS/10^{24}$	2.444	2.323	1.937	1.872	1.790	1.981	1.932	1.883	1.834
$TEPFS/10^{21}$	3.224	4.899	8.555	9.905	13.28	15.03	17.02	19.27	21.82
$TEP/10^{24}$	2.447	2.328	1.946	1.882	1.803	1.996	1.949	1.902	1.586
$TOLE/10^{22}$	1.989	2.358	2.659	2.930	3.206	3.751	4.289	4.202	5.023
$TOLE_t/TEP$	0.008	0.010	0.014	0.016	0.018	0.019	0.022	0.022	0.027
$TECH/10^{22}$	3.187	3.542	4.105	4.745	5.348	5.530	6.261	6.512	7.724
$TFC/10^{23}$	1.242	4.424	4.434	1.620	1.775	1.768	2.101	2.250	2.721

注：I、U、T分别为总的环境资源、总的辅助能、总的能值输入；TEP为总能值产出；$TEPCS$、$TEPFS$和$TOLE$分别为作物子系统、渔业子系统和家畜子系统的能值产出；$TOLE/TEP$为家畜子系统与总能值产出比值；$TECH$和TFC分别为人的谷物性食物消费和总的食物消费。

2.2 能值指标

2.2.1 能值输入比率

包括环境资源、石化能、可更新有机能、总的辅助能分别占总输入能值的比值，即表明能值输入结构，可用来反映区域内资源能值使用量和区域对外界资源的依赖程度。具体指标如下：

$$总的环境能值比率\ EER = I/T \tag{8}$$

$$石化能能值比率\ FER = F/T \tag{9}$$

$$可更新有机能比率 RER = R_1/T \tag{10}$$

$$总的辅助能值比率 TER = U/T \tag{11}$$

2.2.2 能值投资率(EIR)

能值投资率(EIR)即为来自经济领域的石化能(F)与来自当地所有资源能值(I)(可更新资源和不可更新资源)的比率,能值投资率越大,经济发展的强度也越大[2]。这个指标测量经济发展的强度以及在评价环境资源输入的相关贡献时环境的负载程度。与这一比率较低的地区相比,高的比率意味着环境支持更高的经济发展水平。

$$EIR = F/(R + N) \tag{12}$$

2.2.3 环境负载率(ELR)

环境负载率为不可更新的本地能值(N)和石化能(F)之和与可更新环境资源能值(R)和有机能(R_1)之和比率。ELR反映与其他区域相比时区域发展中环境潜在压力,通常用来计算负载能力[2]。一个较高的比率意味着在能值利用上有一个较高的技术水平和一个较高的环境压力水平。

$$EL = (N + F)/(I + R_1) \tag{13}$$

2.2.4 净能值产率(EYR)

生产性系统能值产出与来自经济领域包括燃料、肥料和服务(辅助能值)等能值反馈的比率。EYR表示来自经济领域能值对产出的净贡献。

$$EYR = Yield/U \tag{14}$$

2.2.5 净能值产出

$$NEPP_t = TEP_t - TEI_t - TOLE_t - TECH_t$$

式中,$NEPP_t$为生产性子系统净能值产出;TEP_t为总能值生产;TEI_t为总能值输入;$TOLE_t$为总牲畜系统消费;$TECH_t$为人子系统消费。

包含不是在经济系统中交换而是在系统中循环的能值产出,有助于生产性系统的能值贮藏。在某种程度上,它有助于提高生产性系统的可持续性。

生产性子系统净能值产出:

$$NEPP_t = TEP_t - TEI_t \tag{15}$$

净的农业生态系统的作物能值生产:

$$NEPA_t = (TEP_t) - (TEI_t + TOLE_t + TECH_t) \tag{16}$$

2.2.6 能值效率

能值效率为总的(或净的)能值生产与来自生态系统外的总能值输入(TEP_t)比率,它表明了系统外能值输入的产出效率。

生产性子系统总能值效率:

$$GEEP_t = TEP_t/TEI_t \tag{17}$$

生产性子系统净能值效率：

$$NEEP_t = (TEP_t - TEI_t)/TEI_t \tag{18}$$

农业生态系统净能值效率：

$$NEEA_t = NEPA_t/TEI_t \tag{19}$$

2.3 黄淮海平原农业生态系统能值产出

总的能值产出包括作物、渔业和家畜子系统，但实验使用作物子系统（$TEPCS_t$）和渔业子系统（$TEPFS_t$）之和为总能值产出（TEP_t），是为了便于评价来自作物子系统的家畜系统（$TOLE_t$）对整个农业生态系统的影响。

总能值产出：

$$TEP_t = TEPCS_t + TEPFS_t \tag{20}$$

3 意义

黄淮海平原农业生态的能值评估模型表明，随着外界输入系统能值的增加，渔业子系统和家畜子系统能值产出趋向增加，但总能值产出呈下降趋势，各类能值效率也是如此。系统能值指标讨论表明系统的发展正趋向于依靠石化能源和经济资源的投入，系统能值投资率不断提高；能值产出率有所下降，但均大于1，高于中国的平均水平（0.27），其中2000年总能值产出高达 1.856×10^{24} sej，相当于 3.640×10^{11} EM \$，高于区域农业产值 6.410×10^{10} sej；环境负荷率趋向增加，2000年(3.79)与中等发达国家水平相当，也高于全国平均水平(2.8)；可持续性指数趋于下降。最后建议增加有机肥的投入，提倡动植物多样性培育，以优化区域农业生态系统功能，提高系统的可持续性。因此，在黄淮海平原农业生态系统管理中贯穿 HRM 思想以增加能值多样性是值得考虑的，这将有助于增强整个系统能值效率并提高系统缓冲能力，也有利于缩减农业对石化能尤其是肥料和农药的依赖性。

参考文献

[1] 张洁瑕,郝晋珉,段瑞娟,等. 黄淮海平原农业生态系统演替及其可持续性的能值评估. 农业工程学报,2008,24(6):102-108.

[2] Brown M T, McClanahan T R. Emergy analysis perspectives of Thailand and Mekong River dam proposals. Ecological Modelling,1996,(91):105-130.

农机装备的水平组合模型

1 背景

  农机装备水平的定量预测可以为农业机械化发展目标的制订提供依据。张淑娟等[1]选用 ARIMA 时间序列模型和 BP 神经网络模型两种预测模型[2]，应用 Shapley 值权重分配法[3]来确定各单一预测模型的权重，从而构建组合预测模型对山西省农机装备发展水平进行组合预测，并通过 1979—2005 年农机总动力、大中型拖拉机及配套农机具、小型拖拉机及配套农机具的统计数据进行预测验证，以求获得对农机装备发展水平预测的实用的新方法。

2 公式

2.1 ARIMA 预测模型

  ARIMA(p,d,q) 模型是自回归移动平均模型，是一种预测精度相当高的短期线性时间序列$\{X_t, t=1,2,3,\cdots,n, t$ 表示时间$\}$的预测方法，其中，p 为自回归分量的阶数；q 为移动平均分量的阶数；d 是时间序列成为平稳时间序列的差分次数。作为统计预测的重要模型，被广泛应用于各种类型时间序列数据的分析，其具体形式为：

$$(1 - \varphi_1 B - \varphi_2 B^2 - \Lambda - \varphi_p B^p) \nabla^d X_t = (1 - \theta_1 B - \theta_2 B^2 - \Lambda - \theta_q B^q) a_t \qquad (1)$$

式中，B 为时序的后移算子；φ_p 为自回归系数；∇^d 为对自变量的 d 次差分；θ_q 为滑动平均系数；a_t 为残差。

  依据该模型，对 1995—2005 年山西省农机化装备水平进行预测，结果见表 1 至表 5。

表 1　农机总动力的预测结果和误差

年份	实际值/10⁴ kW	ARIMA 时间序列预测结果/10⁴ kW	BP 神经网络预测结果/10⁴ kW	Shapley 组合预测结果/10⁴ kW	预测相对误差/%			误差的绝对值		
					ARIMA 时间序列模型	BP 神经网络模型	Shapley 组合预测模型	ARIMA 时间序列模型	BP 神经网络模型	Shapley 组合预测模型
1995	1 360	1 363	1 317	1 339	0.22	3.27	1.56	3	43	21
1996	1 426	1 428	1 394	1 410	0.14	2.30	1.13	2	32	16
1997	1 463	1 494	1 460	1 476	2.08	0.21	0.88	31	3	13
1998	1 507	1 529	1 541	1 535	1.44	2.21	1.82	22	34	28
1999	1 655	1 568	1 598	1 584	5.55	3.57	4.48	87	57	29
2000	1 701	1 722	1 666	1 692	1.22	2.10	0.53	21	35	9
2001	1 767	1 779	1 800	1 790	0.67	1.83	1.28	12	33	23
2002	1 869	1 839	1 881	1 861	1.63	0.64	0.43	30	12	8
2003	1 928	1 943	2 039	1 994	0.77	5.44	3.31	15	111	66
2004	2 186	2 005	2 182	2 099	9.03	0.18	4.14	181	4	87
平均值					2.13	2.11	1.87	38.09	36.00	33.27

表 2　大中型拖拉机的预测结果和相对误差

年份	实际值/台	ARIMA 时间序列预测结果/台	BP 神经网络预测结果/台	Shapley 结合预测结果/台	预测相对误差/%		
					ARIMA 时间序列模型	BP 神经网络模型	Shapley 组合预测模型
1995	23 970	26 003	24 828	25 671	7.82	3.46	6.62
1996	22 793	22 442	20 952	22 020	1.56	8.79	3.51
1997	21 828	22 479	19 919	21 755	2.90	9.58	0.34
1998	20 751	21 331	19 174	20 721	2.72	8.22	0.14
1999	22 441	20 767	17 679	19 893	8.06	26.94	12.81
2000	23 160	23 796	21 584	23 151	2.56	7.30	0.04
2001	22 365	24 200	23 324	23 952	7.58	4.11	6.63
2002	22 563	21 933	21 968	21 943	2.87	2.71	2.83
2003	22 792	22 317	22 037	22 238	2.13	3.42	2.50
2004	29 862	23 474	22 851	23 298	27.21	30.68	28.17
2005	35 928	36 188	33 703	35 485	0.72	6.60	1.25
平均值					6.01	10.17	5.89

表3 小型拖拉机的预测结果和相对误差

年份	实际值/台	ARIMA 时间序列预测结果/台	BP 神经网络预测结果/台	Shapley 结合预测结果/台	预测相对误差/%		
					ARIMA 时间序列模型	BP 神经网络模型	Shapley 组合预测模型
1995	201 762	221 488	215 392	218 808	8.90	6.33	7.79
1996	191 405	209 885	213 388	211 425	8.80	10.31	9.47
1997	211 426	194 425	229 701	209 932	8.74	7.96	0.71
1998	182 658	215 450	212 376	214 099	15.22	13.99	14.69
1999	196 661	191 630	207 183	198 467	2.63	5.08	0.91
2000	198 058	202 072	208 407	204 857	1.99	4.97	3.32
2001	202 332	198 910	208 669	203 200	1.72	3.04	0.43
2002	196 479	219 211	210 778	203 140	10.37	6.78	3.28
2003	192 658	194 164	209 984	201 118	0.78	8.25	4.21
2004	252 189	207 837	208 569	208 159	21.34	20.91	21.15
2005	251 260	249 973	258 592	253 202	0.92	2.84	0.77
平均值					7.40	8.19	6.07

表4 大中型拖拉机配套农机具的预测结果和相对误差

年份	实际值/台	ARIMA 时间序列预测结果/台	BP 神经网络预测结果/台	Shapley 结合预测结果/台	预测相对误差/%		
					ARIMA 时间序列模型	BP 神经网络模型	Shapley 组合预测模型
1995	37 189	38 711	37 139	38 035	3.93	0.13	2.22
1996	37 195	36 965	37 234	37 081	0.62	0.10	0.31
1997	34 483	37 878	35 554	36 879	8.96	3.01	6.50
1998	39 456	33 525	36 060	34 615	17.69	9.42	0.14
1999	43 890	43 171	38 686	41 242	1.67	13.45	6.42
2000	43 449	47 453	39 756	44 143	8.44	9.29	1.57
2001	43 744	44 002	43 568	43 185	0.59	0.40	0.16
2002	44 276	44 635	43 469	44 134	0.80	1.86	0.32
2003	46 736	45 326	44 146	44 819	3.11	5.87	4.28
2004	62 080	48 980	52 850	50 644	26.75	17.46	22.58
2005	74 607	72 310	62 374	68 138	3.18	19.61	9.49
平均值					6.89	7.33	4.91

表 5　小型拖拉机配套农机具的预测结果和相对误差

年份	实际值/台	ARIMA 时间序列预测结果/台	BP 神经网络预测结果/台	Shapley 结合预测结果/台	预测相对误差/%		
					ARIMA 时间序列模型	BP 神经网络模型	Shapley 组合预测模型
1995	183 747	186 078	181 011	184 558	1.25	1.36	0.44
1996	185 402	193 744	182 315	190 315	4.31	1.69	2.58
1997	168 459	195 324	172 971	188 618	13.75	2.61	10.69
1998	189 435	183 654	178 461	182 096	3.15	6.15	4.03
1999	209 232	207 933	183 011	2 004 564	0.62	14.33	4.29
2000	209 028	220 169	188 280	210 602	5.06	11.02	0.75
2001	222 133	224 381	199 023	216 774	1.00	11.61	2.47
2002	237 374	236 755	219 982	231 723	0.26	7.91	2.44
2003	230 476	251 172	213 319	239 816	8.24	8.04	3.89
2004	286 805	244 794	232 934	241 336	17.16	23.12	18.84
2005	305 347	302 325	297 494	300 876	1.00	2.64	1.49
平均值					5.07	8.23	4.72

2.2　BP 神经网络模型

BP 神经网络在预测领域中的应用较为广泛[4-9]。实验采用基本的 3 层 BP 网络建模进行预测。依据山西省 1979—2005 年农机装备水平的历史数据[10]，把前 4 年的农机总动力数据作为输入，即输入层选定 4 个节点。把第 5 年的农机总动力作为输出数据，即输出层节点数为 1，构造的输入输出样本对为：网络的输入为 X_{t-4}、X_{t-3}、X_{t-2} 和 X_{t-1}，输出为 X_t，其中 $t = 5,6,7,8\cdots\cdots$

网络的隐含层节点数的确定参考下面的隐含层单元数计算公式[11] 为：

$$n_1 = \sqrt{n + m} + a \tag{2}$$

式中，n_1 为隐含层单元数；n 为输入神经元个数；m 为输出神经元个数；a 为 1～10 之间的常数。

2.3　山西省农机装备水平组合预测模型的建立

2.3.1　组合预测模型的建立

设对于同一预测问题，用 n 种不同的预测模型分别进行预测，则由这 n 个模型构成的组合预测模型[12] 为：

$$f_t = \sum_{i=1}^{n} K_i f_{it} \tag{3}$$

式中,f_t 为 t 时刻组合预测模型的预测值;f_{it} 为 t 时刻第 i 种预测模型的预测值;K_i 为第 i 个模型的权重,且 $\sum_{i=1}^{n} K_i = 1$。当 K_i 和 f_{it} 已求出时,就可利用上述公式进行组合预测。

2.3.2 基于 Shapley 值法的最优权重的计算方法

Shapley 值法是用于解决多人合作对策问题的一种数学方法[13]。它主要应用于在合作收益中各合作方之间的分配,Shapley 值实现的是每个合作成员对该合作的贡献大小,突出反映各成员在合作中的重要性。因此,实验应用 Shapley 值权重分配法来确定各单一预测方法的权重。

设有 n 种预测方法来进行组合预测,记为 $I = \{1,2,\cdots,n\}$,对于 I 的任何子集 s,t(表示 n 种方法中的任一组合),$E(s)$,$E(t)$ 表示各自组合的误差。定义如下:

(1)对于 I 的任一子集 s,t 都有 $E(s) + E(t) \geqslant E(s \cup t)$,$E(s)$、$E(t)$、$E(s \cup t)$ 为各自预测时产生的误差。

(2)$s \subseteq I$,y_i 表示第 i 种方法在合作最终分摊的误差值,总有 $y_i \leqslant E(i)$。

(3)对于 n 种预测方法参与的组合预测产生的总误差 $E(n)$,将在 n 种预测方法之间进行完全分配,即 $E(n) = \sum_{i \in n} y_i$。

设第 i 种预测方法误差的绝对值的平均值为 E_i,组合预测的总误差值为 E,则有:

$$E_i = \frac{1}{m} \sum_{j=1}^{m} |e_{ij}|, \quad (i = 1,2,\cdots,n); \quad E = \frac{1}{n} \sum_{i=1}^{n} E_i \qquad (4)$$

式中,m 为样本的个数;e_{ij} 为第 i 种方法第 j 个样本的误差绝对值。

Shapley 值法的权重分配公式为:

$$E_i = \sum_{s_i \in s} w(|s|) [E(s) - E(s - \{i\})] \qquad (5)$$

$$w(|s|) = \frac{(n - |s|)!(|s| - 1)!}{n!} \qquad (6)$$

式中,$w(|s|)$ 为加权因子,表示组合中 i 应承担的组合边际贡献;$s - \{i\}$ 为组合中去除模型 i;i 为参与组合的某个预测模型;E_i 为 i 预测模型分得的误差量,即 Shapley 值;s 为 I 中的任何子集;$|s|$ 为组合中的预测模型的个数。

由式(5)、式(6)可得出组合预测中各预测方法的权重计算公式为:

$$w_i = \frac{1}{n - 1} \cdot \frac{E - E_i}{E_i}, i = 1,2,\cdots,n \qquad (7)$$

3 意义

该组合预测模型的预测精度高于选定的各预测模型,对农机装备水平的预测是可行、有效的。基于 Shapley 值的农机装备发展水平组合预测模型具有较高的预测精度。以此模型预测山西省 2010 年农机总动力、大中型拖拉机、小型拖拉机、大中型拖拉机配套农机具、小型拖拉机配套农机具、大中型拖拉机配套机具比、小型拖拉机配套农机具比将分别达到 2 619 万千瓦、43 479 台、297 546 台、84 638 套、327 743 套、1. 95、1. 10。

参考文献

[1] 张淑娟,冯屾,介邓飞,等. 基于 Shapley 值的农机装备水平组合预测. 农业工程学报,2008,24(6): 160 – 164.

[2] 潭满春,冯荦斌,徐建闽. 基于 ARIMA 与人工神经网络组合模型的交通流预测. 中国公路学报, 2007,20(4):118 – 121.

[3] 陈华友. 组合预测权系数确定的一种合作对策方法. 预测,2003,22(1):75 – 77,32.

[4] 杨建刚. 人工神经网络实用教程. 杭州:浙江大学出版社,2001:1 – 5.

[5] 朱瑞祥,黄立详,杨晓辉. 用灰色神经网络组合模型预测农机总动力发展. 农业工程学报,2006,22 (2):107 – 110.

[6] 刘洪斌,武伟,魏朝富,等. 土壤水分预测神经网络模型和时间序列模型比较研究. 农业工程学报, 2003,19(4):33 – 36.

[7] 陈丽能,谢永良. 基于 BP 神经网络的农机拥有量预测技术. 农业机械学报,2001,32(1):118 – 121.

[8] 关凯书,刘智军,陈锦铭,等. 自适应神经网络预测模型及其在农机动力需求动力预测中的应用. 农业工程学报,1998,14(4):86 – 88.

[9] 张淑娟,何勇,方慧. 人工神经网络在作物产量与土壤空间分布信息关系分析中的应用. 系统工程理论与实践,2003,23(12):121 – 127.

[10] 山西省统计局. 山西统计年鉴(1980—2006). 北京:中国统计出版社,2006.

[11] 肖钢铬,陈立耀. 神经网络结构与训练参数选取. 武汉工业大学学报,1997,19(2):108 – 110.

[12] 唐小我. 组合预测计算方法研究. 预测,1991,10(4):35 – 39.

灌区水资源的优化配置模型

1 背景

国内外有学者利用遗传算法对作物灌溉制度进行优化设计[1-3]，但是都没有克服遗传算法的局部收敛速度慢的问题。针对这些问题以及灌区水资源优化配置模型中目标函数高度非线性的特点，陈卫宾等[4]提出了基于记忆梯度混合遗传算法的灌区水资源优化配置方法，并提出了有条件的随机生成的初始种群生成方式来处理线性约束条件的策略。实例计算证明了此法用于灌区水资源优化配置的可行性和高效性。

2 公式

2.1 灌区水资源优化配置数学模型

灌区水资源优化配置是一个复杂系统，为了降低系统求解难度，将灌区水资源优化配置分解为两层递阶结构模型进行求解，模型结构如图 1 所示。

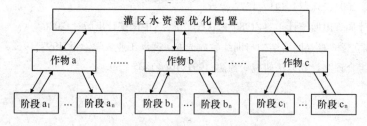

图 1　灌区水资源优化配置分解协调模型结构图

2.1.1 作物间水资源的优化分配

在种植结构一定的条件下，将有限的水量在多种作物全生育期之间进行分配。目标函数：设 $F^*(Q)$ 为以总水量 Q 分配给 N 种作物而获得的最大产值，则：

$$F^*(Q) = \max\left\{ \sum_{i=1}^{n} \left[\sigma_i r_i(x_i)\omega_i \right] \right\} \tag{1}$$

约束条件：

$$\sum_{i=1}^{n} x_i \leq Q \quad \text{且 } x_i \text{ 为 0;} \quad \sum_{i=1}^{j} x_i \leq q_j$$

26

式中, $r_i(x_i)$ 为第 i 种作物的全生育期的水分生产函数; x_i 为第 i 种作物全生育期内分得的水量; q_j 为可能供给 $j(0 < j \leqslant n)$ 种作物的可供水量; σ_i 为第 i 种作物价格; ω_i 为第 i 种作物的灌溉效益分摊系数。

2.1.2 单一作物生育期内水资源的优化配置

以整个生育期的产量最大为目标,优化各生育期的灌溉水量。作物水分生产函数采用 Jensen 提出的在供水不足条件下,水量和农作物实际产量的连乘模型[5],则目标函数为单位面积的实际产量 y_a 与最高产量 y_m 的比值最大,即:

$$F = \max\left(\frac{Y_a}{Y_m}\right) = \max\prod_{i=1}^{n}\left(\frac{ET_{ai}}{ET_{mi}}\right)^{\lambda_i} \tag{2}$$

式中, F 为全生育期的实际产量与最高产量的最大比值; ET_{ai}、ET_{mi} 分别为第 i 生育阶段的实际蒸发蒸腾量与最大蒸发蒸腾量,mm,最大蒸发蒸腾量可由当地的农业气象资料计算得出; λ_i 为第 i 生育阶段作物对缺水的敏感性指数,由试验资料分析获得。

约束条件:可供水量约束,生育期各阶段供水量之和应等于全生育期可供水量。

$$\sum_{i=1}^{T} m_i = q \qquad \text{且} \ 0 \leqslant m_i \leqslant m_{imax}$$

式中, m_i 为单一作物第 i 生育阶段分配的水量,mm; q 为单一作物整个生育期可供分配的水量,mm; T 为作物总生育阶段数; m_{imax} 为作物第 i 生育阶段最大允许灌水量。

单一作物各生育阶段实际腾发量 ET_a 可由式(3)计算[6]:

$$ET_a = e_m t_1 + S_e\left[1 - \exp(-e_m \cdot t_2/S_e)\right]$$
$$t_1 = \left[10\gamma H_i(\theta_a - \theta_e) + P_i + m_i + K_i\right]/e_m, \quad t_2 = T_i - t_1 \tag{3}$$

式中, e_m 为潜在蒸腾蒸发强度,mm/d; S_e 为凋萎系数至适宜土壤水分下限时计划湿润层的土壤有效水量,mm; γ 为土壤孔隙率; H_i 为第 i 生育阶段的计划湿润层深度,mm; θ_a、θ_e 为第 i 生育阶段初及蒸腾蒸发不受土壤含水率影响的下限所对应的土壤含水率(占孔隙百分数); K_i 为第 i 生育阶段内地下水对计划湿润层的补给量,mm,由观测资料获取; T_i 为第 i 生育阶段的天数; P_i 为第 i 生育阶段有效降雨量,mm。

生育阶段末计划湿润层的含水量可以由水量平衡方程得到:

$$ET_{ai} = WZ_i + P_i + K_i + m_i - (S_i - S_{i-1}) \tag{4}$$

式中, WZ_i 为第 i 生育阶段由于计划湿润层增加而增加的水量,mm; S_i 为第 i 生育阶段末计划湿润层的含水量,mm;生育期初始含水量已知。

2.2 基于记忆梯度的混合遗传算法及模型求解

2.2.1 基于记忆梯度的混合遗传算法

在传统的优化方法中,常用的迭代公式形式如下:

$$x_{k+1} = x_k + \alpha_k d_k \tag{5}$$

式中, α_k 为通过某种线性搜索而得到的步长; d_k 为下降方向,对 α_k 及 d_k 的不同选择就构成了不同的迭代公式。当 $d_k = -\nabla f(x_k)$ 时为最速下降算法,这种方法计算简单,但是在极值点收敛速度缓慢且容易产生拉锯现象;$d_k = -[\nabla^2 f(x_k)] \nabla f(x_k)$ 时为拟牛顿法,这类方法克服了极值点附近收敛速度慢的缺陷[7],但是每次迭代都要计算矩阵的逆矩阵,计算量大。因此实验利用具有极值点附近收敛速度快且计算量小的一种新的记忆梯度法,构造一种新的混合遗传算法,用来解决灌区水资源的优化配置问题。该算法的主要计算步骤如下。

(1)初始种群的生成:在变量众多、约束复杂的系统的优化过程中,初始种群的优良程度是重要的,并参考王跃宣等[8]探讨的种群生成方法。

(2)适应度评价:根据实际情况以目标函数值作为个体的适应度。

(3)选择操作:采用轮盘赌的方式实现,并采用精英保留策略。

(4)交叉算子:给定交叉概率 p_c,随机地对被选择染色体配对。设 $v_k^{(1)}, v_k^{(2)}$ 是配对父代染色体中的两个基因,通过杂交获得的两个后代基因为:

$$\alpha_k v_k^{(1)} + (1 - \alpha_k) v_k^{(2)}; \quad \alpha_k v_k^{(2)} + (1 - \alpha_k) v_k^{(1)} \tag{6}$$

(5)变异算子:给定变异概率 p_m,进行变异的染色体的原基因 v_k,设其取值范围为 $[v_{\min}^k, v_{\max}^k]$,产生一个在区间 $[0,1]$ 之内的实数 α,按照以下公式进行变异:

$$v'_k = v_{\min}^k + \alpha \times (v_{\max}^k - v_{\min}^k) \tag{7}$$

利用改进后的遗传算法和基本遗传算法进行求解,计算结果如表1及表2所示。可以看出,该算法配水结果与基本遗传算法计算结果产值明显提高,证明了该算法的高效性和优越性。

表1　记忆梯度混合遗传算法优化配置结果　　　　单位:10^4 m^3

作物	A	$A(1)$	$A(2)$	$A(3)$	$A(4)$	$A(5)$	$A(6)$	y_a 与 y_m 比值	产值/元·hm^{-2}
冬小麦	24	6.2	16.19	1.2	0.24	0.2	0	0.972	7 845
夏玉米	6	3.94	1.5	0	0.14			0.999	12 660
春播棉	12	8.09	2.9	0.82	0.16			0.953	13 035
夏播棉	10	8.53	1.23					0.977	16 665

表2　基本遗传算法优化配置结果　　　　单位:10^4 m^3

作物	A	$A(1)$	$A(2)$	$A(3)$	$A(4)$	$A(5)$	$A(6)$	y_a 与 y_m 比值	产值/元·hm^{-2}
冬小麦	28	3.2	16.19	3.2	2.24	2.2	1	0.937	8 760
夏玉米	4	1.94	1.52	0.4	0.14			0.962	10 140
春播棉	13	8.09	0.9	3.82	0.16			0.905	13 920
夏播棉	7	4.76	1.3	0.78	0.19			0.875	12 165

2.2.2　模型求解及约束处理

对于作物间的水量分配,采用作物全生育期的水分生产函数作为适应度评价函数,具体可以由当地的灌溉实验资料获得。对于单一作物不同生育期内的水量分配,采用式(2)作为适应度评价函数。设 m_0 表示需水量与可供水量中的较小者,为了使生成的随机数满足约束条件,令生成的作物分配水量的随机数位于 0 与 m_0 之间,这样生成的随机变量就能够满足两个约束条件。

3　意义

实验提出了基于记忆梯度的混合遗传算法,采用伪随机方式来保证解的可行性,并将其应用在灌区水资源优化配置求解中,实例证明该算法用于灌区水资源优化配置比基本遗传算法在计算精度上有了明显提高,显示了算法的高效性、优越性。另外,该算法可避免动态规划等确定性算法由于维数灾而引起的计算困难,因此更适合于高度非线性函数问题的求解。

参考文献

[1]　付强,金菊良,梁川. 基于实码加速遗传算法的投影寻踪分类模型在水稻灌溉制度优化中的应用. 水利学报,2002:39 – 45.

[2]　宋朝红,崔远来,罗强. 基于遗传算法的非充分灌溉下最优灌溉制度设计. 灌溉排水学报,2005,24(6):4 – 48.

[3]　段春青,邱林,黄强,等. 基于超平面实码遗传算法的灌溉制度优化设计. 农业工程学报,2006,22(10):36 – 39.

[4]　陈卫宾,董增川,张运凤. 基于记忆梯度混合遗传算法的灌区水资源优化配置. 农业工程学报,2008,24(6):10 – 13.

[5]　李远华. 节水灌溉理论与技术. 武汉:武汉水利电力大学出版社,1998.

[6]　汤广民,王友贞. 安徽淮北平原主要农作物的优化灌溉制度与经济灌溉定额. 灌溉排水学报,2006,25(2):24 – 29.

[7]　袁亚湘,孙文瑜. 最优化理论与方法. 北京:科学出版社,1997.

[8]　王跃宣,刘连臣,牟盛静,等. 处理带约束的多目标优化进化算法. 清华大学学报,2005,45(1):103 – 106.

棉花穴播轮的种子运动模型

1 背景

针对夹持自锁式棉花精量穴播轮在使用中存在的问题及其产生的原因,王吉奎等[1]设计了挡种圈和投种器,改进了取种机构。介绍了其工作原理,计算得出其结构尺寸,并从理论上分析了充种、清种和落种过程,建立了充种、清种、落种模型。实验并分析了工作过程,研究结果对该穴播轮的进一步研究和推广应用有一定的借鉴作用。

2 公式

2.1 充种分析

工作时,取种器随穴播轮转动,如图1所示,穴播轮种子室中的种子通过挡种圈下部的漏种口进入挡种圈和成穴轮内侧之间的空间,进入该空间的种子群呈环状,当取种装置经过时,充种区的种子被带动,沿成穴轮内侧上移,由于受挡种圈外侧与种子的相对摩擦,种子的上移速度小于取种器的线速度,即种子与取种器存在相对运动。种子进入V形槽并处于稳定状态的方式有三种,第一种是种子从环状种子群下端落到种子室底面后,以一定的速度 v_1 直接进入;第二种是取种器经过种子群时,种子在重力、离心力和种子群力的作用下以填补空间的形式进入;第三种是由于结拱种子未能进入V形槽或进入后处于不稳定状态,则由于种子与取种器有相对运动,取种器受到种子群的冲刷,结拱或不稳定的种子从取种器上脱落,并再次充种,直至进入V形槽的种子处于稳定状态。

环形充种区的种子从种子环群下端落下时,其角速度 ω_i 为零,并受重力 mg,下落种子的冲击力 F_i 和种子间的摩擦力 F_f 作用。直接充种速度 v_1 由下式确定[2]:

$$v_1 = \sqrt{\frac{2(mgh_i - F_f s)}{m}} + \frac{F_i t_i}{m} \tag{1}$$

式中,h_i 为种子群的厚度;s 为种子在种堆上的滑移长度;t_i 为冲力 F_i 的作用时间;t 为种子充入时间;g 为重力加速度;m 为种子质量;

由上式可见,直接充种速度 v_1 随种子群厚度、下落种子的冲击力增大而增大,随种子间的摩擦力增大而减小。

2.2 清种分析

取种装置经过种子群后,V形槽会带起多粒种子,但由于盛种空间有限以及夹持特性,

30

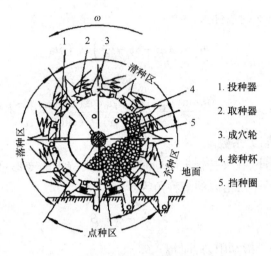

图 1　工作原理结构图

1. 投种器
2. 取种器
3. 成穴轮
4. 接种杯
5. 挡种圈

有一粒种子被可靠夹持住,其余种子处于不稳定状态。随着取种装置的转动升高,大部分不稳定的种子可从 V 形槽两侧开口落下,没有落下的种子被带到种子室上部后从夹持板端部落下。种子从夹持板上落下的方式有两种,一种是滑落,一种是滚落。

种子下落时的受力状态如图 2 所示,质量为 m 的种子受重力 G、离心力 P、支反力 T_1、滑动摩擦阻力 F、滚动阻力 F' 的作用,θ 为滑落清种初始角,θ_0 为种子滚落清种起始角。因种子外形尺寸较小,可视种子的位置角为 θ。

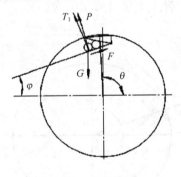

图 2　清种分析

种子从夹持板上滑落的条件为:

$$\theta > \text{arccot} \frac{\omega^2 R\cos\gamma - g\cos(\beta - \alpha + \gamma)}{g\sin(\beta - \alpha + \gamma) + \omega^2 R\sin\gamma} \tag{2}$$

式中,β 为 V 形槽夹角,$\gamma = \text{crctg}\dfrac{1}{\mu}$。

由上式知种子从夹持板上滑落的角度 θ 随穴播轮转速的增高而增大。

种子从夹持板上滚落的条件为:

$$G\sin\left(\theta_0 + \beta - \alpha - \frac{\pi}{2}\right) > T_1\mu_0$$

得:

$$\theta_0 > \text{arccot} \frac{G[\sin(\beta - \alpha) - \mu_0\cos(\beta - \alpha)] - \mu_0 P}{G[\mu_0\sin(\beta - \alpha) + \cos(\beta - \alpha)]} \tag{3}$$

式中,μ_0 为种子的滚动阻力系数。

由于单粒种子质量小,在夹持板上滚动时种子和夹持板的变形量很小,故系数 μ_0 也较小,若忽略 μ_0 的值,则种子滚落时的清种角为:

$$\theta_0 > \frac{\pi}{2} + \alpha - \beta \tag{4}$$

事实上滚动阻力小于滑动阻力,即 $\theta_0 < \theta$。

2.3 落种分析

取种装置转到种子室另一侧时,若重块底部与成穴轮之间有间隙,则重块在离心力的作用下,带动夹持板反向旋转,并沿长轴孔移动,种子在 V 形槽中接触点的距离增大,夹持自锁作用减弱或消失,在重力、离心力和摩擦力的作用下从 V 形槽中落下,进入接种杯;若重块底部与成穴轮之间无间隙,则投种器拨动重块,重块带动夹持板沿长轴孔横向抖动,种子在 V 形槽中接触点的距离增大,种子离开 V 形槽落入接种杯。

若夹持板反向旋转,则种子在重力 G、离心力 P、斜面支反力 N_1 和摩擦力 F_1 的作用下从 V 形槽中落下,如图 3 所示。种子下落时的角度为:

$$\theta_1 = \arcsin\frac{\omega^2 R}{g} \tag{5}$$

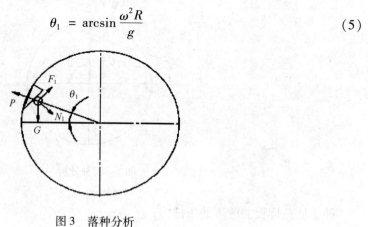

图 3   落种分析

落入接种杯的加速度为:

$$a = g[\cos(\theta_1 + \alpha) - \mu\sin(\theta_1 + \alpha)] - \omega^2 R(\sin\alpha - \mu_1\cos\alpha) \tag{6}$$

式中,μ_1 为种子与支座的摩擦系数。

则落入接种杯的速度为:

$$V = \sqrt{2aL} \tag{7}$$

式中,L 为落种时种子与接种杯口之间的距离。

3 意义

实验在取种器夹持板两侧设置挡板,可使 V 形槽中状态不稳定的种子易于脱落,从而可以再次充种,有利于提高充种可靠性,减少在清种区 V 形槽中的种子由于不稳定而脱落的可能性。田间试验表明,改进后穴播轮的充种可靠性能明显增强,有效地解决了由于振动脱落种子和落种卡滞而造成的空穴问题。

参考文献

[1] 王吉奎,郭康权,土鲁洪,等. 夹持自锁式棉花精量穴播轮的研究. 农业工程学报,2008,24(6):125 – 128.

[2] 刘俊峰,王廷双,冯晓静,等. 内充种垂直轮式新型小麦精量排种器的研究. 农业工程学报,1997,13(4):86 – 89.

雷达影像的土壤湿度反演模型

1 背景

地表粗糙度和湿度是影响裸地后向散射系数的重要因素,为了探求 ENVISAT – ASAR 数据监测土壤湿度在国内的应用,且由于 ASAR 监测土壤湿度的应用目前在国内的研究还很少,并且这些研究中大多要依赖地面的观测试验。因此,赵少华等[1]选用河北滨海平原区的一个典型区域,以 ASAR 影像数据为基础,利用 Zribi – Dechambre 经验模型研究了中国科学院南皮农业生态试验站附近一裸地的表面粗糙度和地表湿度。利用一种仅靠雷达影像即可监测土壤湿度的反演模型[2],从而探索该数据对土壤湿度监测在国内的应用及不依赖于地面先验知识的方法的研究。

2 公式

2.1 影像处理

获取的 ASAR 数据采用欧洲太空局提供的 BEST(BasicEnvisat SAR Toolbox)软件提取后向散射系数 σ^0,包括头文件分析、全分辨率提取、幅度至强度的转换和 σ^0 的提取,最后输出为 Geo TIFF 文件。在提取 σ^0 过程中,选择生成 dB 数据,还要根据不同的影像输入不同的定标常数,定标常数可从欧洲太空局网站上的定标文件获取。图像上的强度值与 σ^0 的关系为:

$$\sigma^0 = \frac{\langle A^2 \rangle}{K}\sin\theta \tag{1}$$

式中,A 为图像上的强度 DN 值;K 为绝对定标因子;θ 为雷达入射角,可从对应图像的头文件中获取[3]。

2.2 反演模型

研究采用 Zribi 和 Dechambre[2]的反演模型计算土壤的含水率,该模型经过一系列的田间试验获得,适合较大范围的粗糙度和土壤湿度变化,考虑了地表粗糙度对 σ^0 的影响,因此能够较为准确地估算土壤含水率(误差仅为 4%)。由于单独反演地表粗糙度的两个参数 s(均方根高度)和 l(表面相关长度)比较困难,因此该模型中应用一个新的地表粗糙度参数 Zs 代替 s 和 l 来反映其对 σ^0 的影响,其计算公式为:

$$Zs = s^2/l \tag{2}$$

由于 Zs 和 σ^0 具有良好的相关性，因此假设土壤湿度在干季的短期内（3~5 d）恒定，利用不同时相和不同入射角的后向散射系数差来计算 Zs。通过试验研究发现，Zs 和 $\Delta\sigma^0$ 的关系为：

$$Zs = -\frac{1}{3}\ln\left(\frac{\Delta\sigma^0}{6.48}\right) \tag{3}$$

$\Delta\sigma^0$ 是根据 23° 和 39° 入射角的 HH 极化情况下获知（$\Delta\sigma° = \sigma°low - \Delta\sigma°high$），有了 Zs 后，即可采用实验中的模型反演土壤湿度（体积含水率，Mv）：

$$Mv = 4.55\sigma^0 - 7.09\ln\left\{\ln\left[\left(\frac{\Delta\sigma^0}{6.48}\right)^{-1/3}\right]\right\} \tag{4}$$

此处 $\Delta\sigma^0$ 一般情况下小于 6.48 dB，但是如果土壤表面比较光滑，那么其值可能大于 6.48 dB，此时 Zs 取 0.05 cm。

2.3 雷达入射角的归一化

雷达的散射特性与其入射角有关，不同的入射角将会产生不同的散射机制。一般来说，来自分散散射体的反射率随着入射角的增加而降低[4]。本研究中，由于所采用的两幅影像的入射角（23° 和 29°）与 Zribi - Dechambre[2] 经验模型中的入射角（23° 和 39°）不太相同，因此需要对 10 月 18 号的高雷达入射角进行标准归一化处理，使之和经验模型中的相一致，即把 29° 的入射角转换为 39° 的入射角。雷达入射角归一化处理的目的是把其相应的雷达回波信号即雷达后向散射系数转化，即根据雷达的后向散射系数和入射角的关系模型转化，本研究的归一化方法采用 Monsiváis 等[5] 介绍的相关散射模型算法，根据其模拟的结果 [式（5）] 求出雷达入射角在 29° 和 39° 的后向散射系数比值（1:1.155），从而实现其归一化处理。

$$\sigma_{HH-AS}(\theta) = 0.010\,069\theta - 0.931\,82\theta + 2.648\,1 \tag{5}$$

式中，$\sigma_{HH-AS}(\theta)$ 指在 HH 极化和升轨情况下雷达后向散射系数与雷达入射角 θ 的函数。

2.4 反演模型精度的验证评价

模型反演的精度可根据模拟值和实测值之间的均方根误差（$RMSE$）进行评价，即：

$$RMSE = \sqrt{\frac{\sum_{i=1}^{n}(OBS_i - SIM_i)^2}{n}} \tag{6}$$

式中，OBS_i 和 SIM_i 分别是观测值和模拟值；i 为样本的序号；n 为样本数。

由于地面试验仅测定了土壤含水率，对粗糙度没有进行测定，只进行了定性的判断，因此只能用土壤湿度的实测值来评价模型的精度。地面试验的土壤体积含水率 Mv 由测定的质量含水率和土壤容重根据式（7）求出。

$$m_v = \left(\frac{w_{wet} - w_{dry}}{w_{dry}}\right)\rho_b \tag{7}$$

式中,w_{wet} 和 w_{dry} 分别是湿土和干土的质量,ρ_b 是土壤容重。

3 意义

实验对雷达入射角进行归一化处理使之满足模型需求,反演结果表明该区地表粗糙度主要分布在 0.05 ~ 0.50 cm,土壤体积含水率大多分布在 10% ~ 34%,局部区域由于一些积水沟渠,使得土壤体积含水率较高,这与调查的实际情况相符合。反演的土壤湿度用地面实测值验证,结果发现模拟值和实测值具有较好的一致性,其 *RMSE* 误差为 3.7%。

参考文献

[1] 赵少华,杨永辉,邱国玉,等. 基于双时相 ASAR 影像的土壤湿度反演研究. 农业工程学报,2008,24 (6):184 – 188.

[2] Zribi M,Dechambre M. A new empirical model to retrieve soil moisture and roughness from C – band radar data. Remote Sens Environ,2002,84:42 – 52.

[3] 董彦芳,庞勇,孙国清,等. ENVISAT ASAR 数据用于水稻监测和参数反演. 武汉大学学报信息科学版,2006,31(2):124 – 127.

[4] 刘伟. 植被覆盖地表极化雷达土壤水分反演与应用研究. 北京:中国科学院遥感应用研究所,2005.

[5] Monsiváis A,Chénerie I,Baup F,et al. Angular normalization of ENVISAT ASAR data over Sahelian – grassland using a coherent scattering model. Progress In Electromagnetic Research Symposium. 2006,Cambrige,USA,March,26 – 29.

秸秆合成甲醇的动力模型

1 背景

中国的生物质甲醇合成技术研究起步较晚,尚未见秸秆合成气制甲醇的动力学研究报道,为使大量的低热值燃气得到有效高品位利用,朱灵峰等[1]采用直流流动等温积分反应器研究了利用秸秆合成气催化合成甲醇的本征动力学。用 Langmuir – Hinshelwood 本征动力学模型和改进的高斯 – 牛顿法确定了该反应的动力学参数。残差分析和统计检验结果表明,所得到的本征动力学模型方程与试验数据吻合良好,为生物质(秸秆)气制备甲醇中试研究及甲醇合成反应器的设计提供了参考。

2 公式

2.1 动力学模型

在试验条件范围内测定了 36 组试验数据,通过物料衡算得到反应器出口各组分的含量,物料衡算式见文献[2],试验结果如表 1 所示。

表 1 甲醇合成本征动力学试验数据

序号	温度 /℃	合成气进口流量 /mol·h⁻¹	反应器出口气体组成(体积分数)						
			CO	CO_2	N_2	C_nH_m	H_2	CH_3OH	H_2O
1	220	2.094	0.100 762	0.079 831	0.397 792	0.010 125	0.379 757	0.020 037	0.011 695
2	235	2.142	0.101 118	0.080 797	0.396 069	0.010 161	0.383 618	0.017 886	0.010 351
3	240	1.513	0.096 507	0.082 79	0.399 065	0.010 507	0.379 876	0.022 147	0.009 108
4	255	1.431	0.092 786	0.086 124	0.399 217	0.010 849	0.382 362	0.022 777	0.005 884
5	255	2.207	0.098 811	0.082 197	0.396 409	0.010 979	0.383 03	0.019 363	0.009 211
6	270	2.245	0.096 942	0.083 99	0.396 659	0.010 825	0.384 66	0.019 485	0.007 439
7	270	1.443	0.090 518	0.084 21	0.404 607	0.010 801	0.371 279	0.029 587	0.008 998
8	265	1.639	0.072 574	0.062 846	0.343 699	0.008 201	0.464 668	0.037 253	0.010 757
9	266	1.879	0.077 1	0.063 84	0.338 237	0.008 335	0.474 719	0.029 119	0.008 649

序号	温度 /℃	合成气进口流量 /mol·h^{-1}	反应器出口气体组成(体积分数)						
			CO	CO_2	N_2	C_nH_m	H_2	CH_3OH	H_2O
10	265	1.894	0.076 153	0.064 327	0.338 748	0.008 269	0.474 451	0.029 797	0.008 256
11	240	1.460	0.080 701	0.065 316	0.333 448	0.008 225	0.484 524	0.021 638	0.006 149
12	220	1.594	0.089 433	0.059 687	0.330 901	0.007 777	0.483 986	0.017 065	0.011 151
13	260	2.426	0.120 755	0.076 956	0.459 267	0.011 211	0.276 444	0.037 689	0.017 677
14	255	2.415	0.120 271	0.076 311	0.460 912	0.011 323	0.272 81	0.039 697	0.018 676
15	250	2.243	0.121 675	0.076 762	0.458 19	0.011 157	0.278 175	0.036 397	0.017 643
16	244	2.308	0.123 24	0.075 949	0.457 112	0.011 066	0.279 35	0.035 061	0.018 222
17	239	1.906	0.122 774	0.080 294	0.450 902	0.011 239	0.293 967	0.028 161	0.012 663
18	234	1.634	0.123 285	0.080 983	0.449 125	0.011 147	0.297 838	0.026 025	0.011 597
19	230	1.722	0.124 051	0.079 202	0.450 879	0.010 974	0.293 367	0.027 831	0.013 696
20	260	2.107	0.046 717	0.024 471	0.174 735	0.004 146	0.716 59	0.023 963	0.009 377
21	260	1.553	0.044 158	0.023 948	0.176 024	0.004 143	0.713 854	0.027 73	0.010 143
22	250	1.477	0.046 214	0.024 13	0.175 144	0.004 09	0.715 642	0.024 995	0.009 785
23	250	1.808	0.047 486	0.023 894	0.174 785	0.004 016	0.716 15	0.023 729	0.009 939
24	240	1.841	0.046 078	0.021 072	0.176 913	0.003 653	0.710 292	0.028 898	0.013 095
25	240	1.804	0.048 011	0.021 591	0.175 945	0.003 598	0.712 57	0.026 903	0.012 383
26	230	1.892	0.051 704	0.020 739	0.174 596	0.003 762	0.713 759	0.022 431	0.013 01
27	220	1.469	0.053 384	0.026 992	0.171 249	0.003 799	0.725 708	0.012 737	0.006 131
28	270	1.778	0.070 38	0.042 362	0.262 777	0.006 694	0.573 559	0.032 973	0.011 255
29	270	1.920	0.071 344	0.043 406	0.261 5	0.006 574	0.577 036	0.030 209	0.009 933
30	260	1.643	0.069 812	0.045 832	0.261 166	0.006 285	0.580 543	0.028 978	0.007 383
31	260	2.185	0.075 938	0.043 145	0.258 771	0.006 288	0.582 018	0.024 246	0.009 595
32	250	1.557	0.072 992	0.046 316	0.258 55	0.006 351	0.585 463	0.023 936	0.006 392
33	250	1.890	0.073 984	0.042 51	0.260 527	0.006 333	0.578 248	0.027 81	0.010 588
34	240	1.563	0.076 29	0.043 443	0.258 249	0.006 357	0.583 103	0.023 352	0.009 206
35	230	1.716	0.082 834	0.042 896	0.254 122	0.006 311	0.589 816	0.015 098	0.008 923
36	220	1.840	0.082 417	0.042 915	0.254 371	0.006 34	0.589 354	0.015 645	0.008 959

在秸秆合成气催化合成甲醇反应体系中,存在着一氧化碳、二氧化碳、氢气、氮气、甲醇、水、甲烷、乙烷、乙烯、乙炔 10 种主要反应组分,试验过程中,铜基催化剂气固相甲醇合成反应一般由下列 3 个反应组成:

$$CO + 2H_2 = CH_3OH \tag{1}$$

$$CO_2 + 3H_2 = CH_3OH + H_2O \tag{2}$$

$$CO_2 + H_2 = CO + H_2O \tag{3}$$

体系的计量独立反应数为 2。本文选择式(1)和式(2)为计量独立反应。选择 Langmuir – Hinshel Wood 模型为本征动力学模型。反应速率以气相中各组分的逸度 f_i(MPa)表示。

对于 Langmuir – Hinshel Wood 模型,反应速率(mol·g^{-1}·h^{-1})可以表示为:

$$r_{CO} = -\frac{dN_{CO}}{dW} = \frac{k_1 f_{CO} f_{H_2}^2 (1 - \beta_1)}{(1 + K_{CO} f_{CO} + K_{CO_2} f_{CO_2} + K_{H_2} f_{H_2})^3} \tag{4}$$

$$r_{CO_2} = -\frac{dN_{CO_2}}{dW} = \frac{k_2 f_{CO_2} f_{H_2}^3 (1 - \beta_2)}{(1 + K_{CO} f_{CO} + K_{CO_2} f_{CO_2} + K_{H_2} f_{H_2})^4} \tag{5}$$

$$r_{CH_3OH} = r_{CO} + r_{CO_2} \tag{6}$$

式中,k_1、k_2 为 CO 和 CO_2 的反应速率常数;K_i 为各组分的吸附平衡常数;β_i 为反应偏离平衡的量,其表达式分别为:

$$k_i = k_{o,i} \exp[-E_i/(RT)] \tag{7}$$

$$K_i = \exp[a_i - b_i(1/T - 1/520.73)] \tag{8}$$

$$\beta_1 = \frac{f_m}{K_{f_1} f_{CO} f_{H_2}^2} \tag{9}$$

$$\beta_2 = \frac{f_m f_{H_2O}}{K_{f_2} f_{CO_2} f_{H_2}^3} \tag{10}$$

K_{f_1}、K_{f_2} 分别为合成反应式(1)和式(2)以逸度表示的平衡常数,各组分的逸度系数与压力、温度的关联式以及反应温度下以逸度表示的平衡常数按文献[2]的回归式计算。

2.2 参数估值

以 $Y_{2,CO}$、Y_{2,CO_2}(反应器出口处 CO、CO_2 浓度)为独立变量,考虑整个等温积分反应器的浓度梯度和温度梯度,整个反应器可以看成平推流,从进口到出口各组分浓度不断变化,参数估值时需要对整个反应器进行积分运算。为此,参数估值的目标函数为:

$$S = \sum_{j=1}^{M} (Y_{2,CO_2,j,e} - Y_{2,CO_2,j,e})^2 + (Y_{2,CO,j,e} - Y_{2,CO,j,c})^2 \tag{11}$$

式(11)中的下标 c、e 分别代表计算值及试验值(下同),用改进高斯 – 牛顿法将 36 套试验数据代入本征动力学模型方程进行参数估值,得到 L – H 型本征动力学模型方程相应参数为:

$$k_1 = 3.805\ 25 \times 10^3 \exp[-5.098\ 43 \times 10^4/(RT)]$$

$$k_2 = 4.892\ 15 \times 10^4 \exp[-6.027\ 72 \times 10^4/(RT)]$$

$$K_{CO} = \exp[-6.798\ 51 \times 10^{-1} - 1.289\ 97 \times 10^4(1/T - 1/520.73)]$$

$$K_{CO_2} = \exp[-4.123\ 33 + 7.899\ 24 \times 10^3 \times (1/T - 1/520.73)]$$

$$K_{H_2} = \exp[-1.240\ 28 + 1.929\ 92 \times 10^3 \times (1/T - 1/520.73)]$$

2.3 动力学模型方程检验

为了检验动力学方程对实验数据的适定性,需对所得到的动力学模型方程进行统计分析,统计检验结果如表2所示。

表2　L－H型本征动力学方程的统计检验结果

函数	M	Mp	ρ^2	F	$F_{0.05}$
r_{CO}	36	8	0.999 5	7 087.4	2.31
r_{CO_2}	36	8	0.996 2	918.47	2.31

表2中的 M 为试验数据套数, M_p 为模型待估参数个数, F 为回归均方和与模型残差均方和之比, ρ^2 为决定性指标的相关系数,其表达式分别为:

$$\rho^2 = 1 - \sum_{j=1}^{M}(Y_{2,j,e} - Y_{2,j,e})^2 / \sum_{j=1}^{M} Y_{2,j,e}^2 \tag{12}$$

$$F = \frac{[\sum_{j=1}^{M} Y_{2,j,e}^2 - \sum_{j=1}^{M}(Y_{2,j,e} - Y_{2,j,e})^2]/M_p}{\sum_{j=1}^{M}(Y_{2,j,e} - Y_{2,j,e})^2/(M - M_p)} \tag{13}$$

3　意义

实验用 Langmuir－Hinshelwood 本征动力学模型和改进的高斯－牛顿法确定了该反应的动力学参数。残差分析和统计检验结果表明,研究得到的本征动力学模型方程与试验数据吻合良好,该本征动力学方程可用于生物质(秸秆)气甲醇合成过程开发和工程设计,为生物质(秸秆)气制备甲醇中试研究及甲醇合成反应器的设计提供了理论依据。

参考文献

[1] 朱灵峰,杜磊,李新宝,等. 秸秆合成气合成甲醇的动力学研究. 农业工程学报,2008,24(6): 36－40.

[2] 房鼎业,姚佩芳,朱炳辰. 甲醇生产技术及进展. 上海:华东化工学院出版社,1990.

农业机器的作业成本预测模型

1 背景

由于缺乏相关的农业机器基础数据,国内对农业机器作业成本模型的研究大都局限于理论上的探索,加上农业机器作业成本的预测是优化决策的关键,何瑞银等[1]提出了建立农业机器作业成本动态预测模型的一般方法,模型由折旧费、维修保养费、油料费、劳动力成本和管理费 5 个预测子模型组成,并进行了试验验证,为农业机器系统优化决策提供了依据。

2 公式

为了进一步说明建立作业成本预测模型的方法,采集了上海农场皖庄机耕队 7 台铁牛 JDT - 654 拖拉机组成的犁耕机组和旋耕机组 2006 年前近 15 年的历史数据,建立了相应的作业成本预测子模型,并在已知 2007 年犁耕机组 $T_6 I_1$ 和旋耕机组 $T_6 I_2$ 分别完成作业面积为 A_1(180. 28 hm^2)和 A_2(165. 46 hm^2)的条件下,对这两台机组作业成本的预测值和实测值进行了比较分析。

2.1 折旧成本预测子模型的建立

为了计算折旧成本,必须建立犁耕机组 $T_6 I_1$ 和旋耕机组 $T_6 I_2$ 的残值预测模型。根据文献[2],拖拉机残值系数函数为:

$$y = (1.369\ 6 - 0.240\ 4x_1^{0.5} - 0.009\ 3x_2^{0.5})^2 \qquad Adj. R^2 = 0.836\ 7 \tag{1}$$

式中,x_1 为拖拉机的机龄,a;x_2 为拖拉机的年平均工作小时,h。

根据农场生产实际情况,犁 I_1 和旋耕机 I_2 共用一台拖拉机 T_6,拖拉机 T_6 的折旧成本可根据犁耕机组 $T_6 I_1$ 和旋耕机组 $T_6 I_2$ 的作业小时数来平均分摊到不同机组,配套农机具的折旧成本根据假设条件以直线折旧法来计算,根据式(1),犁耕机组 $T_6 I_1$ 的折旧成本可表示为:

$$DP_{T_6 I_1 07} = \left[(1.369\ 6 - 0.240\ 4x_{1T_6 06}^{0.5} - 0.009\ 3x_{2T_6 06}^{0.5})^2 - \right.$$
$$\left. (1.369\ 6 - 0.240\ 4x_{1T_6 07}^{0.5} - 0.009\ 3x_{2T_6 07}^{0.5})^2 \right] \times$$
$$\frac{P_{0T_6} k_{07} x_{2T_6 I_1}}{k_{0T_6}(x_{2T_6 I_1} + x_{2T_6 I_2})} + \frac{P_{0I_1} k_{07}}{k_{0I_1} n_1} \tag{2}$$

式中,x_{1T_606}、x_{1T_607} 为拖拉机 T_6 在 2006 年、2007 年末的机龄,a;x_{2T_606}、x_{2T_607} 为拖拉机 T_6 起始年至 2006 年末、2007 年末期间的年平均工作小时数,h;P_{0T6}、P_{0I1} 为拖拉机 T_6 和农机具犁 I_1 的购买价格,元;k_{0T_6}、k_{0I_1} 为拖拉机 T_6 和农机具 I_1 购买年的折现系数;k_{07} 为 2007 年的折现系数;$x_{2T_6I_1}$、$x_{2T_6I_2}$ 为机组 T_6I_1、T_6I_2 在 2007 年的作业小时数,h;n_1 为农机具 I_1 的平均折旧年限,a。

表 1　作业机组 T_6I_1、T_6I_2 的相关数据

编号	作业年	总作业小时数/h	总维修保养成本/元	油价/元·L^{-1}	T_6I_1 机组			T_6I_2 机组		
					总作业小时数/h	平均生产率/hm²·h^{-1}	平均耗油率/L·h^{-1}	总作业小时数/h	平均生产率/hm²·h^{-1}	平均耗油率/L·h^{-1}
1	1999	669.5	3 174.3	2.62	384.6	0.534 6	5.869 5	284.9	0.635 8	6.569 0
2	2000	568.4	5 446.7	2.70	298.6	0.482 1	5.216 7	269.8	0.610 0	6.697 9
3	2001	645.8	6 598	2.85	327.5	0.521 9	5.479 4	318.3	0.638 6	6.897 2
4	2002	557.5	7 606.9	3.10	308.9	0.533 0	5.828 4	248.6	0.573 7	6.264 6
5	2003	551	8 256.6	3.40	297.5	0.528 8	5.948 9	253.5	0.639 0	6.891 1
6	2004	551.9	7 195.6	3.76	258.6	0.504 0	5.922 7	293.3	0.627 6	6.860 8
7	2005	495.2	9 484.6	4.35	281.7	0.512 5	5.657 4	213.5	0.626 6	6.945 2
8	2006	560.4	7 246.3	5.80	328.7	0.535 3	5.714 4	231.7	0.620 6	6.739 3
9	2007	617.21	9 735.19	5.95	343.68	0.524 6	5.745 5	273.53	0.604 9	6.901 2

2.2　维修保养费预测子模型的建立

根据假设条件,我们仅计算拖拉机的维修保养成本,并根据犁耕机组和旋耕机组的工作小时数把拖拉机的维修保养费分摊到不同作业机组。以 7 台铁牛 JDT – 654 拖拉机组成的犁耕机组和旋耕机组的 56 组历史数据为观察样本,部分数据如表 1 所示,通过回归分析可得出拖拉机第 r 年的累积维修保养费系数模型为:

$$g_{T_6}(h_r) = 0.098\ 5 \times \left(\frac{h_r}{1\ 000}\right)^{1.1512} \qquad Adj.\ R^2 = 0.884\ 0 \qquad (3)$$

式中,h_r 为拖拉机第 r 年的累积作业小时数,h。

经 F 检验和 t 检验,模型和各回归系数都通过了显著性检验,可以用此模型来预测所有同类机组的累积维修保养费系数。根据式(3),犁耕机组 T_6I_1 在 2007 年的维修保养费可表示为:

$$RM_{T_6I_107} = \left[0.098\ 5 \times \left(\frac{h_{07}}{1\ 000}\right)^{1.151\ 2} - 0.098\ 5 \times \left(\frac{h_{06}}{1\ 000}\right)^{1.151\ 2}\right] \times \frac{p_{0T_6} k_{07} x_{2T_6I_1}}{k_{0T_6}(x_{2T_6I_1} + x_{2T_6I_2})} \quad (4)$$

式中,h_{06}、h_{07} 为分别为拖拉机在 2006 年、2007 年的累积作业小时数,h;代入各已知参数,可

计算得出作业机组 T_6I_1 在 2007 年的维修保养成本（$RM_{T_6I_107}$ = 4 544.95 元）；同理，可计算得出作业机组 T_6I_2 在 2007 年的维修保养成本（$RM_{T_6I_207}$ = 3 455.09 元）。

2.3 油料费用成本预测子模型的建立

虽然理论上机组的耗油率会随机龄的增加而增加，但观察不同机龄拖拉机机组的耗油率数据，均没有呈现随机龄的增长而明显增加的趋势。样本中 7 台铁牛拖拉机中的机龄最小的是 6 年，为了进一步考察不同机龄拖拉机的耗油率有无显著差异，采集了机龄为 1 年和 6 年的拖拉机机组的耗油率数据，并用成对总体均值 t 检验法对样本均值的差异性进行了检验，结果表明，犁耕机组（t = 1.197，DF = 6）和旋耕机组（t = −0.420，DF = 6）在 α 为 0.05 水平下均不能拒绝均值差异为 0 的原假设，说明在当前的试验条件下，机龄为 1 年和 6 年的拖拉机的耗油率没有显著差异，因此，可以用机组样本数据的平均耗油率来预测油料费用。根据样本数据，可计算得出机组 T_6I_1 的平均耗油率（$C_{T_6I_107}$ = 5.782 2 L/h）和机组 T_6I_2 的平均耗油率（$C_{T_6I_207}$ = 6.915 3 L/h），并以平均耗油率来估计机组的实际耗油率。机组 T_6I_2 的平均耗油率较高，原因是农场为了保证作业质量，要求机组 T_6I_2 以 I 档作业，而机组 T_6I_1 正常在 II 档作业。

作业机组 T_6I_1 在 2007 年的油料费用可表示为：

$$FU_{T_6I_107} = FP_{07}C_{T_6I_107}x_{2T_6I_107} \tag{5}$$

式中，FP_{07} 为 2007 年的油料价格，元/L；$C_{T_6I_107}$ 为 2007 年作业机组的耗油率，L/h；将 FP_{07} 为 5.95 元/L 代入式（5），可计算得出作业机组 T_6I_1 的油料费用（$FU_{T_6I_107}$ = 11 916.18 元）；同理，可计算得出作业机组 T_6I_2 的油料费用（$FU_{T_6I_207}$ = 10 833.90 元）。

2.4 劳动力成本预测子模型的建立

作业机组 T_6I_1 在 2007 年的劳动力成本可表示为：

$$LC_{T_6I_107} = N_{T_6I_107}SL_{T_6I_107}x_{2T_6I_107} \tag{6}$$

式中，$N_{T_6I_107}$ 为机组在 2007 年所需要的劳动力总数，人；$SL_{T_6I_107}$ 为机组在 2007 年单位时间劳动力成本，元/h；将 $N_{T_6I_107}$ 为 1、$SL_{T_6I_107}$ 为 20 元/h 代入式（6），可计算得出作业机组 T_6I_1 的劳动力成本（$LC_{T_6I_107}$ = 6 927.19 元）；同理，可计算得出作业机组 T_6I_2 的劳动力成本（$LC_{T_6I_207}$ = 5 266.07 元）。

2.5 管理费成本预测子模型的建立

作业机组 T_6I_1 在 2007 年提取的管理费可表示为：

$$MA_{T_6I_107} = CSC_{T_6I_107}P_{T_6I_107}x_{2T_6I_107}\delta_{T_6I_107} \tag{7}$$

式中，$CSC_{T_6I_107}$ 为机组 T_6I_1 在 2007 年的作业收费标准，元/hm²；$P_{T_6I_107}$ 为机组 T_6I_1 在 2007 年的平均生产率，hm²/L；$\delta_{T_6I_107}$ 为机组在 2007 年提取的管理费比例。

2.6 总作业成本的预测模型的建立

作业机组 T_6I_1 的总作业成本可表示为：

$$OP_{T_6I_107} = DP_{T_6I_107} + RM_{T_6I_107} + FU_{T_6I_107} + LC_{T_6I_107} + MA_{T_6I_107} \tag{8}$$

作业机组 T_6I_2 的总作业成本可表示为：

$$OP_{T_6I_207} = DP_{T_6I_207} + RM_{T_6I_207} + FU_{T_6I_207} + LC_{T_6I_207} + MA_{T_6I_207} \tag{9}$$

2.7　机组作业净效益的预测

机组作业净效益为总作业收费与总作业成本之差，为此，可计算得出机组 T_6I_1 和 T_6I_2 的作业净效益分别为：

$$NIC_{T_6I_107} = A_1CSC_{T_6I_107} - OP_{T_6I_107} = 9\ 273.01\ 元 \tag{10}$$

$$NIC_{T_6I_207} = A_2CSC_{T_6I_207} - OP_{T_6I_207} = 8\ 396.28\ 元 \tag{11}$$

3　意义

模型结果表明，利用农场相关实测数据建立的模型均达到了较高的精度，其中拖拉机残值系数、累积维修保养费系数回归模型精度的调节平方和分别为 0.8367 和 0.8840；模型的比较分析表明，在 2007 年机龄为 9.16 年的 6 号 JDT - 654 拖拉机组成犁耕机组和旋耕机组分别完成 180.28 hm² 和 165.46 hm² 作业面积的条件下，两台机组总作业成本的预测值分别为 28 585.79 元和 23 868.42 元，预测偏差分别为 - 2.11% 和 - 5.92%；两台机组作业总成本和的预测偏差为 - 3.88%。利用农场的实测数据建立的相关预测子模型一般能达到较高的预测精度。

参考文献

［1］　何瑞银，王耀华，马培刚，等．农场农业机器作业成本动态预测模型的研究．农业工程学报，2008，24 (6)：141 - 145.

［2］　何瑞银，王耀华，马培刚，等．大中型拖拉机残值模型的研究．农业工程学报，2008，24(5)：131 - 135.

苹果生态的适宜性评价公式

1 背景

　　山区地形复杂,自然资源立体差异显著。如何精确地表示各种资源在山区的分布状况和建立评价模型,是山区农业结构调整和资源优化利用所需要的。曲衍波等[1]以胶东半岛典型山区栖霞市为例,构建了县域数字高程模型,应用 GIS 对气候因子进行了空间定量模拟,在分析苹果生长生态要求与地形、土壤、气候各项生态评价因子关系的基础上,利用多因素综合法进行了县域优质苹果生态适宜性评价,并综合评价结果和土地结构特征,分析了栖霞市优质苹果发展潜力,从而为当地提高资源的利用效率、发展苹果产业和农业结构调整提供指导。

2 公式

2.1

　　优质苹果生态适宜性评价,是以苹果品质产量形成为中心,按照苹果长期生存和生长发育的适宜自然条件和优质高产的最佳生态条件,全面考虑光、温、水、土壤、地形和植被等各主要生态因子对苹果的生态作用和效应,进行综合比较分析,并加以验证和论断[2-5]。按照各主要生态因子对优质苹果生长的作用关系和作用程度,本研究从气候、土壤和地形条件中分别选取对苹果生长影响大、稳定性强的主导因子作为评价指标,并利用多因素综合评价法[式(1)],进行优质苹果生态适宜性评价。

$$S = \sum_{j=1}^{m} \left(\sum_{i=1}^{n} x_i \times w_i \right) \times w_j \tag{1}$$

式中,S 为优质苹果生态适宜度;x_i 为二级指标的标准化值;w_i 为二级指标权重;w_j 为一级指标权重;m 为一级指标的个数;n 为二级指标的个数。

2.2 指标数据的空间提取与分析

　　传统的以划分评价单元而进行的评价,对地形和气象等连续性变化因子的处理过于粗略,不能很好地指导实践应用。有鉴于此,本研究在 GIS 支持下,基于栅格对各评价指标进行模拟和量化。考虑数据源精度和当地农户土地规模,与 Ladsat5 TM 遥感影像相匹配,栅格实际空间大小为 25 m × 25 m,栖霞市划分为 2 259 行,3 210 列,

3 228 320个栅格。

2.2.1 地形数据的空间提取与标准化

以栖霞市等高距为 5 m 的 1∶25 000 地形图为数据源,进行扫描数字化,投影转化后完成图幅的拼接;然后经数据转化生成 25 m×25 m GRID 格式的数字高程模型(DEM, Digital Elevation Model),并提取栖霞市坡度和坡向空间数据(图1)。

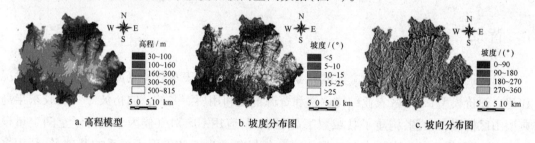

a. 高程模型   b. 坡度分布图   c. 坡向分布图

图 1   山东栖霞市地形因子空间分布图

(1)高程:高程是影响光、热、水、气、土壤、植被等生态因子规律性分布的首要因素。通过生态调查与分析,以海拔 120 m 为最优,在 SPSS(Statistical Product and Service Solutions)数理统计软件下,建立隶属函数进行高程标准化。

$$Y = 1/[1 + 0.008 \times (x_i - 120)^2] \qquad (R^2 = 0.994\,5) \tag{2}$$

式中,Y 为高程的标准化值(0~1);x_i 为高程实际值,m。

(2)坡度:坡度是影响太阳辐射、气温变化和蒸发量的重要因素。苹果生长以倾斜地最为适宜,以 3°~10° 为最优,采用分段函数进行标准化。

$$Y = \begin{cases} \dfrac{x_i}{3} & x_i < 3 \\[2mm] 1 & 3 \leqslant x_i \leqslant 10 \\[2mm] \dfrac{x_{max} - x_i}{x_{max} - 10} & x_i > 10 \end{cases} \tag{3}$$

式中,Y 为坡度的标准化值(0~1);x_i 为坡度实际值(°),x_{max} 为栖霞市坡度最大值。

2.2.2 土壤数据的空间提取与标准化

以栖霞市 1∶100 000 土壤图和土壤志等资料为基础,对图件数字化后,进行属性连接和系统分类,提取土壤质地和土层厚度栅格数据。土壤有机质含量空间分布以 2003 年 4 月采取的 63 个果园土壤样品实验测定结果为依据,采用 GIS Spline 空间插值获取(图2)。

(1)土层厚度:土层厚度直接影响苹果根系分布的空间范围和土壤水分、养分贮量及利用率。土层深厚有益于优质苹果生长,对土层厚度进行正向极差标准化[式(4)]。

$$Y = \frac{x_i - x_{min}}{x_{max} - x_{min}} \tag{4}$$

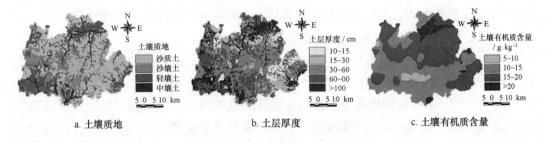

图2 山东栖霞市土壤因子空间分布

式中,Y 为土层厚度量化值;x_i 为土层厚度实际值,cm;x_{max}、x_{min} 分别为土层厚度最大值和最小值,分别为 120 cm 和 10 cm。

（2）土壤有机质含量:土壤有机质是分解营养元素、改良土壤物理性状和促进根系发育的重要因素。根据烟台市土壤表层养分分级标准,土壤有机质含量达到 10.0 g/kg 为中等;有机质含量达到 20.0 g/kg 为优等。栖霞市土壤有机质平均含量属于中等,取土壤有机质含量不小于 20.0 g/kg 为最优值,赋值为 1.0;有机质含量 10.0 g/kg 为中等水平,赋值为 0.8;标准化函数为:

$$Y = \begin{cases} (x_i/10.0) \times 0.8, & 0 < x_i \leq 10.0 \\ 0.8 + (x_i - 10.0)/(20.0 - 10.0) \times (1 - 0.8), & 10.0 < x_i < 20.0 \\ 1, & x_i \geq 20.0 \end{cases} \quad (5)$$

式中,Y 为土壤有机质含量标准化值(0~1);x_i 为土壤有机质含量实测值(g/kg)。

2.2.3 气候因子空间模拟与数据标准化

1）气候因子的空间模拟

影响山区气候条件的因素主要有经度、纬度、高程、坡度和下垫面性质等。当山区范围较大时,经度、纬度、海拔高度是主要影响因素;当山区范围较小时,经度和纬度的变化很小,气候差异主要由复杂的中小地形影响[5-7]。栖霞市经纬度变化区间较小,微地形条件是影响气候差异的主导因素,选用高程和坡度作为自变量,进行栖霞市降水和温度模拟。首先以 DEM 为基础,利用多层面复合分析法完成栖霞市年日照时数（R）的空间模拟[8];然后对栖霞市内 19 个监测站点近 30 年的气象资料,采用线性回归和空间插值法[9-12],进行降水量和温度的模拟,模拟函数为:

$$Y = f(h, s, g) = Y' + \Delta Y = \alpha_0 + \alpha_1 \times h + \alpha_2 \times s + \Delta Y \quad (6)$$

式中,Y 为某气候因子的实际值;h、s、g 分别为高程、坡度和除此之外的其他宏观地形因子的效应;Y' 为气候因子拟合值,一般用含有 h、s 的二元线性方程求得;ΔY 为宏观地形因子效应项,由气候因子实际值减去气候因子拟合值得到。

2）气象数据的标准化

年降水量:充足的降水能够保证适宜的空气湿度,是优质苹果生长发育的必要条件。

但雨量过多又会发生病虫害和影响果实的品质。以苹果生长的适宜需水量上限(800 mm)为阈值,建立隶属函数进行年降水量标准化[式(7)]。

$$Y = 1/[1 + 8.0 \times 10^{-5} \times (x_i - 800)^2] \qquad (R = 0.991\ 5) \qquad (7)$$

式中,Y 为年降水量的标准化值(0~1);x_i 为年降水量实际值,mm。

不小于10℃年积温:积温作为苹果品种特性的重要指标,对苹果的生长、发育、产量和品质有着重要的影响。适宜的积温有益于提高苹果的产量和品质,而偏低或较高的积温条件将抑制苹果的生长发育,影响苹果理化性状和质量[13]。以3 400℃为最优标准,建立隶属函数进行标准化[式(8)]。

$$Y = 1/[1 + 2.6 \times 10^{-5} \times (x_i - 3\ 400)^2] \qquad (R = 0.986\ 4) \qquad (8)$$

式中,Y 为不小于10℃年积温的标准化值(0~1);x_i 为不小于10℃年积温的实际值,℃。

3 意义

苹果生态的适宜性评价公式表明:栖霞市优质苹果生长的生态适宜程度较高,中、高度适宜面积超过 $9 \times 10^4\ hm^2$,占县域面积的45%;优质苹果发展的潜力较大,中度以上生态适宜区可开发面积超过 $5 \times 10^4\ hm^2$,其中高度适宜区具备优质苹果发展的潜力最大,中度适宜区次之,极度适宜区和初度、不适宜区的发展潜力较小。该评价结果为当地苹果产业快速发展和农业结构调整提供了决策依据。

参考文献

[1] 曲衍波,齐伟,赵胜亭,等. 胶东山区县域优质苹果生态适宜性评价及潜力分析. 农业工程学报, 2008,24(6):109 - 114.

[2] 张光伦. 生态因子对果实品质的影响. 果树科学,1994,11(2):120 - 124.

[3] Li Hong,Sun Danfeng,Zhang Fengrong,et al. Suitability evaluation of fruit trees in Beijing western mountain areas based on DEM and GIS. 2002,18(5):298 - 301.

[4] 游泳. 红富士新红星苹果高效栽培技术. 北京:中国农业出版社,1994.

[5] 李军,黄敬峰,王秀珍,等. 山区太阳直接辐射的空间高分辨率分布模型. 农业工程学报,2005,21 (9):141 - 145.

[6] 李军,黄敬峰. 山区气温空间分布推算方法评述. 山地学报,2004,21(1):126 - 132.

[7] 陈华,孙丹峰,段增强,等. 基于DEM的山地日照时数模拟时空特点及应用——以北京西山门头沟区为例. 山地学报,2002,20(5):559 - 563.

[8] 赵胜亭. 基于GIS的山区气候因子空间模拟及苹果适宜性评价研究. 山东农业大学,2006.

[9] 梁天刚,王兮之,戴若兰. 多年平均降水资源空间变化模拟方法的研究. 西北植物学报,2000,20 (5):856 - 862.

［10］ 朱蕾,黄敬峰. 山区县域尺度降水量空间插值方法比较. 农业工程学报,2007,23(7):80-85.

［11］ 张洪亮,倪绍祥,邓自旺,等. 基于DEM的山区气温空间模拟方法. 山地学报,2002,20(3):360-364.

［12］ 李军,黄敬峰,王秀珍. 山区月平均气温的高空间分辨率分布模型与制图. 农业工程学报,2004,20(3):19-23.

［13］ 束怀瑞. 果树学. 北京:中国农业出版社,1999:215-290.

电网多谐波的叠加公式

1 背景

大量的非线性负荷应用在农村配电网中,使农网中出现了多谐波源的现象。当多谐波源产生的谐波电流相角不确定时,谐波叠加计算问题变得异常复杂。针对这一问题,张博等[1]在一定假设条件下,提出了一种研究多谐波源谐波电流叠加的方法,利用概率统计学中的大数定理和中心极限定理,推导出了谐波叠加的计算公式。当谐波源数量足够多时,期望值可表示谐波电流的幅值,从而为合理地治理谐波提供依据,以避免治理时的资源浪费,并进行了仿真实验。

2 公式

2.1 单个谐波源的谐波电流

实际电网中,谐波电流受多个因素的影响而具有一定的随机性,所以采用概率和数理统计的方法来研究谐波电流。谐波电流在一个时间段($t_1 \sim t_n$)内,测量的数据为 $X = (x_1, x_2, \cdots, x_n)$,$Y = (y_1, y_2, \cdots, y_n)$,瞬时 t_k 的谐波电流可表示为:

$$i_k = x_k + jy_k \quad (k = 1, 2, \cdots, n) \tag{1}$$

假设 X, Y 服从高斯分布,则其概率密度函数为:

$$f(x) = \frac{1}{\sqrt{2\pi}\sigma_x} e^{\frac{-1}{2\sigma_x^2}(x-\mu_x)^2} \tag{2}$$

式中,μ_x 和 σ_x^2 是数学期望和方差,可由下式得到:

$$\mu_x = \frac{1}{n} \sum_{k=1}^{n} x_k p_k \tag{3}$$

$$\sigma_x^2 = \sum_{k=1}^{n} (x_k - \mu_x)^2 \frac{p_k}{n} \tag{4}$$

式中,p_k 为数据 x_k 在测量中出现的次数。

2.2 多谐波源的谐波电流

考虑配电网一条线路上同时有多个谐波源运行的情况,那么注入变压器的某次谐波电流可以处理为多个谐波源产生的该次谐波的矢量和。h 次谐波电流可表示为:

50

$$I_h = \sum_{k=1}^{n} X_{hk} + j\sum_{k=1}^{n} Y_{hk} = X_h + jY_h$$

对于多个相互独立的非线性负载,基于中心极限定理可以推出 X_h 和 Y_h 近似正态分布。分量 X_{hk} 和 Y_{hk} 具有物理特性,所以它们的数学期望和方差是一定的,只要 n 足够多,通过大数定理和中心极限定理可以推出 X_h 和 Y_h 服从高斯分布。同时,文献[2]已经证明基于 BND(二维正态模型),即使对于小 n 也同样可以达到令人满意的效果。相应的概率密度函数为:

$$f_{X_h}(X_h) = \frac{1}{\sqrt{2\pi}\sigma_{X_h}} e^{\frac{-1}{2\sigma^2 Y_n}(X_h - \mu_{X_h})^2} \tag{5}$$

$$f_{Y_h}(Y_h) = \frac{1}{\sqrt{2\pi}\sigma_{Y_h}} e^{\frac{-1}{2\sigma^2 Y_n}(Y_h - \mu_{Y_h})^2} \tag{6}$$

其中,

$$\mu_{X_h} = \sum_{k=1}^{n} \mu_{x_h}, \mu_{Y_h} = \sum_{k=1}^{n} \mu_{y_h}$$

$$\sigma_{X_h}^2 = \sum_{k=1}^{n} \sigma_{x_h}^2, \sigma_{Y_h}^2 = \sum_{k=1}^{n} \sigma_{y_h}^2$$

令 $A = \begin{bmatrix} X_h \\ Y_h \end{bmatrix}, \mu = \begin{bmatrix} \mu_{X_h} \\ \mu_{Y_h} \end{bmatrix}$,$(X_h, Y_h)$ 的协方差矩阵为:

$$B = \begin{bmatrix} b_{11} & b_{12} \\ b_{21} & b_{22} \end{bmatrix} = \begin{bmatrix} \sigma_{X_h}^2 & \rho\sigma_{X_h}\sigma_{Y_h} \\ \rho\sigma_{X_h}\sigma_{Y_h} & \sigma_{Y_h}^2 \end{bmatrix} \tag{7}$$

其中,相关系数 $\rho = Cov(X_h, Y_h)/\sigma_{X_h}\sigma_{Y_h}$,这里 $Cov(X_h, Y_h)$ 为 X_h 和 Y_h 的协方差。独立随机变量之和的协方差等于相对应的独立随机变量的协方差的和[3]。即:

$$Cov(X_h, Y_h) = \sum_{k=1}^{n} Cov(x_{hk}, y_{hk})$$

其中,

$$Cov(x_{hk}, y_{hk}) = \rho_{xy}\sigma_{hk}\sigma_{yhk}$$

而矩阵 B 的行列式 $\det B = \sigma_{X_h}^2 \sigma_{Y_h}^2 (1-\rho)^2$,则 B 的逆矩阵为:

$$B^{-1} = \frac{1}{\det B} \begin{bmatrix} \sigma_{Y_h}^2 & -\rho\sigma_{X_h}\sigma_{Y_h} \\ -\rho\sigma_{X_h}\sigma_{Y_h} & \sigma_{X_h}^2 \end{bmatrix} \tag{8}$$

于是得到 X_h 和 Y_h 的联合分布密度函数为:

$$f_{X_h Y_h}(X_h, Y_h) = \frac{1}{2\pi(\det B)^{1/2}} e^{-\frac{1}{2}(A-\mu)'B^{-1}(A-\mu)} \tag{9}$$

上式也就是 h 次谐波电流 I_h 矢量和的联合分布概率密度函数。随机变量 I_h 总的幅值为:

$$I_h = \sqrt{X_h^2 + Y_h^2}$$

谐波分析需要得到谐波的幅值而不是它的相角,因此利用公式 $X_h = I_h \cos \theta$ 和 $Y_h = I_h \sin \theta$ 进行坐标变换。I_h 为随机变量密度分布函数 $f_{I_h}(I_h)$ 的自变量[4]。

$$f_{I_h}(I_h) = \int_0^{2\pi} f_{X_h Y_h}(I_h \cos \theta, I_h \sin \theta) I_h \mathrm{d}\theta \tag{10}$$

根据以上公式,可以计算 h 次谐波电流幅值的数学期望 μ_{I_h} 和方差 $\sigma_{I_h}^2$。公式如下:

$$\mu_{I_h} = \int_0^{2\pi} f_{I_h}(I_h) I_h \mathrm{d}I_h \tag{11}$$

$$\sigma_{I_h}^2 = \int_0^{2\pi} f_{I_h}(I_h) I_h^2 \mathrm{d}I_h \tag{12}$$

利用如上所述的数学方法,在 MATLAB 软件中编写代码文件,并使用 MATLAB 自备的统计工具箱,可以实现对谐波电流的概率特性的分析。谐波电流的期望随谐波次数的变化情况如图 1 所示。

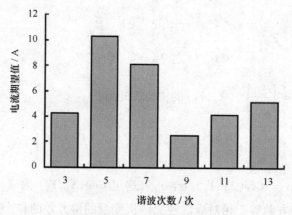

图1　谐波电流期望变化图形

3　意义

实验提出了一种计算农村配电网中多谐波源谐波电流叠加的方法。研究了单个谐波源工作时的谐波电流,利用统计学中的大数定理和中心极限定理来计算多谐波源谐波电流的叠加。利用数学期望和方差可以估计谐波电流的幅值。仿真结果表明,应用此方法来计算多谐波源的谐波电流幅值问题,可以得到满意的结果;多谐波源叠加时谐波电流相互抵消明显。

参考文献

［1］ 张博,朴在林,李鹏. 农村配电网中多谐波源谐波叠加算法的研究. 农业工程学报,2008,24(6)：200 - 202.

［2］ Wang Y J. Summation of harmonic currents produced by AC/DC static power converters with randomly fluctuating loads. IEEE Trans on PWRD,1994,9(2)：1129 - 1135.

［3］ Kazibwe W E,Ortmeyer T H,Hammam M S A A. Summation of probabilistic harmonic vectors. IEEE Trans on Power Delivery,1989,4(1)：621 - 628.

［4］ Crucq A M,Robert A. Statistical approach for harmonics measurements and calculations. CIRED,1989,(2)：2.

冷库门的冷风渗透模型

1 背景

关于冷风渗透率的研究,Foster 等[1],Chen 等[2]通过实验测试对各种计算冷风渗透率的经验公式进行了对比研究。随着计算机技术的发展,近年来学者多采用 CFD 方法进行数值模拟研究,并取得了很多重要进展[3-5]。然而,前人的研究工作大多在没有考虑冷库内部制冷设备运行的条件下进行的。何媛和南晓红[6]以一个实际冷库为研究对象,研究了在热压作用下冷库大门的冷风渗透速率。分别利用理论分析方法和几种经验公式对穿过冷库大门的冷风渗透率进行了计算分析。同时,通过建立在热压作用下的冷库内外气流流动的三维 CFD 数值模型,分析冷库内的温度和速度场以及穿过冷库门的冷风渗透率,并与不同经验公式的理论计算结果进行比较,以期对空气幕的设计和安装进行理论指导。

2 公式

2.1 理论分析与经验公式

冷库门口处的气流流动主要受风压和热压影响,实验研究的冷库设有封闭站台,库外空气扰动很小,可忽略不计,所以研究不考虑风压影响。

2.1.1 理论分析

冷库属于密闭房间[7],冷库内外温差必然致使冷库门处存在热压差,不考虑风压影响时,冷库门的高度方向将存在一中和面[8],如图 1 所示,中和面上方,库外空气流入库内,且随着远离中和面,速度逐渐增大;中和面下方,库内空气流出库外,随着远离中和面向外流速也逐渐增大。建立如图 1 所示的坐标系,设中和面的压力为 P_0,则库外和库内某断面压力分别为:

$$P_1 = P_0 + g\rho_w(h - x) \tag{1}$$

$$P_2 = P_0 + g\rho_n(h - x) \tag{2}$$

式中,P_1,P_2 为断面上的库外及库内的压力,Pa;ρ_n,ρ_w,ρ_{avg} 为分别为库内外空气密度及库内外空气平均密度,kg/m³;h 为中和面的高度,m;x 为断面距中和面的高度,m;g 为重力加速度,m/s²。

因此,x 断面上库内外的压力差:

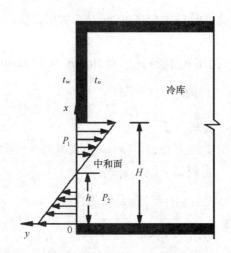

图 1 热压分布图

$$\Delta P_1 = P_2 - P_1 = (h - x)(\rho_n - \rho_w)g \tag{3}$$

ΔP_1 大于 0 ,库内压力大于库外压力,库内空气流向库外;ΔP_1 小于 0 ,库内压力小于库外压力,库外空气流入库内。

据流体力学原理[9]:

$$\Delta P = \frac{\rho \xi v^2}{2} \tag{4}$$

式中,ρ 为空气密度,中和面上下分别取 ρ_w 和 ρ_n;ξ 为门洞阻力系数[10];v 为 x 断面上 y 方向速度,m/s。

结合式(3),式(4)得 x 断面 y 方向的流速:

$$v = [2g(h - x)(\rho_n - \rho_w)/(\rho \xi)]^{1/2} \tag{5}$$

根据热压作用下冷库流进风量等于流出风量:

$$I = \rho_n \int_0^h [2g(h - x)(\rho_n - \rho_w)/(\rho_n \xi)]^{1/2} \mathrm{d}x \tag{6}$$

$$I = \rho_w \int_h^H [2g(x - h)(\rho_n - \rho_w)/(\rho_w \xi)]^{1/2} \mathrm{d}x \tag{7}$$

2.1.2 冷风渗透率的经验公式

常用计算冷风渗透率的经验公式主要有以下几种。

1)Brown 和 Solvason 公式

Brown 和 Solvason 假设室内外压力相等,并认为中和面高度等于大门高度一半,他们总结的经验公式为:

$$I = 0.343A(gH)^{0.5} \left(\frac{\rho_n - \rho_w}{\rho_{avg}}\right)^{0.5} \left[1 - 0.498\left(\frac{b}{H}\right)\right] \tag{8}$$

式中,A 为冷库大门面积,m^2;b 为冷库大门厚度,m;H 为大门高度,m;I 为空气渗透速率,m^3/s。

2)Tamm 公式

Tamm 计算中和面高度时,用 ρ_n 代替 ρ_{avg},对 Brown 和 Solvason 公式作了进一步改进:

$$I = 0.333A(gH)^{0.5}\left(\frac{\rho_n - \rho_w}{\rho_n}\right)^{0.5}\left[\frac{2}{1 + (\rho_w/\rho_n)^{0.333}}\right]^{1.5} \tag{9}$$

3)Fritzsche 和 Lilienblum 公式

Fritzsche 和 Lilienblum 用实验方法,在 Tamm 公式基础上,考虑流动、摩擦和热效应影响,提出了一个相关系数 $K_{f,L}$,得到如下经验公式:

$$I = 0.333K_{f,L}A(gH)^{0.5}\left(\frac{\rho_n - \rho_w}{\rho_n}\right)^{0.5}\left(\frac{2}{1 + (\rho_w/\rho_n)^{0.333}}\right)^{1.5}$$

$$K_{f,L} = 0.48 + 0.004(t_w - t_n) \tag{10}$$

式中,$K_{f,L}$ 为形状相关因子;t_n,t_w 分别为室内外空气温度,取 $t_n = 23℃$,$t_w = 27℃$。

4)Gosney 和 Oliver 公式

Fritzsche 和 Lilienblum 公式的提出是假定流入室内外的体积流量相等,但这只适合流入室内的空气不被冷却,一旦流入室内的空气被冷却,这个假设必定存在误差。Gosney 和 Oliver 就在此基础上提出恒定质量流量计算公式,即用 ρ_n/ρ_w 代替 ρ_w/ρ_n。

$$I = 0.221A(gH)^{0.5}\left(\frac{\rho_n - \rho_w}{\rho_n}\right)^{0.5}\left(\frac{2}{1 + (\rho_n/\rho_w)^{0.333}}\right)^{1.5} \tag{11}$$

5)Pham 和 Oliver 公式

Pham 和 Oliver 实验测试了冷库大门处的空气流动,并提出了应用于 Tamm 公式的经验因子 0.68 以吻合他们的实验数据,这个新公式被称为 Tamm 修正公式。

$$I = 0.226A(gH)^{0.5}\left(\frac{\rho_n - \rho_w}{\rho_n}\right)^{0.5}\left(\frac{2}{1 + (\rho_n/\rho_w)^{0.333}}\right)^{1.5} \tag{12}$$

2.2 冷风渗透率的 CFD 预测

实验建模不考虑冷藏间内储存的货物;冷藏间内空气不可压缩,服从 Boussinesq 假设,库内流场为稳态紊流;冷藏间的围护结构和外界无热质交换,且不泄漏。

实验模型计算域除了冷库内部区域外还考虑一定环境区域,环境区域大小以边界流动与传热条件对冷藏间内的计算结果没有影响为原则[11]。

计算所需要的连续性方程、动量方程、能量方程及 $K - \varepsilon$ 方程的通用形式为:

$$\text{div}(\rho\vec{u}\varphi) = \text{div}(\Gamma_\varphi\text{grad}\varphi) + S_\varphi \tag{13}$$

式中,φ、Γ_φ、S_φ 分别为通用变量、广义扩散系数和广义源项;对应于不同变量 φ,式(13)中各项参数及 $K - \varepsilon$ 模型中的系数详见文献[12]和文献[13]。

热压作用下冷风渗透率的理论求解值,经验公式计算值及 CFD 预测值及其偏差如表 1 所示。可以得出在不开启空气幕的条件下,这三个经验公式可以用来预测冷库大门的冷风渗透率,同时也说明本文模型正确。当开启空气幕时,这些经验公式不能用来计算冷库大门的冷风渗透率。

表1 不同方法计算冷风渗透率的比较及偏差

	CFD 预测值	理论解	经验公式				
			Brown	Tanm	Fritzsche	Gosney	Tamm 修正
渗透率/m³·s⁻¹	1.282 9	1.140 9	1.983 6	1.995 4	1.346 4	1.226 9	1.354 2
偏差/m³·s⁻¹	—	-0.124	0.353	0.357	0.047	-0.045	0.053

3 意义

通过比较不同经验公式的计算值和 CFD 预测结果,表明利用 Gosney,Fritzsche 和 Tamm 修正公式与 CFD 技术所得结果偏差约为 5%。在冷库宽度方向,中间截面处的温度波动比较剧烈,其他截面温度波动相对较小;在冷库长度方向,随着越往库内部,温度波动越小;在冷库高度方向,离地面越近,温度波动越剧烈。

参考文献

[1] Foster A. M,Swain M. J,Barrett R,et al. Experimental verification of analytical and CFD predictions of infiltration through cold store entrances. International Journal of Refrigeration,2003,(26):918 – 925.

[2] Chen P,Cleland D J,Lovatt S J,et al. An empirical model for predicting air infiltration into refrigerated stores through doors. International Journal of Refrigeration,2002,(25):799 – 812.

[3] Foster A M,Barrett R,James S J,et al. Measurement and prediction of air movement through doorways in refrigerated rooms. International Journal of Refrigeration,2002,(25):1102 – 1109.

[4] Foster A M,Swain M J,Barrett R,et al. Effectiveness and optimum jet velocity for a plane jet air curtain used to restrict cold room infiltration[J]. International Journal of Refrigeration,2006,(29):692 – 699.

[5] Foster A M,Swain M J,Barrett R,et al. Three – dimensional effects of an air curtain used to restrict cold room infiltration. Applied Mathematical Modelling,2007,(31):1109 – 1123.

[6] 何媛,南晓红. 三维 CFD 模型预测热压作用下冷库门的冷风渗透率[J]. 农业工程学报,2008,24(6):26 – 30.

[7] 魏润柏. 通风工程空气流动理论. 北京:中国建筑工业出版社,1981:40 – 96.

[8] 何嘉鹏. 冷库大门的流场分析. 流体机械,1994,(2):58 – 60.

[9] 陆耀庆. 供暖通风设计手册. 北京:中国建筑工业出版社,1987.

[10] 何嘉鹏. 冷库空气幕的计算方法. 南京建筑工程学院院报,1992,(1):21 – 26.

[11] 穆景阳,陈江平,娄俊,等. 卧式超市陈列柜风幕系统数值分析. 工程热物理学报,2001,22(3):313 – 315.

[12] 王福军. 计算流体力学分析——CFD 软件原理与应用. 北京:清华大学出版社,2004.

[13] 陶文铨. 数值传热学. 西安:西安交通大学出版社,2005.

食品微波加热的杀菌模型

1 背景

尽管关于微波加热杀菌的研究很多,但是,由于微波加热机理和方式的不同,其杀菌动力学不遵循一级动力学方程,且微波场中的温度缺乏精确的检测手段。研究微波加热杀菌的动力学,杭锋等[1]基于微波加热在不同温度条件下的大肠杆菌和金黄色葡萄球菌菌数减少的对数周期变化,选取 SWeibull、Slogistic 和 Dose-response 3 种数学模型来拟合微波杀菌的动力学过程,以精确因子、偏差因子、均方差和决定系数作为模型拟合度优劣的评判指标。

2 公式

2.1 菌悬液的微波处理

离心收集(5 000 r/min,10 min,4℃)培养好的菌液得到菌体,重新接种于 pH 值为 7.0、浓度为 8.5 g/L 的等体积生理盐水中(初始温度 37℃),900 W 微波加热至所需温度,冰水浴冷却 5 min。分别测定初始菌数以及加热至 50℃、55℃、60℃、65℃、70℃、80℃、90℃、100℃后的残存菌数。杀菌效果即致死率采用菌数减少的对数周期来表示,其计算方法为:

$$致死率 = (\lg N_t - \lg N_0) \times 100\% \tag{1}$$

式中,N_0 为初始菌数;N_t 为处理温度的残存菌数。

2.2 数学模型

2.2.1 SWeibull 数学模型

该数学模型是基于 Weibull 分布得到的[2-4],模型假设菌体间的热抗性有差别且符合 Weibull 分布,因此残存曲线符合累积分布函数。SWeibull 数学模型的公式为:

$$\lg \frac{N_t}{N_0} = p_1 - (p_1 - p_2) e^{-(kt)^l} \tag{2}$$

式中,p_1 为菌数初始菌数;p_2 为最低的残存菌数;t 为处理温度;k, l 为曲线方程的参数。

2.2.2 Slogistic 数学模型

Augustin 等[5]在单核增生李斯特菌热抗性研究中建议使用该模型,该模型同样认为菌体间的热抗性有差别。实验在 Augustin 基础上做简化处理,数学模型的公式为:

58

$$\lg \frac{N_t}{N_0} = \frac{p_2}{1 + q e^{-mt}} \tag{3}$$

式中，p_2 为最低的残存菌数；q，m 为曲线方程的参数。

2.2.3 Dose - response 数学模型

剂量响应数学模型是基于某种药物剂量对实验动物组的存活率而来的，其模型公式为：

$$\lg \frac{N_t}{N_0} = p_2 + \frac{p_1 - p_2}{1 + 10^{t-r}} \tag{4}$$

式中，r 为曲线方程的参数。

2.3 数据分析

采用 1stOpt1.5 Pro 对试验数据进行拟合处理，得到微波杀菌随加热时间及其温度的动力学方程。以 Af、Bf、$RMSE$ 和 R^2 4 个参数来评判拟合度的优劣[6-9]。参数 Af 是精确因子，Bf 是偏差因子，两者用于衡量模型的有效性。Af 值表示预测值与实测值偏离的程度，Af 值越小表明模型预测值与实测值越接近，模型越精确。当 Bf 大于 1 表示模型预测值比实测值高，当 Bf 小于 1 表示模型预测值比实测值低，因此，当 Bf 越接近 1，模型拟合度越高。决定系数 R^2 和 $RMSE$ 表示模型的精确度、可靠度[7,10,11]，R^2 越接近于 1，$RMSE$ 越小，模型拟合度越高。Af、Bf 和 $RMSE$ 公式为：

$$\begin{cases} Af = 10^{\left[\sum |\lg(预测值/实测值)|\right]/n} \\ Bf = 10^{\left[\sum \lg(预测值/实测值)\right]/n} \\ RMSE = \sqrt{\dfrac{\sum (实测值 - 预测值)^2}{n - p}} \end{cases} \tag{5}$$

式中，n 为观察值的个数；p 为考察指标数。

为了衡量预测值和实测值的一致性，以实测数据为横坐标，模型预测数据为纵坐标作图，通过线性拟合得到的决定系数 R^2 来判断预测值和实测值的差异。由图 1 可知，模型预测值与实测值越接近，则拟合直线的方程的斜率越接近于 1 且方程截距越趋向于 0。

3 意义

食品微波的加热杀菌模型表明，大肠杆菌和金黄色葡萄球菌的微波杀菌动力学曲线基本上呈倒"S"形，但两者的致死率存在显著的差异，金黄色葡萄球菌对微波更敏感，说明两者的致死机理不同。模型表明，Slogistic 较 Sweibull 和 Dose - response 模型更好地拟合了微波杀灭大肠杆菌与金黄色葡萄球菌的动力学曲线，更适于描述微波加热杀菌的动力学过程。

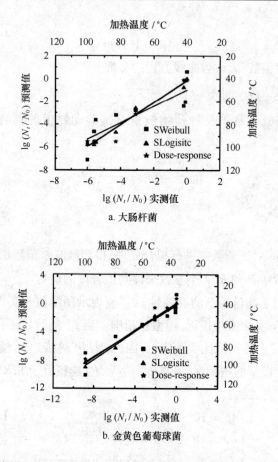

图1　微波杀灭大肠杆菌与金黄色葡萄球菌效果预测值和实测值的相关性

参考文献

[1]　杭锋,陈卫,陈帅,等. 食品微波加热杀菌动力学描述模型的选择. 农业工程学报,2008,24(6):49 –
52.

[2]　Peleg M,Cole M B. Reinterpretation of microbial survival curves. Critical Reviews in Food Science,1998,
385:353 – 380.

[3]　Peleg M,Penchina C M. Modelling microbial survival during exposure to lethal agent varying intensi-
ty. Critical Reviews in Food Science and Nutrition,2000,40(2):159 – 172.

[4]　Van Boekel M A J S. On the use of the Weibull model to describe thermal inactivation of microbial vegeta-
tive cells. International Journal of Food Microbiology,2002,74:139 – 159.

[5]　Augustin J C,Carlier V,Rozier J. Mathematical modelling of the heat resistance of Listeria monocytogenes.
Journal of Applied Microbiology,1998,84:185 – 191.

［6］ 钟葵,吴继红,廖小军,等. 高压脉冲电场对植物乳杆菌的杀菌效果及三种模型的比较分析. 农业工程学报,2006,22(11)：238 – 243.

［7］ Alvarez I,Virto R,Raso J,et al. Comparing predicting models for the Escherichia coli inactivation by pulsed electric fields. International Journal of Food Science and Technology,2003,4：195 – 202.

［8］ Ross T. Indices for performance evaluation of predictive models in food microbiology. Journal of Applied Bacteriology,1996,81：501 – 508.

［9］ Chen Haiqiang. Use of linear,Weibull,and log – logistic functions to model pressure inactivation of seven foodborne pathogens in milk. Food Microbiology,2007(24)：197 – 204.

［10］ Mc Clure P J,Baranyi J,Boogard,et al. A predictive model for the combined effect of pH,sodium chloride and storage temperature on the growth of Brocothrix thermosphacta. International Journal of Food Microbiology,1993,19：161 – 178.

［11］ Duh Y H,Schaffer N W. Modelling the effect of temperature on the growth rate and lag time of Listeria innocula and Listeriamonocytogenes. Journal of Food Protection,1993,56,205 – 210.

稻谷和脱粒元件的碰撞方程

1 背景

因以前的研究均建立在试验基础上,缺少对脱粒元件和稻谷之间作用过程的理论分析。针对中国水稻在机械化收获过程中稻谷损伤严重,脱粒装置的设计仍以经验为主等现状,徐立章等[1]从碰撞接触的角度,建立谷粒与脱粒元件碰撞时接触过程的位移量和最大压力分布方程,寻找稻谷产生应力裂纹或破碎时稻谷与脱粒元件临界相对速度,为研究稻谷的脱粒过程,深入分析稻谷脱粒损伤机理以及脱粒装置的优化设计等提供理论依据。

2 公式

2.1 弹性碰撞过程

为了满足 Hertz 理论,提出了几条基本假设[2]:

(1)稻谷可近似看作均匀、各向同性椭球体。

(2)接触区很小,接触为非共性的,在初始接触点附近稻谷和脱粒元件可视为弹性半空间。

(3)接触过程形变量远远小于稻谷的尺寸,在初始接触点附近,稻谷和脱粒元件表面与初始接触点处公切面法线相交的点相接触。

(4)接触时无面内摩擦,因而切向面内力为零。

(5)稻谷与脱粒元件在初始接触点附近的表面二阶连续,接触区为椭圆,a 为长轴,b 为短轴。

(6)稻谷与脱粒元件为对心碰撞,碰撞时接触发生于谷粒的中央,稻谷的高度方向垂直于接触表面。

稻谷与脱粒元件碰撞接触以及所建立的坐标系如图 1 所示,图中 P 为稻谷与脱粒元件之间的压力,N;r 为脱粒钉齿半径,m;δ 为稻谷与脱粒元件的碰撞压缩量,m;稻谷长为 L,宽为 B,高为 H。

根据 Hertz 理论,一般外形的两个物体接触时,接触区尺寸、压缩量和接触面上的最大压力分别为[2]:

$$c = (ab)^{\frac{1}{2}} = \left(\frac{3PR_e}{4E^*}\right)^{\frac{1}{3}} \tag{1}$$

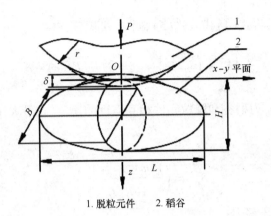

1. 脱粒元件　2. 稻谷

图1　稻谷与脱粒元件碰撞接触示意图

$$\delta = \left(\frac{9P^2}{16E^{*2}R_e}\right)^{\frac{1}{3}} F_2(e) \tag{2}$$

$$p_0 = \frac{3P}{2\pi ab} = \left(\frac{6PE^{*2}}{\pi^3 R_e^2}\right)^{\frac{1}{3}} \{F_2(e)\}^{-\frac{2}{3}} \tag{3}$$

式中，c 为接触区尺寸，m；$R_e = (R'R'')^{\frac{1}{2}}$ 为等效相对曲率半径，m；其中 $\frac{1}{R'} = \frac{1}{R'_1} + \frac{1}{R'_2}$，

$\frac{1}{R''} = \frac{1}{R''_1} + \frac{1}{R''_2}$，$R'_1$、$R''_1$ 分别为脱粒元件在接触区任意法向平面中最大、最小曲率半径，m；

R'_2、R''_2 分别为稻谷在接触区任意法向平面中最大、最小曲率半径，m；$\frac{1}{E^*} = \frac{1-\mu_1^2}{E_1} + \frac{1-\mu_2^2}{E_2}$，

E_1、E_2 分别为脱粒元件和稻谷的弹性模量，Pa；μ_1、μ_2 分别为脱粒元件和稻谷的泊松比；

$F_2(e)$ 为修正系数，根据相对曲率比值 $\left(\frac{R'}{R''}\right)^{\frac{1}{2}}$，可得出 $F_2(e)$ 的值[2]；p_0 为最大接触压力，

N/m²。

稻谷与脱粒元件碰撞过程中，由于弹性变形，两物体的中心接近了一个位移 δ_z，它们的

相对速度为 $v_{z2} - v_{z1} = \frac{\mathrm{d}\delta_z}{\mathrm{d}t}$，其中 v_{z1}、v_{z2} 分别为脱粒元件和稻谷的运动速度，m/s。

$$-\frac{m_1 + m_2}{m_1 m_2}P = \frac{\mathrm{d}}{\mathrm{d}t}(v_{z2} - v_{z1}) = \frac{\mathrm{d}^2\delta_z}{\mathrm{d}t^2} \tag{4}$$

式中，m_1 为脱粒元件质量，kg；m_2 为稻谷质量，kg。

由式（2）可知：

$$P = \frac{4}{3}R_e^{\frac{1}{2}}E^* F_2(e)^{-\frac{3}{2}}\delta^{\frac{3}{2}} \tag{5}$$

令 $\dfrac{1}{m} = \dfrac{1}{m_1} + \dfrac{1}{m_2}$，将式（4）代入式（5），对 δ_z 作积分，得：

$$\frac{1}{2}\left\{V_z^2 - \left(\frac{\mathrm{d}\delta_z}{\mathrm{d}t}\right)^2\right\} = \frac{8}{15m}R_e^{\frac{1}{2}}E^* F_2(e)^{-\frac{3}{2}}\delta_z^{\frac{5}{2}} \tag{6}$$

式中，$V_z = (v_{z2} - v_{z1})_{t=0}$ 为稻谷和脱粒元件相互靠近的速度；在最大压缩 δ_z^* 时，$\delta_z^* = \dfrac{\mathrm{d}\delta_z}{\mathrm{d}t} = 0$，由式（6）可得：

$$\delta_z^* = \left(\frac{15mV_z^2 F_2(e)^{\frac{3}{2}}}{16R_e^{\frac{1}{2}}E^*}\right)^{\frac{2}{5}} \tag{7}$$

由式（5）可知最大压缩力：

$$P^* = \frac{4}{3}R_e^{\frac{1}{2}}E^* F_2(e)^{-\frac{3}{2}}\delta^{*\frac{3}{2}} \tag{8}$$

将式（7）代入式（6），然后两边积分，可得压缩量与时间关系：

$$t = \frac{\delta_z^*}{V_z}\int_0^1 \frac{\mathrm{d}\left(\dfrac{\delta_z}{\delta_z^*}\right)}{\left\{1 - \left(\dfrac{\delta_z}{\delta_z^*}\right)^{\frac{5}{2}}\right\}^{\frac{1}{2}}} \tag{9}$$

2.2 损伤破坏

在最大的压缩时刻，根据脆性材料通常遵循正应力断裂准则[3]，在轴向压缩载荷下，当接触压力 p_0 达到稻谷在单向压缩下的强度极限 Y 时，稻谷与脱粒元件接触区表面下的一点达到弹性状态的极限，形成应力裂纹或破碎。

稻谷不发生损伤破坏的临界状态为：

$$p_0 = Y \tag{10}$$

此时 $t = t^*, \delta_z = \delta_z^*, P = P^*$。

由式（1）、式（3）可知：

$$p_0 = \frac{3P}{2\pi\left(\dfrac{3PR_e}{4E^*}\right)^{\frac{2}{3}}} \tag{11}$$

则最大接触压力：

$$p_0^* = \frac{3P^*}{2\pi\left(\dfrac{3P^* R_e}{4E^*}\right)^{\frac{2}{3}}} \tag{12}$$

联立式（7）、式（10）、式（12）可得：

$$\frac{1}{2}mV_z^2 \approx 5.10\frac{Y^5 R_e^3}{E^{*4}F_2(e)} \tag{13}$$

从式(13)可得,稻谷与脱粒元件碰撞形成损伤时的相对临界速度 V_2 与稻谷的强度极限 Y、谷粒的几何尺寸(L、H、B)、稻谷的质量 m_2、稻谷的弹性模量 E_2、脱粒元件弹性模量 E_1,稻谷与脱粒元件接触处的最大、最小曲率半径等有关。

3　意义

实验在合理假设的基础之上,从接触力学的角度,建立了稻谷与脱粒元件弹性碰撞过程中压缩量与时间的方程。结果表明,以谷粒发生损伤破坏的临界状态为条件,得到了稻谷与脱粒元件的相对临界速度,并以钉齿为例进行了实例计算,台架试验结果与理论分析相吻合。

参考文献

[1]　徐立章,李耀明,丁林峰. 水稻谷粒与脱粒元件碰撞过程的接触力学分析. 农业工程学报,2008,24(6):146 – 149.

[2]　Johnson K L. 接触力学. 徐秉业,罗学富译. 北京:高等教育出版社,1992:9 – 223.

[3]　McLintock F A,Argon A S. Mechanical Behavior of Materials. Massachusetts:Addison – Wesley Publishing Company,1966.

风干白鲢的热风干燥模型

1 背景

干燥条件对干制品的品质产生重要影响,适宜的干燥条件能提高产品的贮藏性能[1]、改善制品的质地并促进制品风味的形成[2-4]。水分扩散系数反映物料在一定干燥条件下的脱水能力,对深入分析物料内部水分扩散过程及优化干燥工艺具有重要意义。曾令彬等[5]采用不同干燥条件对腌制白鲢进行干燥,研究干燥曲线并建立数学模型,讨论干燥条件对鱼块内部水分扩散特性的影响,为风干白鲢的工业化生产提供理论参数。

2 公式

2.1 风干白鲢的干燥模型

降速干燥阶段的内部水分扩散主要以分子扩散形式进行,腌制鱼块为长方体,水分的扩散可沿着长(x)、宽(y)、高(z)3个方向同时进行,由 Newmen 公式[6]可得:

$$MR = \frac{X - X_e}{X_0 - X_e} = \left(\frac{X - X_e}{X_0 - X_e}\right)_x \left(\frac{X - X_e}{X_0 - X_e}\right)_y \left(\frac{X - X_e}{X_0 - X_e}\right)_z \tag{1}$$

其中每个方向上的扩散均可视为一维平板状物料的扩散,根据 Fick 定律可得扩散方程[6]:

$$\left(\frac{X - X_e}{X_0 - X_e}\right)_i = \frac{8}{\pi^2} \sum_{n=1}^{\infty} \frac{1}{(2n-1)^2} \exp\left[-\frac{(2n-1)^2}{4}\pi^2 F_0^i\right] \tag{2}$$

式中,$F_0^i = \dfrac{D_i t}{L_i^2}, i = x, y, z$。

干燥过程中,鱼块干结收缩,体积减小,且鱼块肌肉纤维存在一定方向,水分扩散具有各向异性。为了便于研究,假设:①鱼块的组织结构均匀,各方向的扩散系数相等,即 $D_x = D_y = D_z = D$;②干燥过程中鱼块体积不变,即 L_i 一定。由式(1)、式(2),取 $n = 1$ 可得:

$$MR = \frac{X - X_e}{X_0 - X_e} \approx \left(\frac{8}{\pi^2}\right)^3 \exp\left[-\frac{\pi^2}{4}Dt\left(\frac{1}{L_x^2} + \frac{1}{L_y^2} + \frac{1}{L_z^2}\right)\right] \tag{3}$$

引入常数 $A = \left(\dfrac{8}{\pi^2}\right)^3$,并令:

$$k = \frac{\pi^2}{4} D \left(\frac{1}{L_x^2} + \frac{1}{L_y^2} + \frac{1}{L_z^2} \right) \tag{4}$$

则得到：

$$MR = \frac{X - X_e}{X_0 - X_e} = A\exp(-kt) \tag{5}$$

式中，MR 为水分比；X 为任意时刻的含水率（干基），% ；X_0 为初始含水率（干基），% ；X_e 为平衡含水率（干基），以试验最终含水率表示，% ；n 为无穷级数；D 为有效水分扩散系数，m^2/s；D_i 为各方向上的有效水分扩散系数，m^2/s；t 为时间，h；F_0^i 为傅立叶准数；L_x、L_y、L_z 为鱼块长、宽、高的 $1/2$，下标 x、y、z 分别表示长、宽、高 3 个方向，实验中 L_x 取 15 mm、L_y 取 10 mm、L_z 取 5 mm；k 为干燥速率常数，h^{-1}。

2.2 风干白鲢的有效水分扩散系数

有效水分扩散系数反映物料中水分质量传递性质，主要包括液相扩散、水蒸气扩散以及其他可能的质量传递现象。有效水分扩散系数与物料的含水率及状态等因素相关[7]。根据式(4)和式(5)可得干燥过程中任意时刻的有效水分扩散系数：

$$D = \frac{\ln(MR)}{-\frac{\pi^2}{4} t \left(\frac{1}{L_x^2} + \frac{1}{L_y^2} + \frac{1}{L_z^2} \right)} = \frac{-0.218\ln(MR)}{t} \tag{6}$$

不同条件下风干白鲢的干燥曲线如图 1 所示。图 1 表明，不同条件下，风干白鲢的干燥曲线在干燥起始阶段均快速下降，随后随时间的延长而逐渐平缓。

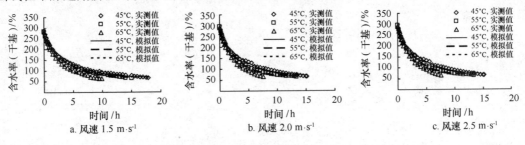

图 1　风干白鲢的干燥曲线（$RH = 70\%$）

3　意义

风干白鲢的热风干燥模型表明，基于 Fick 扩散定律建立的风干白鲢的干燥模型能够较精确地预测白鲢干燥过程中含水率的变化及干燥时间。干燥过程中鱼块的有效水分扩散系数随含水率的降低先减小后增大，随热风温度和风速的升高而增大，平均有效水分扩散系数为 $1.3 \times 10^{-11} \sim 4.3 \times 10^{-11}\, m^2/s$。

参考文献

[1] 赵思明,熊善柏,张仁军,等. 人造热风干燥数学模型的建立及其应用. 农业工程学报,1997,13(1): 211 – 215.

[2] 韩月峰,彭光华,张声华,等. 热风干燥工艺对蒜片中有机硫化物的影响. 农业工程学报,2007,23 (10):271 – 274.

[3] 张亚琦,高昕,许加超,等. 鲍鱼热风、晾晒干燥的比较试验. 农业工程学报,2008,24(1):296 – 299.

[4] 张建军,王海霞,马永昌,等. 辣椒热风干燥特性的研究. 农业工程学报,2008,24(3):298 – 301.

[5] 曾令彬,赵思明,熊善柏,等. 风干白鲢的热风干燥模型及内部水分扩散特性. 农业工程学报,2008, 24(7):280 – 283.

[6] Marcel L, Richard L M. Food engineering principles and selected applications. New York: A Subsidiary of Harcourt Brace Jovanovich,1979:43 – 50.

[7] Dilip Jain, Pankaj B Pathare. Study the drying kinetics of open sun drying of fish. Journal of Food Engineering,2007,78: 1315 – 1319.

稻谷干燥的爆腰率增值模型

1 背景

以往建立爆腰率增值预测模型主要采用回归分析法,根据稻谷干燥试验结果,以多项式模拟等形式获得相应的经验或半经验模型。自适应神经模糊推理系统(ANFIS)是一种将模糊逻辑与神经元网络有机结合的新型模糊推理系统结构,它具有以任意精度逼近非线性函数的能力,有推广能力高和收敛速度快的特点[1,2]。王丹阳等[3]采用 ANFIS 方法建立稻谷深床干燥爆腰率增值预测模型,以提高稻谷干燥过程中爆腰率增值预测的精度,为稻谷干燥过程控制奠定基础。

2 公式

2.1 ANFIS

Jang 提出的 ANFIS 是 Sugeno 型模糊系统[4-6]。对于一个两输入 x 和 y、单输出 f 的一阶 Sugeno 型模糊系统有以下两条 if – then 规则:

if x is A_1 and y is B_1 then $f_1 = p_1 x + q_1 y + r_1$

if x is A_2 and y is B_2 then $f_2 = p_2 x + q_2 y + r_2$

该一阶 Sugeno 型模糊系统等效的 ANFIS 结构如图 1 所示。

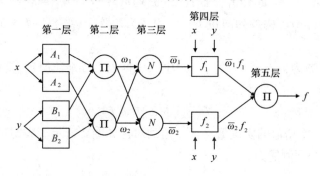

图 1　Sugeno 型 ANFIS 结构

ANFIS 的结构可分为 5 层:

(1)输入变量模糊化,输出对应模糊集的隶属度。以节点 A_1 为例,传递函数选用高斯函数,表示为:

$$O_{1,1} = \mu_{A_1}(x) = \exp\left[-(x_j - d_{ij})/\sigma_{ij}^2\right] \tag{1}$$

式中,μ_{A_1} 为隶属函数;$x_j(j = 1, 2)$ 为节点 j 的输入;d_{ij}、σ_{ij} 分别为隶属度函数的中心和宽度,称之为前提参数;i 为隶属度函数所在的层数($i = 1$);j 为层中的节点数;A_1 为与该节点函数值相关的语言变量。

(2)采用乘法规则计算每条规则的适用度:

$$O_{2,i} = \omega_i = \mu_{A_i}(x) \times \mu_{B_i}(y) \qquad i = 1, 2 \tag{2}$$

该层的每个节点都是标记为 $\prod$ 的固定节点。

(3)计算适用度的归一化值:

$$O_{3,i} = \overline{\omega}_i = \omega_i/S, S = \sum \omega_i \qquad i = 1, 2 \tag{3}$$

该层的每个节点都是标记为 N 的固定节点。

(4)计算每条规则的输出:

$$O_{4,i} = \overline{\omega}_i f_i \qquad i = 1, 2 \tag{4}$$

采用重心法加权求和,f_i 中 p_i、q_i、r_i 为结论参数,该层的每个节点都是自适应节点。

(5)计算模糊系统所有输入信号的总输出:

$$O_{5,i} = \sum \overline{\omega}_i f_i = \sum \omega_i f_i/S \qquad i = 1, 2 \tag{5}$$

2.2 参数优化

为提高学习的速度和质量,将神经模糊系统参数分解为非线性前提参数和线性结论参数,并采用混合算法进行参数优化[1,7-9]。

首先在固定前提参数条件下,采用线性最小二乘估计算法优化神经网络的结论参数。系统总输出可表示为结论参数的线性组合,即:

$$f = (\overline{\omega}_1 x)p_1 + (\overline{\omega}_1 y)q_1 + \overline{\omega}_1 r_1 + (\overline{\omega}_2 x)p_2 + (\overline{\omega}_2 y)q_2 + \overline{\omega}_2 r_2 = \phi \times D \tag{6}$$

式中,$\{p_1, q_1, r_1, p_2, q_2, r_2\}$ 构成列向量 D;ϕ、D、f 为矩阵,其维数为 $P \times 6$、6×1、$P \times 1$;P 为训练数据的组数。

令误差指标函数为 $J(D) = 1/2 |f - \phi D|^2$,根据最小二乘法原理,要使 $J(D)$ 达到最小,有:

$$D = [\phi^T \phi]^{-1} \phi^T f \tag{7}$$

根据模型,爆腰率增值的实测值与预测值的对比如图2所示。表明训练后,建立的 ANFIS 模型具有较好的预测能力。

3 意义

通过利用模型经试验数据检验,爆腰率增值预测值的最大误差为 14.57%,最小误差为

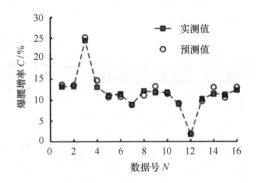

图 2 爆腰率增值实测值与预测值比较

1.68%,平均误差为 5.68%,预测精度达到了 94.32%。结果分析表明,该模型泛化能力强,预测精度高且可简便预测干燥参数对稻谷干燥爆腰率增值的影响,有助于准确认识爆腰率增值随干燥参数的变化规律,为干燥参数的优选和稻谷干燥品质的控制提供了依据。

参考文献

[1] 杨延西,刘丁.基于 ANFIS 的温度传感器非线性校正方法.仪器仪表学报,2005,26(5):511 - 514.

[2] 张吉礼.模糊神经网络控制及其在建筑热工过程中的应用.哈尔滨:哈尔滨工业大学,1998.

[3] 王丹阳,李成华,张本华,等.基于 ANFIS 的稻谷深床干燥爆腰率增值预测模型的研究.农业工程学报,2008,24(7):114 - 118.

[4] Jang J S. ANFIS:Adaptive - network - based fuzzy inference system. IEEE Transactions on Systems,Man and Cybernetics,1993,23(3):665 - 685.

[5] Takagi H,Sugeno M. Fuzzy identification of systems and its applications to modeling and control. Proc IEEE Transactions on Systems,Man and Cybernetics,1985,15:116 - 132.

[6] Zhang Q,Litch J B. Knowledge representation in a grain dryer fuzzy logic controller. Agric Eng Res,1994,57 (2):269 - 278.

[7] Roger Jang J S,Sun C T. Neuro - fuzzy modeling and control. Proceedings of the IEEE,1995,83(3):378 - 406.

[8] Sugeno M. An introductory survey of fuzzy control. Information Sciences,1985,36:59 - 83.

[9] Sugeno M,Kang G T. Structure identification of fuzzy model. Fuzzy Sets and System,1988,28:15 - 33.

水稻产量的遥感估测模型

1 背景

关于对水稻产量的遥感监测预报,前人的研究大多数是在分析影像数据的光谱信息与水稻的 LAI、生物量或产量间关系的基础上,通过建立回归模型而进行的[1-4]。但有一定局限性,这种经验关系很大程度上会受到时空条件的限制。定量遥感反演可为生长模型相关参数的获取提供可靠的"面上"信息源[5-8]。因此,李卫国等[9]研究采用地面 GPS 定位调查、TM 数据定量反演与产量形成过程模型相耦合的研究方法,进行水稻产量估测研究,旨在为不同年份间、不同区域内水稻产量估测提供信息支持。

2 公式

水稻产量(Yield,Y)可以利用成熟时的植株地上部干物重(Above - ground Biomass Weight,ABW)与收获指数(Harvest Index,HI)的乘积获得,其算法如下:

$$Y = ABW_i \times HI \tag{1}$$

式中,ABW_i 为成熟时的植株地上部干物重,kg/hm²;i 为从播种到成熟时的天数,d,此时 i 等于品种生育期天数(d)。

在水稻生长期间,植株地上部干物重可通过下式获得:

$$ABW_i = \sum_{i=1}^{n} \Delta ABW_i \tag{2}$$

式中,n 为品种生育期总天数,d;ABW_i 为第 i 天植株地上部干物重,kg/hm²;ABW_1(出苗第一天的地上部干物重)定义为播种重量(kg/hm²)的一半。ΔABW_i 为第 i 天植株地上部干物质的日增重,kg/(hm²·d),其算法为:

$$\Delta ABW_i = (\Delta DABW_i - RG_i - RM_i) \times \min(TF_i, NF) \tag{3}$$

式中,$\Delta DABW_i$、RG_i 和 RM_i 分别为第 i 天植株的光合同化量、生长呼吸消耗量和维持呼吸消耗量,kg/(hm²·d);TF_i、NF 分别为温度影响因子和氮肥影响因子。其中,RG_i 和 RM_i 的算法为:

$$RG_i = \Delta DABW_i \times Rg \tag{4}$$

$$RM_i = ABW_i \times Rm \times Q_{10}^{(T-25)/10} \tag{5}$$

72

式中,Rg 为生长呼吸系数,取值 0.35;Rm 为维持呼吸系数,取值 0.017;Q_{10} 为呼吸作用的温度系数,取值 $2^{[10]}$;T 为日平均气温,℃。

式(3)中,TF_i 算法为:

$$FT_i = \begin{cases} SIN[(T_i - Tb)/(Tol - Tb) \times \pi/2] & Tb \leqslant T_i < Tol \\ 1 & Tol \leqslant T_i \leqslant Toh \\ SIN[(Tm - T_i)/(Tm - Toh) \times \pi/2] & Toh \leqslant T_i \leqslant Tm \\ 0 & Tm < T_i \ 或\ T_i < Tb \end{cases} \tag{6}$$

式中,T_i 为第 i 天的实际日平均温度;Tol 为最适温度下限值,Toh 为最适温度上限值,籼稻与粳稻分别取值 25℃、29℃ 与 24℃、28℃;Tb、Tm 分别为灌浆所需的最低温度和最高温度,分别取值 16℃、40℃。

NF 的计算公式为:

$$NF = \sqrt{(NSU + NPU \times RN)/NPT} \tag{7}$$

式中,NSU 为土壤供氮量,kg/hm²;NPU 为实际施氮量,kg/hm²;RN 为氮肥利用率,%;NPT 为水稻最大产量时的吸氮量,kg/hm²。

式(3)中植株的日光合同化量 $\triangle DABW_i$ 的算法参照高亮之等[10]的模拟算法,表述为:

$$\triangle DABW_i = \frac{B}{K \times A} \times \ln\left(\frac{1 + D}{1 + D \times \exp(-K \times LAI_i)}\right) \times DL \times \delta$$

$$D = A \times 0.47 \times (1 - \alpha) \times Q_i/DL \tag{8}$$

式中,K 为群体消光系数;LAI_i 为第 i 天的叶面积指数;D 为中间变量;α 为水稻群体反射率,%;Q_i 为每日太阳总辐射量,MJ/m²;B、A 为实验系数,分别取值 22 和 4.5;δ 为 CH_2O 与 CO_2 间的转换系数,取值 0.68;DL 为日长,h,可通过下式计算获得:

$$DL = 2 \times A\cos[-\tan(\phi) \times \tan(\beta)]/15$$

$$\beta = 23.5 \times \sin[360 \times (n + 284)/365] \tag{9}$$

式中,ϕ 为地理纬度,(°);β 为太阳赤纬;n 为儒历日,$n = 1,2,3,\cdots,365$。

式(8)中,α 算法参照曹卫星和罗卫红[11]的模拟算法,可由下式计算获得:

$$\alpha = \frac{1 - \sqrt{1 - \omega}}{1 + \sqrt{1 - \omega}} \times \frac{2}{1 + 1.6 \times \sin\theta}$$

$$\sin\theta = \sin\left(\frac{\pi}{180} \times \phi\right) + \cos\left(\frac{\pi}{180} \times \phi\right)\cos(\beta)\cos[15(th - 12)] \tag{10}$$

式中,ω 为单叶的散射系数,取值 0.2;th 为真太阳时,h。

利用模型预测的水稻产量和实地取样测产结果的 1:1 比较,如图 1 所示。可以看出,虽然实测值较预测值偏高一些,但总体上两者仍具有一致性,说明利用定量遥感反演与生长模型相耦合的方式基本上可以对不同区域内水稻产量形成进行监测预报。

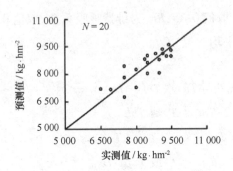

图1　水稻产量预测值与实测值的比较

3　意义

实验基于遥感信息获取的瞬时性与广域性和作物模型的连续性与精确性,采用定量遥感反演与产量形成过程模型相耦合的研究方法,进行水稻产量估测研究。对产量预测值检验的结果显示,预测值与实测值总体上表现较为一致。水稻产量的遥感估测模型展示,水稻产量的预测值在 6 740 ~ 9 600 kg/hm² 之间,实测值在 6 500 ~ 9 500 kg/hm²,二者总体上表现较为一致,预测水稻产量的 *RMSE* 为 494. 62 kg/hm²,相对误差在 0. 23% ~ 12. 39%,平均为 5. 13%。表明采用定量遥感反演与生长模型耦合的模式可以对不同区域的水稻产量形成情况进行监测预报。

参考文献

[1] 薛利红,曹卫星,罗卫红. 基于冠层反射光谱的水稻产量预测模型. 遥感学报,2005,9(1):100 - 105.

[2] 程乾. 基于 MOD13 产品水稻遥感估产模型研究. 农业工程学报,2006,22(3):79 - 83.

[3] 刘良云,王纪华,黄文江,等. 利用新型光谱指数改善冬小麦估产精度. 农业工程学报,2004,20(1): 172 - 175.

[4] 唐延林,王纪华,黄敬峰,等. 利用水稻成熟期冠层高光谱数据进行估产研究. 作物学报,2004,30 (8):780 - 785.

[5] 李卫国,李秉柏,石春林. 基于模型和遥感的水稻长势监测研究进展. 中国农学通报,2006,22(9): 457 - 461.

[6] 李卫国. 基于 TM 遥感信息和产量形成过程的水稻估产模型. 江苏农业科学,2007,4:12 - 13.

[7] 闫岩,柳钦火,刘强,等. 基于遥感数据与作物生长模型同化的冬小麦长势监测与估产方法研究. 遥感学报,2006,10(5):804 - 811.

[8] 杨鹏,吴文斌,周清波,等. 基于作物模型与叶面积指数遥感影像同化的区域单产估测研究. 农业工

程学报,2007,23(9):130 – 136.

[9] 李卫国,王纪华,赵春江,等. 基于定量遥感反演与生长模型耦合的水稻产量估测研究. 农业工程学报,2008,24(7):128 – 131.

[10] 高亮之,金之庆,黄耀,等. 水稻栽培计算机模拟优化决策系统. 北京:中国农业科技出版社,1992:29 – 33.

[11] 曹卫星,罗卫红. 作物系统模拟及智能管理. 北京:华文出版社,2000:73 – 75.

温室环境的切换系统模型

1　背景

　　根据以往的研究要保证温室环境系统的控制系统(图1)有效运行,必须研究有效的建模方法和控制方法。为解决温室环境系统的建模与控制问题,王子洋等[1]提出一种基于切换的温室建模方法与预测控制方法,该方法具有结构简单、模型有效、控制稳定等优点,并以温室实际运行效果为例进行分析。

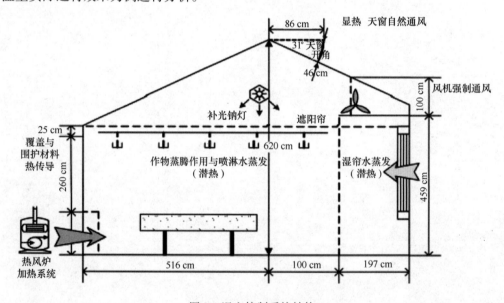

图1　温室控制系统结构

2　公式

2.1　子模型结构

　　实验从实际角度出发,用较为简单的线性状态空间模型来描述系统。

　　温室内需控制的参数主要包括温度、湿度、光照度、二氧化碳浓度,它们对作物生长影响大。光照度和二氧化碳浓度与其他变量耦合较小,可分别由钠灯与二氧化碳气瓶单独控制,相对简单。实验以较复杂的温度和湿度系统为例,说明建模与控制方法。温度和湿度在控制上存在一定的耦合,比如夏季温室内常呈高温、高湿状态,不利于作物生长,需同时降低室内温度、湿度。开湿帘风机可有效降低温度,但同时也会增加温室内的湿度。因此应将温度和湿度归为一组进行建模控制。

经过相关性分析,室外环境对室内环境影响较大的是室外温度、湿度、光照度。因此,在建模时将它们都作为扰动输入量。

综上所述,温湿度环境系统的子系统模型可以确定为:

$$x(k+1) = A^j x(k) + B^j u(k), j = 1, 2, \cdots, 2^m \qquad (1)$$

式中, $x = [x_1 x_2]^T$,为状态变量; x_1 为室内温度; x_2 为室内湿度; $u = [u_1 u_2 u_3]^T$,为扰动输入量; u_1 为室外温度; u_2 为室外湿度; u_3 为室外光照强度。标号 j 表示第 j 个子系统。

2.2 辨识方法

式(1)中令 $A^j = \begin{bmatrix} a_{11}^j & a_{12}^j \\ a_{21}^j & a_{22}^j \end{bmatrix}, B^j = \begin{bmatrix} b_{11}^j & b_{12}^j & b_{13}^j \\ b_{21}^j & b_{22}^j & b_{23}^j \end{bmatrix}$,则式(1)可写为:

$$x_1(k+1) = a_{11}^j x_1(k) + a_{12}^j x_2(k) + b_{11}^j u_1(k) + b_{12}^j u_2(k) + b_{13}^j u_3(k) \qquad (2)$$

$$x_2(k+1) = a_{21}^j x_1(k) + a_{22}^j x_2(k) + b_{21}^j u_1(k) + b_{22}^j u_2(k) + b_{23}^j u_3(k) \qquad (3)$$

易见式(2)、式(3)都具有如下形式:

$$z(k) = h^T(k)\theta \qquad (4)$$

式中, $z(k)$、$h(k) = [h_1(k) h_2(k) h_3(k)]^T$,为已经测量到的数据; $\theta(k) = [\theta_1(k) \theta_2(k) \theta_3(k)]^T$ 为待辨识的参数。

研究采用带遗忘因子的批量最小二乘方法对式(4)进行辨识[2],加入遗忘因子的作用是防止辨识数据太多,出现数据饱和。

2.3 模型验证

为检验模型是否合适,定义模型拟合度为[3]:

$$Fit = \left[1 - \frac{\sqrt{\sum_{k=1}^{N} \|x_{\text{meas}}(k) - x_{\text{model}}(k)\|^2}}{\sqrt{\sum_{k=1}^{N} \|x_{\text{meas}}(k) - x_{\text{mean}}\|}} \right] \times 100\% \qquad (5)$$

式中, N 为样本个数; x_{meas} 为系统实际输出测量值; x_{mean} 为系统实际输出测量值的平均值; x_{model} 为预测模型输出值。上述各量计算公式为:

$$x_{\text{mean}} = \frac{1}{N} \sum_{k=1}^{N} x_{\text{meas}}(k) \qquad (6)$$

$$x_{\text{model}}(k+1) = A^j x_{\text{model}}(k) + B^j u(k) \qquad (7)$$

2.4 温室环境系统预测控制

预测控制的核心思想是根据模型和当前状态来优化一个目标函数,优化后得到一个预测中的输入量序列,将该序列中的第一个当做当前的输入量。在下一采样周期再重复这个过程。通过数据的不断更新,预测控制可提供一种校正误差的机制[4]。

但在温室控制中,有效的控制方式是对设备开关逻辑的切换。因此,将预测控制思想引入温室控制后,每个采样周期须优化的应为预测域中的切换序列。基于该思路,得到以下算法。

$$\min_{\{j_1, j_2, \cdots, j_N\}} \sum_{i=1}^{N} \| x(k+i \,|\, k) - x_{set} \|^2$$

$$subject \qquad to$$

$$x(k+1 \,|\, k) = A^{j_1} x(k \,|\, k) + B^{j_1} u(k), j_1 \in \{1, 2, \cdots, 2^m\}$$

$$x(k+2 \,|\, k) = A^{j_2} x(k+1 \,|\, k) + B^{j_2} u(k+1), j_2 \in \{1, 2, \cdots, 2^m\}$$

$$x(k+N \,|\, k) = A^{j_N} x(k \,|\, k+N-1) + B^{j_N} u(k+N-1), j_N \in \{1, 2, \cdots, 2^m\} \qquad (8)$$

式中,$x(k)$ 为系统状态;$x(k+i \,|\, k)$ 为在 k 预测 $k+i$ 时刻的状态;x_{set} 为状态的设定值。

2.5 试验数据的预处理

试验数据预处理包括数据修正、归一化和低通滤波三个内容。

由于受传感器故障、AD 采集转换模块故障、CAN 总线通信误码和电磁干扰等影响,测量数据在某些采样点波动很大,远远超出物理量的实际最大可能变化范围。在用于辨识前,须对其做一定修正,具体方法为:每读入一个新数据,将其与基准值(其前 10 点数据的均值)做比较,如果相差超过临界值 3σ(σ 为每点相对基准值的增量的标准差),认为该点须做修正;修正方法是将该点与其前数据逐点平均,直到计算的均值与基准值相差小于临界值,即将均值作为该点的修正值。

在用于辨识的各环境参数数据中,数据的数量级差别很大,差别过大的数据会影响辨识精度,逐渐累积甚至会影响辨识的稳定,因此须做归一化处理。归一化后的数据量接近,利于计算,各参数的归一化方法如表 1 所示。

表 1　数据归一化对照表

	归一化范围	实际范围
相对湿度/%	0 ~ 100	0 ~ 100
温度/℃	0 ~ 100	-10 ~ 60
太阳辐照度/W·m⁻²	0 ~ 100	0 ~ 1 000

环境参数的变化多为低频信号,而干扰噪声多为高频信号。为了滤除高频噪声干扰,我们选择简单的一阶滤波器:

$$f(z) = \frac{1-\beta}{1-\beta \times z^{-1}} \qquad (9)$$

$$\beta = \exp\left(-\frac{T_s}{T_f}\right) \approx \frac{T_f}{T_f + T_s} \tag{10}$$

式中,$T_s = 30$ s,$\beta = 0.8$。

3　意义

研究将切换控制引入温室建模中,对温室建立切换系统模型。该方法能较精确地描述温室环境在各开关组逻辑下的动态特性。实验还提出一种基于切换的预测控制。与Bang - Bang控制相比,该控制算法能够充分利用温室动态特性,因此控制品质较好。

参考文献

[1]　王子洋,秦琳琳,吴刚,等. 基于切换控制的温室温湿度控制系统建模与预测控制. 农业工程学报,2008,24(7):188 - 192.

[2]　潘立登,潘仰东. 系统辨识与建模. 北京:化学工业出版社,2004.

[3]　Ljung L. System identification:theory for the user. Beijing:Tsinghua University Press and Prentice Hall,2002.

[4]　席裕庚. 预测控制. 北京:国防工业出版社,1993.

砂石覆盖的土壤蒸发公式

1 背景

为研究不同粒径砂石覆盖对土壤蒸发过程的影响,对其进行了模拟试验。原翠萍等[1]研究砂石覆盖条件下不同砂石粒径对土壤蒸发过程的影响,比较相同时段内累计蒸发量和蒸发减少量,确定不同粒径砂石覆盖的节水效果;研究覆盖条件下土壤蒸发动态过程;对不同粒径砂石覆盖条件下土壤蒸发过程进行比较分析。

2 公式

将桶放置在户外空旷地,在自然条件下进行蒸发。在蒸发器旁边 70 cm 高处放置20 cm口径的蒸发皿,用于测量大气蒸发力。每天早晨 8 点进行称量,蒸发器质量的变化量即为土壤蒸发损失的水量 $E_{测土}$。同时用称重法测定大气蒸发量 $E_{测气}$,测量完毕后将蒸发皿内的水量补充到初始值。试验用量程为 30 kg、感度为 0.000 5 kg 的电子秤进行称量。

土壤蒸发开始后,蒸发器每天质量的变化即为当天的土壤蒸发质量 $E_{测土}$(kg),蒸发皿每天质量的变化即为当天的大气蒸发量 $E_{测气}$(kg)。将 $E_{测气}$、$E_{测土}$ 转化为标准的土壤蒸发量 E(mm)、大气蒸发力 E_0(mm):

$$E = E_{测土} \times 1\,000 \times 10/(9.5^2 \pi) \tag{1}$$

$$E_0 = E_{测气} \times 1\,000 \times 10/(10^2 \pi) \tag{2}$$

取试验用风干土测定其质量含水率 $\theta_{风干}$,蒸发器内风干土质量 $M_{风干}$ 已知,可以求得桶内干土质量 $M_土$ 为:

$$M_土 = M_{风干}/(1 + \theta_{风干}) \tag{3}$$

蒸发器内土壤排水完全后与土壤吸水前的质量差即为土壤吸水量 $M_吸$。因此,第一天土壤初始含水质量 M_1 为:

$$M_1 = M_吸 + M_土 \times \theta_{风干} \tag{4}$$

蒸发开始后每天的土壤蒸发量为 $E_{测土i}$(kg),从第二天开始每天的土壤初始含水质量 M_i 为:

$$M_i = M_{i-1} - M_{测土(i-1)} (i = 2,3,\cdots,41) \tag{5}$$

第一天土壤的初始含水率 θ_1 为:

$$\theta_1 = M_1/M_\pm \tag{6}$$

第二天以后土壤每天的初始含水率 θ_i 为：

$$\theta_i = M_1/M_\pm \ (i = 2,3,\cdots,41) \tag{7}$$

图 1 为根据公式所得不同粒径砂石覆盖下的累计土壤蒸发量随时间变化的过程线。

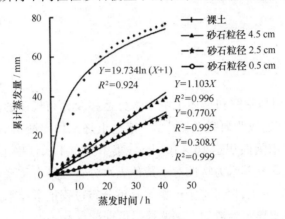

图 1　不同粒径砂石覆盖条件下累计土壤蒸发量与时间关系

3　意义

研究结果表明：地面砂石覆盖能够有效抑制土壤蒸发，在土壤含水率较高的阶段，抑制作用更加明显；砂石覆盖对蒸发的抑制作用与砂石粒径密切相关，在相同的覆盖厚度（5 cm）和同一含水率条件下，砂石覆盖的粒径越大，对蒸发的抑制能力越低；砂石覆盖能明显改变土壤蒸发过程，覆盖条件下的土壤蒸发与裸土相比不仅降低而且更加平稳；在 41 d 的连续蒸发过程中，覆盖条件下的累计土壤蒸发量与时间呈近似线性关系，而裸土为对数关系。

参考文献

[1]　原翠萍,张心平,雷廷武,等. 砂石覆盖粒径对土壤蒸发的影响. 农业工程学报,2008,24(7):25 - 28.

紫色土的水分分布模型

1 背景

土壤水动力学模型是研究和描述土壤中水分运移及分布规律的基础,模型的简单、明确及参数的准确测定问题成为研究关键[1,2]。紫色土是一种侵蚀型的高生产力岩性土,在国外无广泛分布,但在中国面积达 16×10^4 km²,集中分布于长江中上游地区[3,4]。紫色土作为一种特殊的土类,研究其水力特性对于紫色土水分管理具有重要意义。程冬兵和蔡崇法[5]选择不同质地的紫色土,探讨基于土壤水分再分布过程推求导水参数对于紫色土的适用性,旨在为推求紫色土导水参数的方法选择提供理论参考。

2 公式

2.1 理论基础公式

一维垂直或水平非饱和土壤水分的入渗再分布过程由下述流动方程来描述[6]:

$$\frac{\partial \theta}{\partial t} = \frac{\partial}{\partial z}\left(K(\theta)\,\frac{\partial \psi}{\partial z} \right) 或 \frac{\partial \theta}{\partial t} = \frac{\partial}{\partial x}\left(K(\theta)\,\frac{\partial \psi}{\partial x} \right) \tag{1}$$

若采用覆盖抑制表面蒸发,则有下述边界条件:

$$q(z,t)\big|_{z=0} = 0 \ 或 \ q(x,t)\big|_{x=0} = 0 \tag{2}$$

$$\theta(z,t)\big|_{z=0} = 0 \ 或 \ \theta(x,t)\big|_{x=0} = 0 \tag{3}$$

求解得:

$$K(\theta) = \frac{-\Delta\theta V_s C(\theta)}{\dfrac{\partial \theta}{\partial z} - C(\theta)} \tag{4}$$

$$K(\theta) = -\Delta\theta V_x C(\theta) \big/ \frac{\partial \theta}{\partial x} \tag{5}$$

无论是土壤水分的垂直入渗再分布,还是水平扩散再分布,其湿润长度与时间的关系用幂函数表示是可行的[6],亦即:

$$z = z_0 + mt^n \ 或 \ x = x_0 + m_1 t^{n_1} \tag{6}$$

根据土壤湿润锋湿度和湿润剖面平均湿度之间不同的函数关系求解 $\dfrac{\partial \theta}{\partial z}$ 或 $\dfrac{\partial \theta}{\partial x}$,由式

(6)求解 V_z 和 V_x,联立式(4)、式(5)求解,推出 $K(\theta)$ 和 $D(\theta)$ 的解析表达式。

(1)湿润锋湿度与平均湿度为线性函数关系:

$$K(\theta) = (\theta - \theta_i)\left[nm^{\frac{1}{n}}\left(\frac{aH}{\theta - a\theta_i - b} - z_0 \right)^{1-\frac{1}{n}} - n_1 m_1^{\frac{1}{n_1}}\left(\frac{aH}{\theta - a\theta_i - b} - x_0 \right)^{1-\frac{1}{n_1}} \right] \tag{7}$$

$$D(\theta) = \frac{(\theta - \theta_i)}{aH}\left(\frac{aH}{\theta - a\theta_i - b} \right)^2 n_1 m_1^{\frac{1}{n_1}}\left(\frac{aH}{\theta - a\theta_i - b} - x_0 \right)^{1-\frac{1}{n_1}} \tag{8}$$

(2)湿润锋湿度与平均湿度为幂函数关系:

$$K(\theta) = (\theta - \theta_i)\left\{ nm^{\frac{1}{n}}\left[\frac{H}{\left(\frac{\theta}{a}\right)^{\frac{1}{b}} - \theta_i} - z_0 \right]^{1-\frac{1}{n}} - n_1 m_1^{\frac{1}{n_1}}\left[\frac{H}{\left(\frac{\theta}{a}\right)^{\frac{1}{b}} - \theta_i} - x_0 \right]^{1-\frac{1}{n_1}} \right\} \tag{9}$$

$$D(\theta) = \frac{(\theta - \theta_i)H}{b\theta}\left[\frac{\left(\frac{\theta}{a}\right)^{\frac{1}{b}}}{\left(\frac{\theta}{a}\right)^{\frac{1}{b}} - \theta_i} \right]^2 n_1 m_1^{\frac{1}{n_1}}\left[\frac{H}{\left(\frac{\theta}{a}\right)^{\frac{1}{b}} - \theta_i} - x_0 \right]^{1-\frac{1}{n_1}} \tag{10}$$

(3)湿润锋湿度与平均湿度为指数函数关系:

$$K(\theta) = (\theta - \theta_i)\left\{ nm^{\frac{1}{n}}\left[\frac{H}{\ln\left(\frac{\theta}{a}\right)^{\frac{1}{b}} - \theta_i} - z_0 \right]^{1-\frac{1}{n}} - n_1 m_1^{\frac{1}{n_1}}\left[\frac{H}{\ln\left(\frac{\theta}{a}\right)^{\frac{1}{b}} - \theta_i} - x_0 \right]^{1-\frac{1}{n_1}} \right\} \tag{11}$$

$$D(\theta) = \frac{(\theta - \theta_i)}{bH\theta}\left[\frac{H}{\ln\left(\frac{\theta}{a}\right)^{\frac{1}{b}} - \theta_i} \right]^2 n_1 m_1^{\frac{1}{n_1}}\left[\frac{H}{\ln\left(\frac{\theta}{a}\right)^{\frac{1}{b}} - \theta_i} - x_0 \right]^{1-\frac{1}{n_1}} \tag{12}$$

式(1)~式(12)中 $K(\theta)$ 为非饱和导水率;$D(\theta)$ 为非饱和扩散率;$C(\theta)$ 为比水容量;θ 为体积含水率;θ_i 为初始含水率;$\bar{\theta}$ 为平均含水率;Ψ 为土壤水势;q 为通量;H 为水深;z、x 分别为垂直和水平方向水分运移距离;V_z、V_x 分别为垂直和水平方向水分运移速度;t 为时间;z_0、x_0 分别为所加水的水面刚刚消失时初始湿润深度(长度);m、n、m_1、n_1 为式(6)的拟合参数;a、b 为湿润锋湿度和湿润剖面平均湿度之间函数关系的3种形式(即 $\theta = a\bar{\theta} + b$,$\theta = a\bar{\theta}^b$ 和 $\theta = ae^{b\bar{\theta}}$)的拟合参数。

2.2 研究方法公式

通过张力计法测定土壤水分特征曲线[比水容量 $C(\theta)$],水平土柱法[7]测定土壤水分扩散率 $D(\theta)$,由 $K(\theta) = D(\theta) \times C(\theta)$ 计算导水率 $K(\theta)$,作为衡量推求方法准确性的对比值。以均方根误差 RMSE(Root Mean Square Error)作为衡量推求方法准确性的标准[8],其公式定义为:

$$RMSE = \sqrt{\frac{1}{N}\sum_{i=1}^{N}(X_i - Obs_i)^2} \tag{13}$$

式中,Obs_i 为实测值;X_i 为推求值;N 为个案数。

对不同质地紫色土湿润锋湿度与湿润剖面平均湿度关系进行拟合,结果如表1所示,3种函数关系拟合均达到极显著水平,R^2 达 0.88 以上。

表1 不同质地紫色土湿润锋湿度与湿润剖面平均湿度关系拟合参数

质地	线性函数 $\theta = a\overline{\theta} + b$			幂函数 $\theta = a\overline{\theta}^b$			指数函数 $\theta = ae^{b\overline{\theta}}$		
	a	b	R^2	a	b	R^2	a	b	R^2
壤黏土	1.223 4	−0.248 6	0.901 3	1.664 1	2.117 4	0.899 5	0.028 7	5.288 9	0.887 6
沙黏土	1.077 5	−0.187 6	0.910 9	1.371 1	1.889 2	0.916 9	0.029 8	5.254 0	0.924 6
沙黏壤	1.276 3	−0.267 1	0.981 6	2.925 3	2.666 7	0.966 6	0.011 6	7.768 3	0.957 1

在获取了以上参数后,分别代入式(7)~式(12)计算 $K(\theta)$ 和 $D(\theta)$ 值,按不同质地类型整理结果如图2所示。3种质地紫色土根据土壤水分再分布过程推求的 $K(\theta)$ 值与实测 $K(\theta)$ 值均有很大的出入,高出3~7个数量级不等;3种质地紫色土根据土壤水分再分布过程推求的 $D(\theta)$ 值与实测 $D(\theta)$ 值具有良好的一致性,能基本和实测 $D(\theta)$ 值保持在同一数量级,准确度较高,尤其是沙黏土质地紫色土,推求 $D(\theta)$ 值与实测 $D(\theta)$ 值基本重合。

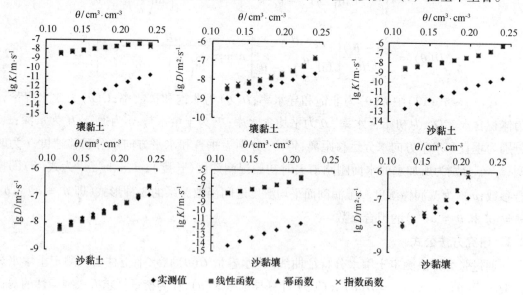

图1 不同质地紫色土 $K(\theta)$、$D(\theta)$ 推求值与实测值比较

3 意义

实验通过土壤水分再分布试验,探讨基于土壤水分再分布过程推求导水参数对于紫色土的适用性。紫色土的水分分布模型展示,结合土壤水分垂直和水平再分布过程推求的紫色土水分扩散率与实测值具有很好的一致性,但推求的非饱和导水率偏差较大。然而,选用单一的土壤水分再分布过程结合实测水分特征曲线推求的紫色土非饱和导水率与实测值具有良好的一致性。湿润锋湿度与湿润剖面平均湿度不同函数关系对推求非饱和导水率和水分扩散率差异不明显。此外,基于土壤水分再分布过程推求导水参数方法比较适合低湿土壤的非饱和导水参数推求。

参考文献

[1] 王全九,来剑斌. 利用自由点源入渗法测定土壤导水参数的室内试验. 农业工程学报,2006,22(3): 191 – 192.

[2] 杨绍锷,黄元仿. 基于支持向量机的土壤水力学参数预测. 农业工程学报,2007,23(7):42 – 47.

[3] 中国科学院成都分院土壤研究室. 中国紫色土(上篇). 北京:科学出版社,1991.

[4] 袁再健,蔡强国,吴淑安,等. 四川紫色土地区典型小流域分布式产汇流模型研究. 农业工程学报, 2006,(4):36 – 41.

[5] 程冬兵,蔡崇法. 室内基于土壤水分再分布过程推求紫色土导水参数. 农业工程学报,2008,24(7): 7 – 12.

[6] 邵明安. 非饱和土壤导水参数的推求 I:理论. 中国科学院水利部西北水土保持研究所集刊,1991, 13:13 – 25.

[7] Bruce R R,Klute A. The measurement of soil – water diffusivity. Soil Sci Soc Am. J,1956,20:458 – 562.

[8] Willmott C J,Ackleson S G,Davis R E,et al. Statistics for the evaluation and comparison of models. J Geophys Res,1985,90:8995 – 9005.

秸秆解液的滤膜通量模型

1 背景

赵鹤飞等[1]以膜分离基本理论为基础,依据陶瓷膜微滤处理爆破秸秆木聚糖酶酶解液的试验结果,研究无机陶瓷膜微滤过程中与膜污染有关的各种现象及其对膜通量的影响情况,建立滤饼层阻力、吸附阻力随时间变化的表达式。实验中爆破秸秆木聚糖酶酶解液体系复杂,含有较多的纤维、粗蛋白、木质素等杂质,膜与料液间相互作用更加复杂,重点研究和改进了吸附阻力模型,应用生长模型描述吸附阻力,并在此基础上提出计算微滤膜通量的改进数学模型,为微滤单元操作的过程优化提供基本的指导和部分新的理论依据。

2 公式

2.1 膜污染阻力分析和各阻力模型的建立

膜分离的基本表达式如下,其中跨膜压差采用文献[2]方法计算:

$$J = \frac{dV}{Adt} = \frac{\Delta P}{\mu_s R_t} \tag{1}$$

$$R_t = R_m + R_a + R_g \tag{2}$$

式中,J 为膜通量,$m^3 \cdot m^{-2} \cdot h^{-1}$;$\Delta P$ 为跨膜压差,Pa;V 为透过液体积,m^3;A 为有效膜面积,m^2;t 为时间,h;μ_s 为料液黏度,$Pa \cdot h$;R_t 为膜分离总阻力,m^{-1};R_m 为膜自身的阻力,m^{-1};R_a 为膜吸附阻力,m^{-1};R_g 为滤饼层阻力,m^{-1}。

2.1.1 滤饼层阻力

依据滤饼层理论,R_g 与滤饼层固形物含量 C_g(%,质量分数)和滤饼层厚度 δ_g 成正比,即:

$$R_g = \alpha C_g \delta_g \tag{3}$$

式中,α 为滤饼层阻力系数,m^{-2};C_g 为滤饼层固形物含量,%;δ_g 为滤饼层厚度,m。

滤饼层阻力系数 α 的数值与操作条件无关,主要取决于溶质或微粒和膜材料的性质[3]。在无搅拌的死端膜过滤条件下,反向流 J_b 为零,对如图1所示的滤饼层做溶质的质量衡算,其中 C_p 为透过液固形物含量,J_b 为反向流,结合式(3)得:

$$R_g = \alpha(C_b - C_p)\frac{V}{A} \tag{4}$$

式中，C_p 为透过液固形物含量，%（质量分数）；C_b 为料液主体相固形物含量，%。

再结合式（1）、式（2）可得：

$$\frac{1}{J} = \frac{\mu_s R_{ma}}{\Delta P} + \frac{\alpha(C_b - C_p)}{\Delta P}\frac{V}{A} \tag{5}$$

$$R_{ma} = R_a + R_m \tag{6}$$

式中，R_{ma} 为膜吸附阻力与膜自身阻力之和，m^{-1}。

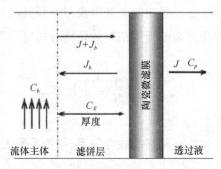

图 1　微滤膜过程示意图

J 为膜通量，$m^3 \cdot m^{-2} \cdot h^{-1}$；$J_b$ 为反向流，$m^3 \cdot m^{-2} \cdot h^{-1}$；$C_p$ 为透过液固形物含量，%；C_b 为料液主体相固形物含量，%；C_g 为滤饼层固形物含量，%

在过滤中后期，吸附阻力 R_a 趋于稳定，膜自身阻力 R_m 始终为常数，因此可以认为 R_{ma} 在中后期保持恒定，因此 $1/J$ 与 V/A 呈线性关系。可以首先通过做 $1/J - V/A$ 图，判断过滤阶段，依据式（5），对中后期 $1/J$ 与 V/A 呈线性关系的数据拟合直线方程，得到斜率和截距。因为操作压差 ΔP，料液黏度 μ_s，累计透过液体积 V，膜面积 A，透过液固形物含量 C_p 和料液主体相固形物含量 C_b 均为已知量，所以由拟合求得的参数可以计算得到 α 和 R_{ma}。膜自身阻力 R_m 可以通过纯水透过试验或初始膜通量应用式（7）计算求得[4]，因此中后期稳定的吸附阻力 R_a 也以计算得到。

$$J_0 = \frac{\Delta P}{\mu_s R_m} \tag{7}$$

式中，J_0 为初始膜通量，$m^3 \cdot m^{-2} \cdot h^{-1}$。

由于实验采用管式膜组件，在错流的膜分离过程中，微粒从滤饼层向流体主体反向移动，成为反向流。随着过滤的进行，微粒从流体主体向滤饼层的移动与其从滤饼层向流体主体的反向移动逐渐达到动态平衡，滤饼层厚度以及 R_g 也趋于某一稳定值。实验采用文献［3］和文献［5］方法处理反向流 J_b。设 R_{peff} 为有效的滤饼层阻力，来替代滤饼层阻力 R_g，J_s 为稳态时膜通量[3,5]，则：

$$R_{peff} = \alpha\left(\frac{V}{A} - J_s t\right)(C_b - C_p) \tag{8}$$

式中,R_{peff} 为有效滤饼层阻力,m^{-1};J_s 为稳态膜通量,$m^3/\cdot m^{-2} \cdot h^{-1}$。

将上述表达式代入膜阻力方程(2),并结合膜通量方程(1),可得:

$$J = \frac{\Delta P}{\mu_s\left[R_m + R_a + \alpha\left(\frac{V}{A} - J_s t\right)(C_b - C_p)\right]} \tag{9}$$

2.1.2 吸附阻力

如图 2 所示,吸附阻力 R_a 在过滤初期上升很快,然后趋缓,最后趋于某一稳定值。这种变化趋势与实验对于膜孔内和膜表面吸附情况的定性分析是一致的。将式(8)、式(9)结合整理得:

$$R_a = \frac{\Delta P}{\mu_s}\left(\frac{1}{J} - \frac{1}{J_0}\right) - R_{peff} \tag{10}$$

1)饱和模型

文献[3]认为 $1/R_a$ 与 $1/t$ 具有较好的线性关系,相关系数大于 0.97,并且符合下式:

$$R_a = \frac{t}{n + pt} \tag{11}$$

式中,n 为吸附阻力的饱和模型时间控制参数,$m \cdot h$;p 为吸附阻力的饱和模型阻力控制参数,m。

将该式变换可得:

$$\frac{1}{R_a} = \frac{n}{t} + p \tag{12}$$

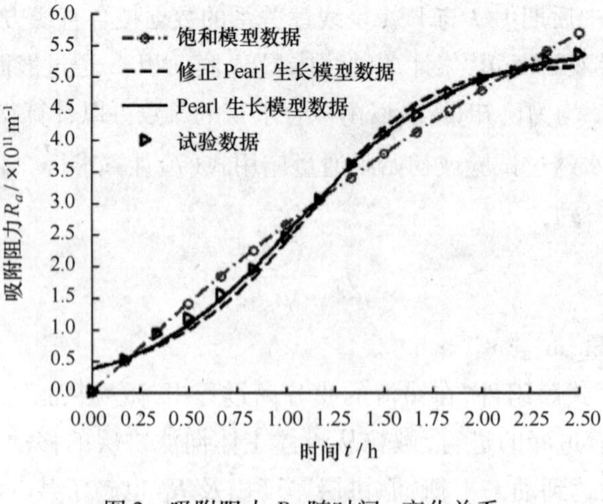

图 2　吸附阻力 R_a 随时间 t 变化关系

2)生长模型

生长 S 曲线法作为趋势外推法的一种重要方法,在描述及预测生物群体的生长(例如微生物的生长曲线,人口的增长等)及某些技术、经济特性等领域中已得到广泛的应用。常用的数学模型有 Logistic 模型、Pearl 模型、Ridenour 模型及 Gompertz 模型,生长模型具体的方程形式有很多种,一般具有初期快速增长,然后趋于稳定的特点,这与吸附阻力的增长具有相似性。

实验对比研究了 Pearl 生长模型和赵宜宾等[6]的修正 Pearl 生长模型的拟合结果。首先研究修正 Pearl 生长模型描述吸附阻力的效果,模型方程式如下:

$$R_a = \frac{b}{\sqrt{1 + \left(\dfrac{b^2}{R_{a0}^2} - 1\right)e^{-2k(t-t_0)}}} \tag{13}$$

式中,R_{a0} 为初始吸附阻力,m^{-1};t_0 为初始时间,h;b 为吸附阻力的生长模型阻力控制参数,m^{-1};k 为吸附阻力的生长模型时间控制参数,h^{-1}。

采用非线性拟合,该模型要求提供初始时间 t_0 和初始吸附阻力 R_{a0},由于 R_{a0} 不能为零,因此实际程序计算时 R_{a0} 和 t_0 的值取第二个试验数据点的值,拟合结果如图 2 所示,$k = 1.955\ h^{-1}$,$b = 3.730 \times 1\,011\ m^{-1}$,模型预测值与试验值相关系数为 0.998 0。相关系数和曲线均得到改善,但是模型预测值提前达到饱和,该模型拟合效果仍然不够理想。

Pearl 生长模型是描述生长 S 曲线的经典模型之一[6,7],模型方程式为:

$$R_a = \frac{b}{1 + \left(\dfrac{b}{R_{a0}} - 1\right)e^{-k(t-t_0)}} \tag{14}$$

2.2 膜通量微分方程模型的建立和透过液流量计算

将吸附层阻力 R_a 的 Pearl 生长模型表达式(14)代入式(9)得到微滤膜通量微分方程模型为:

$$J = \frac{dV}{Adt} = \frac{\Delta P}{\mu_s \left[R_m + \dfrac{b}{1 + \left(\dfrac{b}{R_{a0}} - 1\right)e^{-k(t-t_0)}} + \alpha \left(\dfrac{V}{A} - J_s t\right)(C_b - C_p) \right]} \tag{15}$$

实验最终计算的是透过液流量 Q_p,单位 $m^3 \cdot h^{-1}$,$Q_p = JA$,对上式进行变换得到:

$$Q_p = \frac{dV}{Adt} = \frac{A\Delta P}{\mu_s \left[R_m + \dfrac{b}{1 + \left(\dfrac{b}{R_{a0}} - 1\right)e^{-k(t-t_0)}} + \alpha \left(\dfrac{V}{A} - J_s t\right)(C_b - C_p) \right]} \tag{16}$$

3 意义

实验为掌握无机陶瓷膜微滤处理爆破秸秆木聚糖酶酶解液过程中纤维、粗蛋白、木质素在膜材料上的吸附和沉积及其对膜透过液通量影响的规律,依据试验结果,应用线性拟合建立了滤饼层阻力随时间变化的数学模型,相关系数为 0.991 4;分别基于饱和模型,修正 Pearl 生长模型和 Pearl 生长模型,应用非线性拟合建立了吸附阻力随时间变化的数学模型,三种吸附阻力模型预测值与试验值相关系数分别为 0.993 1,0.998 0,0.998 2。在此基础上,建立了计算微滤膜通量的微分方程数学模型,模型预测值与试验值相关系数达到 0.996 3,重复试验数据与模型预测值相关系数 0.983 8。结果表明所建立的模型可以很好地对该料液体系微滤过程的膜通量衰减进行预测。

参考文献

[1] 赵鹤飞,杨瑞金,熊明民,等. 陶瓷膜微滤秸秆木聚糖酶解液的阻力及膜通量模型. 农业工程学报,2008,24(7):227-232.

[2] Boissier B,Lutin F,Moutounet M,et al. Particles deposition during the cross-flow microfiltration of red wines——incidence of the hydrodynamic conditions and of the yeast to fines ratio. Chemical Engineering and Processing:Process Intensification,2008,47:276-286.

[3] 宋航,付超,石炎福. 微滤过程阻力分析及过滤速率. 高校化学工程学报,1999,13(4):315-322.

[4] Hu B,Scott K. Microfiltration of water in oil emulsions and evaluation of fouling mechanism. Chemical Engineering Journal,2008,136:210-220.

[5] 宋航,石炎福,付超. 错流微滤和超滤的一种新的数学模型. 四川大学学报(工程科学版),2000,32(4):52-54.

[6] 赵宜宾,胡顺田,赵永安. 生长曲线数学模型的一般形式及新的构建方法. 防灾技术高等专科学校学报,2003,5(3):11-14.

[7] 王树强. 股票市场规模增长模型的理论探讨. 河北工业大学学报,1999,28(3):94-96.

苹果渣的果胶提取公式

1 背景

探索新的干燥方法和提高果胶品质是苹果渣综合利用的重要方向之一。微波干燥与热风干燥相结合能很大程度上改变物质的物理结构性质、提高物质的感官特性[1-3],但还没有微波干燥预处理苹果渣的报道,鉴于此,彭凯等[4]利用微波干燥技术对湿苹果渣进行预处理,研究了微波干燥预处理对苹果渣提取果胶的影响。以探索一种新的干燥方法和提高果胶品质。

2 公式

2.1 干燥苹果渣的复水能力的测定

采用 Funebo 方法[3],称取一定量干燥苹果渣(W_d),浸泡于 20℃蒸馏水中 14 h。将浸湿的苹果渣置于布式漏斗中抽滤 1 min,立即将滤纸和复水后苹果渣称重(W_r)。将相同规格的滤纸于布氏漏斗中,蒸馏水润湿后,抽滤 1 min,立即称重,重复 3 次后得到湿滤纸平均质量 W_f。以复水后湿苹果渣质量比复水前干燥的苹果渣质量来表示干燥苹果渣的复水能力:

$$R = (W_r - W_f)/W_d$$

式中,R 为复水能力;W_d 为干燥苹果渣质量,g;W_r 为滤纸和复水后苹果渣质量,g;W_f 为湿滤纸平均质量,g。

2.2 干燥苹果渣的色差测定

选取干燥、粉碎的苹果渣(粒径为 0.6 ~ 1.5 mm)均匀地平铺于色差计比色杯内,采用反射模式,用色差计测定其色差值。采用 Hunter $L^* a^* b^*$ 表色系统[5],其中 L^* 值为表色系统中的亮度值;a^* 值为表色系统的红值,a^* 值越大,表示样品越红,a^* 值越小,表示样品越绿;b^* 值为表色系统的黄值,b^* 值越大,表示样品越黄,b^* 值越小,表示样品越蓝;C 值表示样品的彩度,C 值越大,表示样品颜色越纯,H 值表示样品的色调角,H 值越大,表示红色减弱,黄色增强。以 L^*,C 和 H 值来表示苹果渣的颜色变化。

$$C = \sqrt{(a^*)^2 + (b^*)^2} \tag{1}$$

$$H = \arctan\left(\frac{b^*}{a^*}\right) \tag{2}$$

2.3 果胶半乳糖醛酸含量的测定

果胶半乳糖醛酸含量(Galacturonic acid,GA)的测定参考 Blumenkrantz 的方法[6]。将所得到的干果胶样品 10 mg 溶于 0.5% 硫酸溶液,沸水浴 1 h,定容至 100 mL,取 1 mL 加入试管中,然后加入 6 mL 0.012 5 mol/L 的浓硫酸 – 四硼酸钠溶液,立即放入冰水浴中。振荡后于沸水浴中 5 min,然后再放入冰水浴中冷却。再加入 0.1 mL 0.15% 间苯基苯酚溶液,振荡后,在 5 min 内测定 520 nm 处吸光度值。空白加入的反应试剂为 0.5% 氢氧化钠溶液。测定 520 nm 处的吸光度值,并从标准曲线中查出相应的含量。半乳糖醛酸含量计算公式:

$$GA = E \times N/F \times 100 \tag{3}$$

式中,GA 为果胶半乳糖醛酸含量,%;E 为从标准曲线中查得的半乳糖醛酸浓度,μg/mL;N 为稀释倍数;F 为果胶样品质量,g。

2.4 果胶酯化度的测定

果胶酯化度(Degree of esterification,DE)的测定参考 QB 2484—2000,称取 50 mg 果胶移入 250 mL 锥形瓶中,用 2 mL 乙醇润湿,加入 100 mL 不含二氧化碳的蒸馏水,用瓶塞塞紧,不断地转动,使样品全部溶解。加入 5 滴酚酞,用 0.1 mol/L 的氢氧化钠标准溶液进行标定,记录所消耗氢氧化钠的体积(V_1)即为初滴定度。继续加入 20 mL 0.5 mol/L 的氢氧化钠标准溶液,加塞后强烈振摇 15 min,加入 20 mL 0.5 mol/L 的盐酸溶液,振摇至粉红色消失为止。然后加入 3 滴酚酞指示剂,用 0.1mol/L 氢氧化钠溶液滴定至呈微红色。记录所消耗氢氧化钠的体积(V_2),即为皂化滴定度。

$$DE = \frac{V_2}{V_1 + V_2} \times 100 \tag{4}$$

式中,V_1 为样品溶液的初滴定度,mL;V_2 为样品溶液的皂化滴定度,mL;DE 为果胶的酯化度,%。

2.5 果胶固有黏度与黏均分子质量的测定

1)有关黏度的概念

黏度是表现流体流动性质的指标[7]。η 为溶液的黏度,Pa·s;η_0 为溶剂的黏度,Pa·s;η_r 为相对黏度(relative viscosity);η_{sp} 为比黏度(specific viscosity),则:

$$\eta_r = \frac{\eta}{\eta_0} \tag{5}$$

$$\eta_{sp} = \frac{\eta - \eta_0}{\eta_0} = \eta_r - 1 \tag{6}$$

$$\eta_i = \lim_{c \to 0} \frac{\eta_{sp}}{c} \tag{7}$$

式中,c 为溶液浓度,kg/m³;η_{sp}/c 为还原黏度(reduced viscosity),m³/kg,还原黏度表示在一定浓度的分散相中由于很多分散粒子的相互作用而增加的黏度对每个粒子进行平均分配的结果,理想状态下它与溶液的浓度 c 无关;η_i 为固有黏度或极限黏度(intrinsic viscosity),m³/kg,表示浓度趋近于零时溶液的比黏度。

如表 1 所示,经过微波干燥预处理后,提取得到果胶的酯化度、固有黏度和黏均分子质量显著大于对照($p < 0.05$),但不同微波处理之间没有显著性差异($p > 0.05$)。表明微波干燥预处理对果胶的酯化度、固有黏度和黏均分子质量都有显著提高效果,这说明微波干燥预处理随着能量的升高,组织的破坏程度的大小对果胶的基本指标是没有显著影响的。

表 1　微波干燥预处理对苹果渣中果胶的酯化度、固有黏度和黏均分子质量的影响

微波条件	$DE/\%$	$\eta_i/m^3 \cdot kg^{-1}$	$M_{w,ave}$
300 W、15 min、7.5×10^{-2} kW·h	73.3 ± 0.6^a	0.361	106 000
500 W、15 min、12.5×10^{-2} kW·h	74.1 ± 0.6^a	0.393	121 700
700 W、15 min、17.5×10^{-2} kW·h	73.9 ± 0.4^a	0.378	114 300
对照	69.1 ± 0.3^a	0.345	98 400

3　意义

苹果渣的果胶提取公式表明:微波能量越大,苹果渣组织结构破碎越严重,其复水能力越弱;但对苹果渣颜色无显著影响;微波干燥预处理能显著提高果胶得率,微波预处理条件为 300 W、15 min、7.5×10^{-2}kW·h 或 500 W、10 min、8.3×10^{-2}kW·h 时微波预处理苹果皮渣的果胶提取得率比对照提高了 50% 左右,是较为适宜的微波处理条件,但微波能量大于 8.3×10^{-2}kW·h 时,对果胶得率有不利影响;微波干燥预处理对果胶半乳糖醛酸含量无显著性影响,但显著提高了果胶的酯化度、固有黏度和黏均分子质量。

参考文献

[1] Feng H, Tang J. Microwave finish drying of diced apples in a spouted bed. Journal of Food Science, 1998, 63: 679 – 683.

[2] Torringa E, Esveld E, Scheewe I, et al. Osmotic dehydration as pre – treatment before combined microwave – hot – air drying of mushrooms. Journal of Food Engineering, 2001, 49: 185 – 191.

[3] Funebo T, Ahrne L, Kidman S, et al. Microwave heat treatment of apple before air dehydration – effects on physical properties and microstructure. Journal of food engineering, 2000, 46: 173 – 182.

[4] 彭凯, 张燕, 王似锦, 等. 微波干燥预处理对苹果渣提取果胶的影响. 农业工程学报, 2008, 24(7): 222 – 226.

[5] Berardini N, Knodler M, Schieber A, et al. Utilization of mango peels as a source of pectin and polyphenolics. Innovative Food Science&Emerging Technologies, 2005, 6: 442 – 452.

[6] Blumenkrantz N, Asboe – Hansen G. New method for quantitative determination of uronic acids. Analytical Biochemistry, 1973, 54: 484 – 489.

[7] Kar F, Arslan N. Effect of temperature and concentration on viscosity of orange peel pectin solutions and intrinsic viscosity – molecular weight relationship. Carbohydrate Polymers, 1999, 40: 277 – 284.

黄瓜叶片的光合速率公式

1　背景

　　光合作用是作物产量和品质形成的基础,直接受到叶片含氮量的影响。陈永山等[1]研究通过温室黄瓜不同定植期的不同氮素水平处理试验,定量分析了不同光温条件下黄瓜叶片光合速率与叶片含氮量的关系,建立了适合不同光温条件的温室黄瓜叶片光合速率与叶片含氮量关系的通用模型,并用与建模相独立的试验数据对模型进行了检验。研究为中国设施黄瓜周年生产的氮素精确管理提供理论依据和决策支持。

2　公式

2.1　叶片光合速率的计算

　　叶片最大总光合速率(Pgmax)代表叶片真正的光合能力,它是净光合速率(Pn)和暗呼吸速率(Rd)之和。

$$Pg\text{max} = Pn + Rd \tag{1}$$

式中,Pgmax 为叶片最大总光合速率,μmol$\cdot$m$^{-2}\cdot$s^{-1};Pn 为叶片在饱和光强下测得的净光合速率,μmol$\cdot$m$^{-2}\cdot$s^{-1};Rd 为叶片暗呼吸速率,μmol$\cdot$m$^{-2}\cdot$s^{-1},本研究通过 Q_{10} 函数来计算[2],具体表达式为:

$$Rd = Rd_{25} \times Q_{10}^{(TL-25)/10} \tag{2}$$

式中,Rd 为叶片暗呼吸速率,μmol$\cdot$m$^{-2}\cdot$s^{-1};Rd_{25} 为25℃时黄瓜叶片的暗呼吸速率,本研究取值为 1.5[2],单位为 μmol$\cdot$m$^{-2}\cdot$s^{-1};TL 为测定叶片净光合速率时的叶片温度,由 Li-6400 便携式光合仪自动测定,℃;Q_{10} 为取值为 2[2],表示温度每升高 10℃,暗呼吸速率增加 1 倍。

2.2　生理发育时间和平均日辐热积的计算

　　温度和辐射直接影响作物的生长发育和氮素的吸收转运。因此,本研究采用综合的光温指标生理发育时间[3](physiological development time,PDT)和辐热积[4](Product of Thermal Effectiveness and PAR,PTEP)分别来量化温光条件对作物生长发育的影响及温度和辐射对黄瓜氮素吸收和转运的影响。辐热积定义为光合有效辐射与相对热效应的乘积。相对热效应(RTE)与温度(T)关系可表示为:

$$RTE(T) = \begin{cases} 0 & (T < T_b) \\ (T - T_b)/(T_{ob} - T_b) & (T_b \leqslant T < T_{ob}) \\ 1 & (T_{ob} \leqslant T < T_{ou}) \\ (T_m - T)/(T_m - T_{ou}) & (T_{ou} < T \leqslant T_m) \\ 0 & (T > T_m) \end{cases} \tag{3}$$

式中,$RTE(T)$ 为温度为 T 时相对热效应;T_b 和 T_m 为生长下限温度和生长上限温度,℃;T_{ob} 和 T_{ou} 为生长最适温度下限和上限,℃。根据试验品种的类型,本研究采用的黄瓜发育的三基点温度(取自文献[4],表1)。

表1 黄瓜各生育时期的三基点温度

生育期	T_b/℃	$T_{ab} \sim T_{ou}$/℃	T_m/℃
发芽期	13	28~32	40
幼苗期	13	25~30	40
伸蔓期	14	25~28	40
开花期	14	25~28	40
结瓜期	16	25~32	40
成熟期	16	25~32	40

注:T_b 为发育下限温度,T_{ob} 为发育最适下限温度,T_{ou} 为发育最适上限温度,T_m 为发育上限温度。

日平均相对热效应为一天内各小时的相对热效应的平均值,可用式(4)计算:

$$RTE_i = (1/24) \sum_{j=1}^{24} RTE(T_j) \tag{4}$$

式中,T_j 为一天中第 j 小时的气温。

由于本研究所采用的黄瓜品种对光周期不敏感,该黄瓜品种的生理发育时间 PDT 即为每日相对热效应的累积总和[4]。

黄瓜生育期内第 i 天的辐热积 $PTEP_i$(MJ·m^{-2})计算式为:

$$PTEP_i = RTE_i \times PAR_i \tag{5}$$

$$PAR_i = 0.5Q_i \tag{6}$$

式中,RTE_i 和 PAR_i 分别为第 i 天的日平均相对热效应和日总光合有效辐射(Photosynthetically Active Radiation,PAR),MJ/m^2;Q_i 为第 i 天到达作物冠层上方的太阳总辐射日总量,MJ/m^2;0.5 表示光合有效辐射在太阳总辐射中所占的比例[5]。

某时期内的平均日辐热积计算式为:

$$ATEP = (1/n) \sum_{i=1}^{n} PTEP_i \tag{7}$$

式中,$ATEP$ 为某时期内的平均日辐热积;n 为该时期的天数。

2.3　黄瓜叶片适宜氮浓度确定

本研究以此作为选取无氮胁迫的氮素处理水平。分析本研究 4 个试验中无氮胁迫处理的植株叶片最大光合速率($Pgmax_0$)发现,不同定植期的叶片 $Pgmax_0$ 存在差异(图 1a),其中试验 1 和试验 2 的平均叶片 $Pgmax_0$ 与试验 3 和试验 4 的平均叶片 $Pgmax_0$ 存在显著差异(1% 水平)。

本研究以 4 个试验中无氮胁迫处理(即 160 mg/L 氮处理)的植株叶片氮浓度及其随生育期(生理发育时间)的变化作为该定植期温室黄瓜叶片适宜氮浓度的标准曲线(图 1b)。从图 1b 可以看出,温室黄瓜生长期的叶片适宜氮浓度(160 mg/L 处理)数值变化在 2.5% ~ 4.8% ,这与国内外的其他研究结果[6-11]基本一致。不同定植期的温室黄瓜叶片氮浓度标准曲线可拟合为:

$$N\%_{opt}(t) = \begin{cases} a + N_{max}\% [1 - \exp(- bt/N_{max}\%)] & (t \leqslant T_{PDT}) \\ N_{min}\% + (N_{max}\% - N_{min}\%) \times \exp [- (t - T_{PDT})/TC] & (t > T_{PDT}) \end{cases}$$

(8)

式中,$N\%_{opt}(t)$ 为生理发育时间为 t 时的叶片适宜氮浓度,g/g(干质量),受光温条件和生育期影响;a 为定植时苗期叶片氮浓度,受品种特性和育苗措施影响,根据本研究的试验数据,a 取 2.5 g/g;$N_{max}\%$ 为全生育期中叶片氮浓度的最大值,g/g,受光温条件和生育期影响;b 为达到全生育期最大值之前的叶片氮浓度的增加速率,g/(g·d),受光温条件和生育期影响;T_{PDT} 为从定植到叶片氮浓度最大值出现时的生理发育时间,d,由作物品种特性决定,本研究根据试验观测数据叶片氮浓度最大值出现在初果期,基于本研究试验数据结合前人研究结果取值为 20 d[4];$N_{min}\%$ 为黄瓜叶片氮浓度最大值出现之后到生长末期的最低叶片氮浓度,g/g,受光温条件和生育期影响;TC 为黄瓜叶片氮浓度从全生育期最大值降至之后最低值所需的时间常数(用生理发育时间表示,代表了黄瓜叶片氮浓度下降速率),受光温条件影响。

根据本研究 4 个试验的观测资料,式(8)中的各个参数与不同定植期光温条件的定量关系可用式(9)描述。

$$y = y_{max} \times \sin(0.5\pi \times ATEP/ATEP_{opt})$$

(9)

式中,y 为代表式(8)中的参数($N_{max}\%$、b、$N_{min}\%$ 和 TC);y_{max} 为代表参数的最大值,根据本研究 4 个试验的观测数据,参数 $N_{max}\%$、b、$N_{min}\%$ 和 TC 的最大值出现在试验 3(2005 年 8—11 月)中,分别取 4.8%、0.155、3.8% 和 9.5;$ATEP$ 为各试验从定植到初果期($ATEP_{(p-f)}$)或从初果期到盛果期($ATEP_{(f-m)}$)的平均日辐热积,MJ/m²;$ATEP_{opt}$ 为与参数的最大值对应的从定植到初果期($ATEP_{(p-f)}$)或从初果期到盛果期($ATEP_{(f-m)}$)的平均日辐热积,MJ/m²,根据试验 3(2005 年 8—11 月)的观测数据,$ATEP_{opt}$ 从定植到初果期及从初果期到盛果期的平均日辐热积分别取值为 4.01 MJ/m² 和 2.89 MJ/m²。

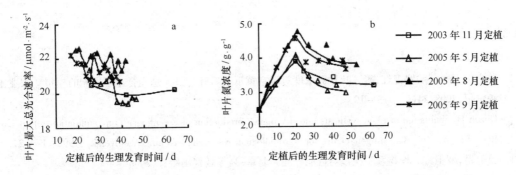

图 1　无氮胁迫处理（160 mg/L 处理）的黄瓜叶片最大总光合速率（$Pg\max_0$）和
叶片氮浓度（$N\%$）随定植后的生理发育时间（PDT）的变化

2.4　黄瓜叶片最大总光合速率与叶片氮浓度的关系

　　用试验 2 的观测数据来建立模型，黄瓜叶片最大总光合速率与叶片氮浓度之间的关系可用式（10）描述；不同氮素施用水平的叶片最大总光合速率与无氮胁迫处理（160 mg/L 处理）的叶片最大总光合速率之比值（PR）和不同氮素施用水平的叶片氮浓度与无氮胁迫处理（160 mg/L 处理）的叶片适宜氮浓度之比值（NR）间的关系可用式（11）描述。

$$Pg\max = 24 \times \{1 - \exp[-22.5 \times (N\% - 1.1)/24]\}$$

$$R^2 = 0.85 \qquad SE = 1.59 \qquad n = 50 \tag{10}$$

$$PR = 1.05 \times \{1 - \exp[-5.6 \times (NR - 0.42)/1.05]\}$$

$$R^2 = 0.80 \qquad SE = 0.10 \qquad n = 50 \tag{11}$$

式中，$Pg\max$ 为不同施氮水平的叶片最大总光合速率，$\mu mol/(m^2 \cdot s)$；$N\%$ 为不同施氮水平的叶片氮浓度，g/g；PR 为不同氮素施用水平的叶片最大总光合速率与无氮胁迫处理（160 mg/L 处理）的叶片最大总光合速率之比值；NR 为不同氮素施用水平的叶片氮浓度与无氮胁迫处理（160 mg/L 处理）的叶片适宜氮浓度之比值。

3　意义

　　实验的模型可以根据温室内的温度和太阳辐射资料与叶片氮浓度来估算叶片光合作用速率，或根据温室内的温度和太阳辐射资料与黄瓜叶片光合作用速率来估算叶片氮浓度。结果表明，建立的模型能较好地预测不同定植期黄瓜叶片氮浓度对叶片最大总光合速率的影响。模型对温室黄瓜叶片最大总光合速率的预测结果与实测结果之间基于 1∶1 直线的决定系数和均方根差分别为 0.83 $\mu mol/(m^2 \cdot s)$ 和 1.56 $\mu mol/(m^2 \cdot s)$。建立的模型可以为温室黄瓜周年生产的氮素精确管理提供理论依据与决策支持。

参考文献

［1］ 陈永山,戴剑锋,罗卫红,等．叶片氮浓度对温室黄瓜花后叶片最大总光合速率影响的模拟．农业工程学报,2008,24(7)：13－19.

［2］ Gijzen H. Simulation of photosynthesis and dry matter production of greenhouse crop. simulation report CABO－TT. Nr. 28. Wageningen：centre for Agrobiological research,wageningen university,1992：17－21.

［3］ 曹卫星,罗卫红．作物系统模拟与智能管理．北京：高等教育出版社,2003.

［4］ 李永秀．温室黄瓜生长发育模拟模型的研究．南京农业大学,2005：15－19.

［5］ Goudriaan J,Van Laar H H. Modelling potential crop growth processes. The Netherlands：kluwer Academic Publishers,1994：21－118.

［6］ 杜永臣,张福墁,刘步洲．不同形态的氮素对温室沙培黄瓜生长发育的影响．园艺学报,1989,16(1)：45－50.

［7］ Juan Manuel Ruiz, Luis Romero. Cucumber yield and nitrogen metabolism in response to nitrogen supply. Scientia Horticulturae,1999,82(3－4)：309－316.

［8］ Eun－Young Choi,Young－Beom Lee. Nutrient uptake,growth and yield of cucumber cultivated with different growing substrates under a close and an open system. Acta Horticulturae,2001,548：543－547.

［9］ Güler S,Ibrikci H. Yield and Elemental composition of cucumber as affect by drip and furrow irrigation. Acta Horticulturae,2002,571：51－57.

［10］ Yasutaka kano,Hideyuki Goto. Relationship between the occurrence of bitter fruit in cucumber(Cucumis Sativus L.) and the contents of total nitrogen amino acid nitrogen,protein and HMG－COA reductase activity. Scientia Horticulturae,2003,98(1)：1－8.

［11］ 张彦娥,李民赞,张喜杰,等．基于计算机视觉技术的温室黄瓜叶片营养信息检测．农业工程学报,2005,21(8)：102－105.

猪场废水的降解模型

1 背景

为了研究 IC 反应器(图 1)处理猪场废水的运行规律,丁一等[1]依据 IC 反应器中有机物降解特性,假设 IC 反应器精细处理区和污泥床区水力流态分别为推流和全混流,基质降解速率与微生物浓度之间符合一级反应模型,并在此基础上,以猪场废水为基质,通过 IC 反应器基质降解动力学特性研究,以期得到 IC 反应器处理猪场废水的动力学方程,以便为 IC 反应器用于养猪场废水处理工程提供科学依据。

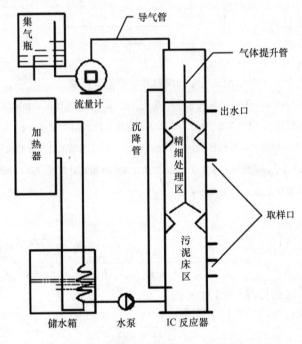

图 1 IC 反应器试验装置示意图

2 公式

2.1 污泥床区基质降解模型的推导

根据图 2,得出污泥床区基质平衡方程式:

$$QS_i + RQS_m = (Q + RQ)S_m + K_1 X_m V_s S_m \tag{1}$$

式中,K_1 为污泥床区基质降解动力学系数,L/(mg·h)。

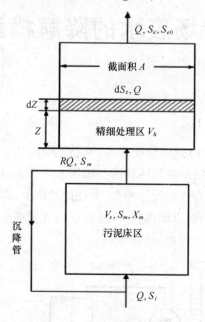

图 2 IC 反应器基质变化示意图

Q 为进水流量,m³·h⁻¹;S_e 为反应器出水 COD 浓度,mg·L⁻¹;S_{e0} 为反应器出水溶解性 COD 浓度,mg·L⁻¹;S_i 为反应器进水 COD 浓度,mg·L⁻¹;S 为污泥床区出水 COD 浓度,mg·L⁻¹;V 为污泥床区有效容积,m³;V_h 为精细处理区有效容积,m³;R 为内循环比率;A 为精细处理区截面积,m²;X_m 为污泥床区污泥浓度,mg·L⁻¹;dZ 为微元体高度,m;Z 为微元体距离精细处理区进水口高度,m;dS_z 为微元体内部溶解性基质浓度变化,mg·L⁻¹

经整理得:

$$S_m = \frac{S_i}{1 + K_1 X_m V_s Q^{-1}} \tag{2}$$

设污水在污泥床区的停滞时间为 θ,则:

$$\theta = \frac{V_s}{Q + RQ} \tag{3}$$

由式(1)、式(2)、式(3)可得污泥床区基质降解模型:

$$S_m = \frac{S_t}{1 + K_1 X_m \theta(1 + R)} \tag{4}$$

2.2 精细处理区基质降解模型的推导

根据图 2,精细处理区内微元体 $A\mathrm{d}_z$ 内的基质平衡方程:

$$-\frac{Q\,\mathrm{d}S_z}{A\,\mathrm{d}z} = K_2 S_z \tag{5}$$

式中，K_2 为精细处理区基质降解动力学系数，h^{-1}；S_z 为微元体溶解性基质浓度，$\mathrm{mg/L}$。

由于 $\dfrac{Q}{A}$ 为推流的竖直流速 u，令精细处理区中基质在 Z 高度上的停留时间为 $\dfrac{Z}{u} = \Theta'$，那么，式(5)可变为微分方程：

$$\frac{\mathrm{d}s}{\mathrm{d}\Theta'} = -K_2 S_z \tag{6}$$

在整个精细处理区高度方向上对式(6)积分可得精细处理区基质降解模型：

$$S_e = \varepsilon S_m \mathrm{e}^{-K_2\Theta} \tag{7}$$

式中，$\Theta = \dfrac{V_H}{Q}$，为精细处理区中基质停留时间，h；$\varepsilon = \dfrac{S_e}{S_{e0}}$，为溶解性 COD 占出水总 COD 比率的倒数。

2.3 IC 反应器基质降解动力学模型的建立

将式(7)代入式(4)，得：

$$S_e = \frac{\varepsilon S_i \mathrm{e}^{-K_2\Theta}}{1 + K_1 X_m \theta(1 + R)} \tag{8}$$

式中，R 为内循环比率。

式(8)即为所求的 IC 反应器基质降解动力学模型。

根据式(8)对 IC 反应器运行 10 d 的出水 COD 浓度变化进行理论计算，并和实测值对比(表1)。由表1可知，根据模型计算出的理论预测值与实测值的误差较小，大多不大于 10%，能较好地吻合试验实测值，因此该动力学模型对 IC 反应器的试验运行和数据预测具有一定的指导意义。

表 1 IC 反应器运行 10 d 的出水 COD 浓度模型计算值和实测值

试验进程 /d	Q /L·h^{-1}	S_i /mg·L^{-1}	X_m /mg·L^{-1}	R	S_e/mg·L^{-1} 计算值	实测值	误差 绝对误差 /mg·L^{-1}	相对误差 /%
1	20.6	5 368.9	67.5	1.4	1 529.0	1 620.2	−91.27	−5.63
2	20.4	6 698.4	63.4	1.3	1 880.4	1 729.4	151.97	8.73
3	19.8	5 897.6	65.4	1.3	1 567.4	1 624.3	−56.97	−3.51
4	21.4	8 523.4	68.2	1.0	2 045.8	2 165.7	−119.93	−5.54
5	23.7	7 596.1	68.4	1.2	2 268.9	2 105.3	163.59	7.77
6	20.4	5 543.8	65.7	1.4	1 591.2	1 438.5	152.64	10.61

续表

试验进程 /d	Q /L·h^{-1}	S_i /mg·L^{-1}	X_m /mg·L^{-1}	R	S_e/mg·L^{-1}		误差	
					计算值	实测值	绝对误差 /mg·L^{-1}	相对误差 /%
7	20.6	6 987.6	66.5	1.0	1 631.9	1 753.5	−121.55	−6.93
8	20.5	7 475.2	64.3	0.9	1 670.5	1 823.8	−153.27	−8.40
9	21.7	5 599.8	65.2	1.2	1 571.9	1 600.2	−28.34	−1.77
10	20.4	7 789.2	65.7	1.4	2 235.6	2 040.7	194.97	9.55

3 意义

实验推导出了 IC 反应器中基质降解动力学模型,该模型证明 IC 反应器处理效率的影响因素主要有内循环比率、污泥床区水力滞留时间和污泥床区污泥浓度。结果表明,理论预测值与实测值误差大多不大于10%,二者吻合较好,证明该动力学模型可为 IC 反应器处理猪场废水的实际运行和数据预测提供科学依据。

参考文献

[1] 丁一,张杰,李海华,等. IC 反应器处理猪场废水基质降解的动力学模型. 农业工程学报,2008,24(8):236 – 239.

流域土地的分形公式

1 背景

土地利用/土地覆被变化(LUCC)作为目前全球环境变化研究的核心主题之一,反映了自然与人文交叉最为密切的问题,是众多学科研究的热点和前沿领域之一[1]。土地利用/土地覆被的分形特征早已被大量研究证实[2,3],对于一个区域而言,其土地利用/土地覆被具有近似的或统计意义上的自相似性,可以选择分维数指标对其进行描述[4]。大多数学者对于土地利用/土地覆被分维数的研究和应用仅集中在其分形特征的某一方面,缺乏对其他分形特征的大量发现与普遍测量。因此沈中原等[5]以西安市浐灞河流域为例,利用遥感数据成图对流域土地利用/土地覆被在斑块水平(patch – level)、斑块类型水平(class – level)以及景观水平(landscape – level)3 个层次的分形特征进行研究,并对各种分维数的计算方法及其表征意义进行探讨。

2 公式

2.1 土地利用/土地覆被斑块形状分维数计算

曼德尔布罗特(Mandelbrot)在研究动物脑褶分形结构时提出表面积 $S(r)$ 与体积 $V(r)$ 的分形关系[6]:

$$S(r)^{1/D} \sim V(r)^{1/3} \tag{1}$$

而董连科[7]在此公式的基础上,用物理量纲分析方法进行推导,得出了适用于 n 维欧氏空间的分维公式。其中可以表达二维欧氏空间面积与周长的分维公式为:

$$P(r)^{1/D} = k \cdot r^{(1-D)/D} \cdot A(r)^{1/2} \tag{2}$$

实验以矢量格式(shapefile)土地利用/土地覆被图为研究对象,利用 GIS 空间分析工具查询各地类斑块的图形属性。以 $A(r)$ 表示以 r 为量测尺度的斑块图形面积,$P(r)$ 为同一斑块图形周长。测量一系列斑块的面积与周长,并将其点绘在双对数坐标图上,对 $\ln P(r)$ 与 $\ln A(r)$ 序列进行线性拟合,计算并得到斑块形状分维数。分维数 D 为斜率的 2 倍,其值介于 1~2 之间。

$$\ln P(r) = \frac{D}{2}\ln A(r) + C \tag{3}$$

式中,$P(r)$为斑块周长;$A(r)$为斑块面积;D为斑块形状分维数。

根据以上公式对浐灞河流域不同土地利用/土地覆被斑块形状分维数进行计算,如表1所示。总体上来看分维数的由大至小依次为:未利用土地,水域,耕地,草地,林地,城乡、工矿、居民用地。

表1　斑块形状分维数计算结果

类型	$P(r)-A(r)$关系方程	R^2	斑块形状分维数
耕地	$y = 0.668\ 4x - 0.105$	0.927 6	1.336 8
林地	$y = 0.614\ 4x - 0.438\ 2$	0.946 3	1.228 8
草地	$y = 0.661\ 5x - 0.061\ 6$	0.940 0	1.323 0
水域	$y = 0.759\ 1x - 1.244\ 7$	0.920 3	1.518 2
城乡、工矿、居民用地	$y = 0.593\ 4x + 0.425\ 5$	0.927 2	1.186 8
未利用土地	$y = 0.963\ 3x - 3.696\ 8$	0.998 2	1.926 6

2.2　土地利用/土地覆被空间结构盒维数计算

如果将某种土地利用类型的空间结构看做是一个整体的不规则几何对象,那么在一定的尺度范围内,其空间结构"图形"就会表现出近似的或统计意义上的自相似性,就能用分维数对其进行描述。土地利用/土地覆被空间结构分形计算的常用方法为计盒维数法。

以矢量格式(shapefile)土地利用/土地覆被图为研究对象,首先将土地利用图分割成边长为r的方格网,数出每一种土地利用类型图斑包含的方格个数$N(r)$。然后改变r值,再数出各类图斑包含的方格个数$N(r)$。此后将r序列值和相应的$N(r)$值点绘在双对数坐标图上,寻找各土地利用类型分布的无标度区间(即直线段对应的r值范围)。最后根据各点的分布趋势建立回归方程,计算得到土地利用/土地覆被空间结构盒维数[8]。

$$\ln N(r) = \ln C - D\ln r \tag{4}$$

式中,$N(r)$为斑块空间结构中所包含的方格个数;r为方格边长;D为空间结构盒维数。

根据以上公式对浐灞河流域土地利用/土地覆被空间结构盒维数进行计算,如表2所示。可见盒维数由大至小顺序为:草地,林地,耕地,水域,城乡、工矿、居民用地,未利用土地。

表2　空间结构盒维数计算结果

类型	$N(r)-r$关系方程	R^2	空间结构盒维数
耕地	$y = -1.788\ 8x - 20.117$	0.999 6	1.788 8
林地	$y = -1.802\ 6x - 19.571$	0.999 6	1.802 6
草地	$y = -1.808x - 20.068$	0.999 7	1.808 0

类型	$N(r) - r$ 关系方程	R^2	空间结构盒维数
水域	$y = -1.6732x - 16.693$	0.9985	1.6732
城乡、工矿、居民用地	$y = -1.672x + 17.834$	0.9980	1.6720
未利用土地	$y = -1.5466x - 12.37$	0.9969	1.5466

2.3 土地利用/土地覆被空间分布信息维数计算

利用网格化方法可以对区域各地类空间分布的信息维数进行计算。首先在栅格格式（Grid）土地利用/土地覆被图上，用边长为 ε（ε 为像元尺度的整数倍，且至少大于 2 倍）的方格对研究区域土地利用图进行覆盖。假定某种用地的像元总数为 N，第 i 行第 j 列的网格中该用地的像元数为 N_{ij}，则可定义其空间分布的"概率"为：

$$P_{ij} = N_{ij}/N \tag{5}$$

利用空间信息量公式进行计算：

$$I(\varepsilon) = \sum_i^m \sum_j^n Pij \times \ln P_{ij} \tag{6}$$

改变网格的尺寸 ε，可得不同的信息量 $I(\varepsilon)$。将其点绘在双对数坐标图上，对 $I(\varepsilon)$ 与 ε 序列进行线性拟合，得到斑块空间分布的信息维数计算公式：

$$I(\varepsilon) = I_0 - D\ln\varepsilon \tag{7}$$

式中，$I(\varepsilon)$ 为各种地类的空间信息量；ε 为方格边长；D 为空间分布信息维数。

根据以上公式对浐灞河流域土地利用/土地覆被空间结构信息维数进行计算，如表 3 所示。可见信息维数由大至小顺序为：耕地，草地，城乡、工矿、居民用地，林地，水域，未利用土地。

表 3　空间分布信息维数计算结果

类型	$I(\varepsilon) - \varepsilon$ 关系方程	R^2	空间分布信息维数
耕地	$y = 1.7711x - 19.669$	0.9997	1.7711
林地	$y = 1.6095x - 18.023$	0.9984	1.6095
草地	$y = 1.7055x - 19.4$	0.9996	1.7505
水域	$y = 1.3006x - 14.565$	0.9963	1.3006
城乡、工矿、居民用地	$y = 1.6699x + 18.009$	0.9998	1.6699
未利用土地	$y = 0.4997x - 5.1508$	0.9909	0.4997

2.4 土地利用/土地覆被形态半径维数计算

区域土地利用/土地覆被形态分形特征描述的常用指标是半径维数，它最早是由

Frankhauser 提出[9],并由 White 和 Engelen[10]用于城市土地利用空间形态的分析。半径维数因其定义形式简单,几何意义明确,应用简明方便,而成为至今为止区域土地利用/土地覆被形态研究方面应用最多的一种维数。半径维数数学定义与计算流程如下。

在矢量格式(shapefile)土地利用/土地覆被图上,以区域中某一固定点为圆心做回转半径 r,则 r 范围内某种地类面积为 $S(r)$,假定 $S(r) \propto r^D$ 则有:

$$S(r) = \eta \cdot r^D \qquad (8)$$

改变 r 值大小,计算相应的面积 $S(r)$,将其点绘在双对数坐标图上,并对 $S(r)$ 与 r 进行线性拟合,得到半径维数 D 的计算公式为:

$$\ln S(r) = \ln \eta + D \ln r \qquad (9)$$

式中,$S(r)$ 为一定范围内某种地类面积;r 为回转半径长度;D 为形态半径维数。

根据以上公式对浐灞河流域土地利用/土地覆被形态半径维数进行计算,如表4所示。可见形态半径维数由大至小顺序为:草地,林地,耕地,城乡、工矿、居民用地,水域,未利用土地。

表4　区域形态半径维数计算结果

类型	$S(r) - r$ 关系方程	R^2	区域形态半径维数
耕地	$y = 1.5004x - 3.8912$	0.9930	1.5004
林地	$y = 1.6576x - 0.8018$	0.8583	1.6576
草地	$y = 3.0674x - 13.766$	0.9756	3.0674
水域	$y = 0.8206x - 8.5583$	0.9936	0.8206
城乡、工矿、居民用地	$y = 1.3087x + 4.42$	0.9607	1.3087
未利用土地	分布过于集中无法计算	—	—

3　意义

流域土地的分形公式表明:土地利用/土地覆被斑块形状分维数、空间结构盒维数、空间分布信息维数与区域形态半径维数是几种性质不同功能各异的分形维数,四者能够表征土地利用/土地覆被在斑块水平、斑块类型水平以及景观水平3个层次的分形特征;斑块形状分维数体现了不同地类斑块形状的复杂程度及其所受人类活动干扰的强度;空间结构盒维数反映了不同地类空间结构的复杂程度和不规则程度;空间分布信息维数反映了不同地类斑块空间分布的均衡程度;形态半径维数反映了不同地类区域形态针对某一中心点的聚散特征。

参考文献

[1] C Nunes, J I Ague(eds). Land – Use and Land – Cover Change(LUCC): Implementation Strategy. IGBP Report, IHDP Report, 1999:10 – 26.

[2] 秦耀辰, 刘凯. 分形理论在地理学中的应用研究进展. 地理科学进展, 2003, 22(4):426 – 436.

[3] 王锐, 郑新奇. 分形理论在土地利用类型研究中的应用. 海南师范学院学报(自然科学版), 2005, 18 (4):377 – 380.

[4] 刘纯平, 陈宁强, 夏德深. 土地利用类型的分数维分析. 遥感学报, 2003, 7(2):136 – 141.

[5] 沈中原, 李占斌, 武金慧, 等. 基于 GIS 的流域土地利用/土地覆被分形特征. 农业工程学报, 2008, 24(8):63 – 67.

[6] Mandelbrot B B. Fractal: Form, chance and dimension. San Francisco: Freeman, 1977: 17 – 25.

[7] 董连科. 分形理论及应用. 沈阳:辽宁科学出版社, 1991:78 – 99.

[8] 李谢辉, 塔西甫拉提·特依拜, 任福文. 基于分形理论的干旱区绿洲耕地动态变化及驱动力研究. 农业工程学报, 2007, 23(2):65 – 70.

[9] Frankhouser P. Aspects fractals des structure surbaines. L'Espace Geographique, 1990, 19(1): 45 – 69.

[10] White R, Engelen G. Cellular automata and fractal urban form: a cellular modeling approach to the evolution of urban land – use patterns. Environment and Planning A, 1993, 25: 1175 – 1199.

博弈论的改进可拓评价模型

1 背景

针对目前灌区运行状况评价方法的不足,引入改进的物元可拓评价方法。目前,可拓法已在综合评价[1-4]及优化决策[5-7]等领域中得到应用。然而其在理论上仍存在一些不完善的地方,导致其在评价过程中具有局限性。迟道才等[8]尝试用改进的物元可拓评价方法对灌区运行状况进行评价,引入博弈论的方法将主观赋权法(专家打分法)和客观赋权法(简单关联函数法)相融合,克服了传统的可拓评价方法中只运用简单关联函数确定指标权重时完全依赖样本数据的不足。

2 公式

可拓学(extenics)是中国学者蔡文于 20 世纪 80 年代初创立的新学科,属数学、系统科学和思维科学的交叉学科。可拓学是形式化的工具,从定性和定量两个角度去研究解决矛盾问题的规律和方法,通过建立多指标参数的评定模型来完整地反映事物的综合水平,其理论支柱是物元理论和可拓集合[9,10]。

2.1 可拓评价方法的计算步骤

(1)确定经典域和节域。

为了描述客观事物的变化过程,把解决矛盾的过程形式化,可拓学引入了物元概念,它是以事物 N、特征 C 及其量值 V 三者组成的有序三元组,记作 $R = (N, C, V)$。不同事物可以具有相同的特征,用同征物元表示。

设有 m 个灌区运行状况等级 $N_1, N_2, \cdots, N_m$,建立相应的同征物元:

$$R_0 = \begin{bmatrix} N & N_1 N_2 \cdots N_M \\ C & V_1 V_2 \cdots V_m \end{bmatrix} =$$

$$\begin{bmatrix} N & N_1 & N_2 & \cdots & N_m \\ C_1 & \langle a_{11}, b_{11} \rangle & \langle a_{12}, b_{12} \rangle & \cdots & \langle a_{1m}, b_{1m} \rangle \\ C_2 & \langle a_{21}, b_{21} \rangle & \langle a_{22}, b_{22} \rangle & \cdots & \langle a_{2m}, b_{2m} \rangle \\ \vdots & \vdots & \vdots & \vdots & \vdots \\ C_n & \langle a_{n1}, b_{n1} \rangle & \langle a_{n2}, b_{n2} \rangle & \cdots & \langle a_{mm}, b_{mm} \rangle \end{bmatrix} \quad (1)$$

式中,R_0 为同征物元 $R_1,R_2,\cdots,R_m$ 的同征物元体;N_j 为所划分的第 j 个灌区运行状况评价等级;C_i 为第 i 个评价指标;$V_{ij} = \langle a_{ij},b_{ij}\rangle$,为 N_j 关于指标 C_i 所规定的量值范围,即各类别关于对应的评价指标所取的数据范围经典域。

$$R_p = (P,C,V_p) = \begin{bmatrix} P & C_1 & V_{1P} \\ & C_2 & V_{2P} \\ & \vdots & \vdots \\ & C_n & V_{nP} \end{bmatrix} = \begin{bmatrix} P & C_1 & \langle a_{1p},b_{1p}\rangle \\ & C_2 & \langle a_{2p},b_{2p}\rangle \\ & \vdots & \vdots \\ & C_n & \langle a_{np},b_{np}\rangle \end{bmatrix} \tag{2}$$

式中,P 为表示类别的全体;V_{ip} 为 P 关于 C_i 所取的量值范围,即 P 的节域。

(2)确定待评物元。对待评事物 Q,把收集到的灌区指标数据用物元 $\begin{bmatrix} Q & C_1 & V_1 \\ & C_2 & V_2 \\ & \vdots & \vdots \\ & C_n & V_n \end{bmatrix}$ 表

示,称为事物 Q 的待评物元,其中 V_i 为 Q 关于 C_i 的量值,即待评灌区的具体数据。

(3)确定权系数。确定指标 C_i 的权系数(α_i),且 $\sum_{i=1}^{n} \alpha_i = 1$。

(4)确定待评事物关于各类别等级的关联度。

$$K_j(v_i) = \begin{cases} \dfrac{\rho(v_i,V_{ij})}{\rho(v_i,V_{ip}) - \rho(v_i,V_{ij})} & x \notin [a_{ij},b_{ij}] \\ -\rho(v_i,V_{ij}) & x \in [a_{ij},b_{ij}] \end{cases} \tag{3}$$

其中,$\rho(v_i,V_{ij}) = \rho(v_i,\langle a_{ij},b_{ij}\rangle) = |v_i - (a_{ij}+b_{ij})/2| - (b_{ij}-a_{ij})/2$。

(5)计算待评事物 p 关于等级 j 的关联度。

$$K_j(p) = \sum_{i=1}^{n} \alpha_i K_j(v_i) \tag{4}$$

(6)等级评定。若 $K_{j0}(p) = \max_{j \in (1,2,\cdots,m)} K_j(p)$,则评定 p 属于等级 j_0,令:

$$\overline{K_j(p)} = \frac{K_j(p) - \min_j K_j(p)}{\max_j K_j(p) - \min_j K_j(p)} \tag{5}$$

$$j^* = \frac{\sum_{j=1}^{m} j \cdot \overline{K_j(p)}}{\sum_{j=1}^{m} \overline{K_j(p)}} \tag{6}$$

则称 j^* 为 p 的等级变量特征值。

2.2 基于博弈论的指标赋权法

传统的可拓评价法在确定指标权重时,一般采用简单关联函数法进行客观赋权[1,2,5],没有考虑指标本身对评价问题的重要性差异,而在实际评价工作中,评价指标的重要性差

异是客观存在的,并受到决策者的主观意愿影响。鉴于此,实验采用文献[11]、文献[12]中提出的基于博弈论的综合赋权法,将用简单关联函数得到的客观权重和用专家打分法得到的主观权重相融合。基于博弈论的综合赋权法的具体理论如下。

为了提高多属性权重赋值的科学性,可使用 L 种方法对指标进行赋权,由此构造一个基本的权重集 $u_k = \{u_{k1}, u_{k2}, \cdots, u_{kn}\}, k = 1, 2, \cdots, L$,我们记这 L 个向量的任意线性组合为:

$$u = \sum_{k=1}^{l} \alpha_k \cdot u_k^T \qquad (\alpha_k > 0) \tag{7}$$

为了在可能的权重向量 u 中找到最满意的 u_k^*,我们将对式(7)中 L 个线性组合系数 α_k 进行优化,优化的目标是使 u 与各个 u_k 的离差极小化。这样便导出了下面的对策模型:

$$\min \left\| \sum_{j=1}^{l} \alpha_j u_j^T - u_i \right\|_2 \qquad (i = 1, 2, \cdots, L) \tag{8}$$

根据矩阵的微分性质可知,式(8)的最优化一阶导数条件可转化为下面的线性方程组:

$$\begin{bmatrix} u_1 \cdot u_1^T & u_1 \cdot u_2^T & \cdots & u_1 \cdot u_l^T \\ u_2 \cdot u_1^T & u_2 \cdot u_2^T & \cdots & u_2 \cdot u_l^T \\ \vdots & \vdots & \vdots & \vdots \\ u_l \cdot u_1^T & u_l \cdot u_2^T & \cdots & u_l \cdot u_l^T \end{bmatrix} \begin{bmatrix} \alpha_1 \\ \alpha_2 \\ \vdots \\ \alpha_l \end{bmatrix} = \begin{bmatrix} u_1 \cdot u_1^T \\ u_2 \cdot u_2^T \\ \vdots \\ u_l \cdot u_l^T \end{bmatrix} \tag{9}$$

计算求得 $(\alpha_1, \alpha_2, \cdots, \alpha_l)$,然后再对其进行归一化处理,即:

$$\alpha_k^* = \alpha_k / \sum_{k=1}^{l} \alpha_k \tag{10}$$

以辽宁省东港灌区为实例进行分析。该区始建于1947年,是辽宁省大型灌区之一,位于鸭绿江、大洋河下游,黄海岸边,该地区雨量充沛,温度适宜,土质肥沃,是丹东市稻米的主要产区。

按照式(9)将客观、主观两种权重值进行集化,结果见表1。将表1中结果代入式(3)~式(6),得到各灌区1997年、2004年运行状况综合评价结果(表2)。由表2的评价结果可知,在1997年时,铁甲、友谊、孤山3个灌区的等级变量特征值 j^* 分别为3.540、3.736和3.777,铁甲灌区的运行状况为最好;而在2004年时,3个灌区的等级变量特征值 j^* 分别为3.416、2.959、3.780,友谊灌区的运行状况已超过铁甲灌区。

表1 评价指标综合权重值

年份	灌区名称	评价指标						
		C_1/%	C_2/%	C_3/%	C_4/%	C_5/%	C_6/元·m^{-3}	C_7/%
1997	铁甲	0.148	0.113	0.188	0.128	0.136	0.165	0.122
	友谊	0.124	0.137	0.195	0.159	0.136	0.144	0.106
	孤山	0.183	0.117	0.159	0.141	0.146	0.181	0.072

续表

年份	灌区名称	评价指标						
		$C_1/\%$	$C_2/\%$	$C_3/\%$	$C_4/\%$	$C_5/\%$	$C_6/元 \cdot m^{-3}$	$C_7/\%$
2004	铁甲	0.130	0.141	0.141	0.166	0.135	0.158	0.129
	友谊	0.134	0.173	0.112	0.136	0.142	0.168	0.139
	孤山	0.167	0.139	0.128	0.168	0.123	0.147	0.130

表 2　东港灌区运行状况评价结果

年份	灌区	各等级关联度						
		I	II	III	IV	V	j_0	j^*
1997	铁甲	−0.508	−0.367	−0.293	−0.314	−0.341	3	3.540
	友谊	−0.512	−0.373	−0.203	−0.150	−0.217	4	3.736
	孤山	−0.556	−0.448	−0.392	−0.430	−0.318	5	3.777
2004	铁甲	−0.418	−0.266	−0.261	−0.301	−0.284	3	3.416
	友谊	−0.306	−0.109	−0.100	−0.211	−0.266	3	2.959
	孤山	−0.457	−0.323	−0.317	−0.293	−0.200	5	3.780

3　意义

　　实验在总结目前灌区运行状况评价方法的基础上,引入了改进的可拓评价方法。该方法评价结果清晰明了,不仅给出了待评灌区所属的等级,而且给出了对该等级的所属程度,为灌区的运行状况评价开辟了一种新的、有效的途径。运用该方法对东港灌区运行状况进行评价研究,结果与实际情况吻合良好,表明将改进的可拓评价方法运用到灌区的综合评价中是合理可行的。

参考文献

[1]　王锦国,周志芳,袁永生.可拓评价方法在环境质量综合评价中的应用.河海大学学报,2002,30(1):15−18.

[2]　朱伟,夏霆,姜谋余,等.城市河流水环境综合评价方法探讨.水科学进展,2007,18(5):736−745.

[3]　张龙云,曹升乐.物元可拓法在黄河水质评价中的改进及其应用.山东大学学报(工学版),2007,37(6):91−94.

[4]　孙廷容,黄强,张洪波,等.基于粗集权重的改进可拓评价方法在灌区干旱评价中的应用.农业工程学报,2006,22(4):70−74.

［5］ 连建发,慎乃齐,张杰坤. 基于可拓方法的地下工程围岩评价研究. 岩石力学与工程学报,2004,23 (9):1450 – 1453.

［6］ 徐宝根,勋文聚. 土地资源配置的开拓目标规划模型及其应用初探. 农业工程学报,2005,21(1): 32 – 35.

［7］ 关涛,于万军,慎勇扬,等. 基于可拓评价方法的土地开发整理项目立项决策研究. 农业工程学报, 2005,21(1):71 – 75.

［8］ 迟道才,马涛,李松. 基于博弈论的可拓评价方法在灌区运行状况评价中的应用. 农业工程学报, 2008,24(8):36 – 39.

［9］ 李祚勇,丁晶,彭荔红. 环境质量评价原理与方法. 北京:化学工业出版社,2004.

［10］ 邱卫根,罗忠良. 物元可拓集集合性质研究. 数学的实践与认识,2006,36(2):228 – 233.

［11］ 陈加良. 基于博弈论的组合赋权评价方法研究. 福建电脑,2003,(9):15 – 16.

［12］ 李慧伶,王修贵,崔远来,等. 灌区运行状况综合评价的方法研究. 水科学进展,2006,17(4):543 – 548.

平原农牧渔的产值预测模型

1 背景

由于时间序列预测过程中,实际数据中噪声的存在和在预测过程中的累积效应,因此不能直接利用 ARMA 模型进行中期预测。张洁瑕等[1]针对这种情况,提出了一种自适应的自回归滑动平均模型,将模型状态划分为无噪声的迭代模型和有噪声的观察模型,并根据迭代模型的特点,详细推导并完整给出了它的迭代求解公式,以便使其可以用于时间序列的中期预测,同时研究 1985—2001 年黄淮海平原农业、牧业与渔业产值预测模型,得到较理想的预测结果。

2 公式

2.1 自适应 ARMA 模型

所谓的 ARMA 模型就是已知时间序列 $d_1, d_2, \cdots, d_n$ 和相应的输入向量 $x_1, x_2 \cdots, x_n$,然后假设:

$$d_{k+1} = \alpha_1 d_k + \alpha_2 d_{k-1} + \cdots + \alpha_r d_{k+1-r} - \beta_0 - \beta_1 x_1(k+1) - \cdots -$$
$$\beta_m x_m(k+1) + \varepsilon(k, \alpha, \beta) \tag{1}$$

式中,$\varepsilon(k, \alpha, \beta)$ 为噪声项,模型参数 $\alpha = (\alpha_1, \alpha_2, \cdots, \alpha_r)^T$,$\beta = (\beta_0, \beta_1, \cdots, \beta_m)^T$;$r$ 为模型的阶数。通过对 $\varepsilon(k, \alpha, \beta)$ 概率分布函数的假定,利用已知时间序列 $d_1, d_2, \cdots, d_n$,结合式(1)和最大后验概率估计可以求得模型参数 α, β。然后对(1)以后的 k 为 $n, n+1$ 等时刻的值进行预测。

2.2 自适应 ARMA 模型学习算法

已知 n 维数据 $d = (d_1, d_2, \cdots, d_n)^T$,我们的目标是寻找一个 n 维数据 $y = (y_1, y_2, \cdots, y_n)^T$,使得逼近误差:

$$E = (1/2) \| d - y \|^2$$

最小,其中要求 y 满足:

$$y_{k+1} = \alpha_1 y_k + \alpha_2 y_{k-1} + \cdots + \alpha_r y_{k+1-r} - \beta_0 - \beta_1 x_1(k+1) - \cdots -$$
$$\beta_m x_m(k+1),$$
$$k = r, r+1, \cdots, n-1$$

这个模型中,x_i 表示和 y 相关的输入或者在回归中的相关因子。因此问题可以表述为:

$$(\text{opt1}) \quad \min_{y,\alpha,\beta} \frac{1}{2}\|d - y\|^2 \tag{2}$$

$$\text{s. t.} \quad y_{k+1} = \alpha_1 y_k + \alpha_2 y_{k-1} + \cdots + \alpha_r y_{k+1-r} - \beta_0 - \beta_1 x_1(k+1) - \cdots -$$
$$\beta_m x_m(k+1)$$
$$k = r, r+1, \cdots, n-1$$

注意式(2)的优化问题为非线性的优化问题,为了可以得到解析解,优化策略为先固定 α,求得 opt1 优化问题的最优值,这时它为 α 的函数,不妨记为 $g(\alpha)$,然后再使用具有动量项的梯度下降方法求 $g(\alpha)$ 关于 α 的梯度。具体的算法推导如下。

首先,固定 α,求得 opt1 优化问题的最优值 $g(\alpha)$,这时为如下的优化问题:

$$(\text{opt2}) \quad g(\alpha) = \min_{y,\beta} \frac{1}{2}\|d - y\|^2 \tag{3}$$

$$\text{s. t.} \quad Ay - B\beta = 0$$

在这个模型中,系数向量 α 和 y 是需要求解的。而 d 和输入数据矩阵 B 为已知的。为了讨论的简单起见,不失一般性,我们假设 B 为列满秩矩阵。

我们注意到,A 的元素里也包含着待求解的自适应 ARMA 模型的系数向量 α。我们首先固定 A,然后求解出 x 和 β。这时为线性约束下的二次优化问题,因此为凸优化问题。利用 Langrange 乘子法求其对偶得 $L(y,\beta;\lambda)$ 表达式,分别求 $L(y,\beta;\lambda)$ 对 y 的偏导数并令其为零得:

$$y = d - A^T\lambda \tag{4}$$

$$\frac{\partial L}{\partial \beta} = -B^T\lambda = 0 \tag{5}$$

将式(4)与式(5)代入式 $L(y,\beta;\lambda)$ 表达式,可得对偶优化问题为:

$$(\text{opt3}) \quad \max_{\lambda} \lambda^T A d - \frac{1}{2}\lambda^T A A^T \lambda \tag{6}$$

$$\text{s. t} \quad B^T\lambda = 0$$

对于式(6)定义的优化问题 opt3,我们是可以求得最优解的。实际上,使用 Lagrange 乘子法,我们获得 $L(\lambda,y)$,在通过求 $L(\lambda,y)$ 关于 λ 的偏导数并令其为零,可推得 λ 表达式,再由式(6)约束式的约束条件可以求得 y 的值并代入得 λ 表达式,可以得到:

$$\lambda = (AA^T)^{-1}\{I - B[B^T(AA^T)^{-1}B]^{-1}B^T(AA^T)^{-1}\}Ad \tag{7}$$

利用式(7)的结果代入式(6)并整理,可以优化问题最终化为求解 $g(\alpha)$ 的最小值。求得 α 的值以后利用式(7)得到 λ,最后通过式(5)可以得到 y 的值,y 于 α 的值确定以后,利用式(3)约束式可得 β 值。

实际上,通过联合式(7)、式(4)以及式(3)约束式,还可得到:

$$\beta = [B^T(AA^T)^{-1}B]^{-1}B^T(AA^T)^{-1}Ad = y \tag{8}$$

利用矩阵对向量的微分公式和逆矩阵的微分公式,联合式(4)、式(7)与式(8),得到:

$$\partial g(\alpha)/\partial \alpha_i = \lambda^T A_i y \tag{9}$$

这样就得到了梯度表示的简洁形式,有利于编程实现。

为了简便,利用梯度下降法求得最优的 α,更新公式可以写为:

$$\alpha(t+1) = \alpha(t) - \eta \nabla g[\alpha(t)] \tag{10}$$

通过联合式(4)、式(8)、式(7)和式(10),就得到了自适应 ARMA 模型的优化算法。

2.3 基于自适应 ARMA 模型的应用说明

对于实际应用预测中比较常用的 logistic 模型,可以分析如下。由于 logistic 函数具有形式:

$$p(t) = 1/(k + ab^t)$$

式中,$p(t)$ 为 t 年的待预测项目数量。由于不可以直接使用自回归滑动平均模型,因此我们使用倒数变换,即:

$$Q(t) = 1/p(t) = k + ab^t$$

所以有:

$$Q(0) = k + a, Q(t+1)$$
$$= k + ab^{t+1}$$
$$= bQ(t) - (b-1)k$$

可见使用倒数变换后,$Q(t)$ 可以用自回归滑动平均建模。由于此模型是针对实际预测中因噪声的存在并随时间累积的问题,因此我们提出自适应的滑动平均模型进行中期预测。由于如何确定模型阶数 r 是一个公开而富有挑战性的问题。实验不涉及这方面的讨论。

鉴于模型较强的正相关性以及较高的预测精度,本文根据研究的 1985—2001 年黄淮海平原关于农业、牧业和渔业产值比重的预测模型,对该区域 2001—2020 年的相应的产业产值比重进行中期预测(图 1 ~ 图 3)可知:从 2001—2020 年,该区域农业产值比重呈下降趋势,而牧业与渔业产值比重呈上升趋势,在 2020 年,农业、牧业与渔业产值比重分别为:62.84%、30.55% 与 8.14%。与 2001 年相比,农业、牧业与渔业产值比重分别为:下降 2.04%、增加 1.81%、增加 3.49%。

3 意义

实验模型的求解问题化为模型参数的非线性问题,然后利用梯度下降法可以求得。预测结果检验表明,黄淮海平原农业、牧业与渔业产值的实际值与预测值之间的相关系数分别为 0.97、0.94、0.96,平均预测误差率分别为 1.38%、4.85%、7.82%,两者之间的正相关性较强,具有较高的预测精度。因此该模型是一种有效的预测工具。

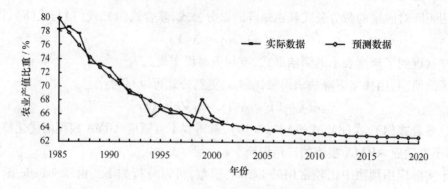

图1 黄淮海平原农业产值的预测值与实际值比较曲线图

（模型阶数 $r = 1$）

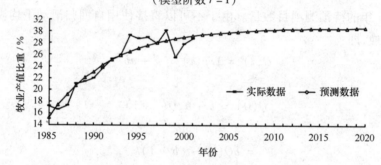

图2 黄淮海平原牧业产值的预测值与实际值比较曲线图

（模型阶数 $r = 1$）

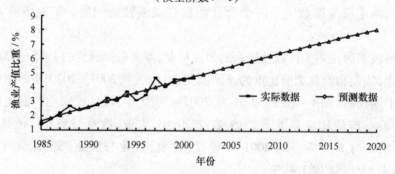

图3 黄淮海平原渔业产值的预测值与实际值比较曲线图

（模型阶数为 $r = 1$）

参考文献

［1］ 张洁瑕,郝晋珉,胡吉敏. 基于自适应 ARMA 模型的区域农业总产值构成研究与应用. 农业工程学报,2008,24(8):84－88.

配电网的无功优化模型

1 背景

为了充分利用已经投入的无功补偿设备,进一步降低线路的网络损耗,夏继红等[1]提出了考虑配变无载调压分接头位置的配电网电压/无功优化方法。采用遗传算法求解该优化问题,可以求得能够适应每个时段负荷的最佳线路首端运行电压和最佳无功补偿容量以及能够适应各时段负荷变化的最佳配电变压器分接头位置。并用实际 10 kV 配电线路的优化计算和仿真实验验证在电压/无功优化模型中计及无载调压分接头位置优化必要性和可行性。

2 公式

2.1 状态变量和控制变量

配电网无功优化问题的状态变量为除首端节点以外所有节点的电压和相角。

计及配变无载调压分头位置的无功优化问题的控制决策变量有两类:一类是各时段随负荷变化而变化的时变决策变量;另一类是在规划期内的时不变决策变量。

1)时变决策向量

显然,装有无功补偿电容器组的负荷节点的无功补偿量是时变决策变量,m 个无功补偿节点、S 个时段形成的无功补偿容量决策矩阵向量为:

$$Q_c = \left[Q_{c(i,j)} \right]_{S \times m} \tag{1}$$

式中,i 为时段序号;j 为无功补偿点顺序号。

配电线路首节点电压可以由变电站内有载调压变压器和站内补偿电容器通过 VQC 来控制,并且该决策变量是时变的。设首节点号为 1,有:

$$U_1 = \left[U_{1(1)}, U_{1(2)}, \cdots, U_{1(S)} \right]^T \tag{2}$$

这里没有取首端有载调压分头位置作为控制变量[2,3],是因为变电站母线电压调整不能由一回出线决定,这里向量 U_1 既是配电线路无功优化决策阶段的终值,也是下阶段变电站范围内无功优化的初值。

2)时不变决策向量

每一个负荷节点对应配电变压器的无载调压分头在整个规划期内需要确定一个最佳

位置,因此 n 个负荷节点的分头位置对应了 n 个时不变的决策变量 $K_i(i=1,2,\cdots,n)$,组成分头位置决策向量为:

$$K = [K_1,\cdots,K_n] \tag{3}$$

2.2 目标函数

配电变压器分头位置按规划期控制,随器无功补偿容量和首端电压按时段控制,目标函数为规划期总有功网损电量最小。

$$\min F = \sum_{i=1}^{S} \left[P_{loss(i)}(Q_{C_i}, U_{1(i)}, K) \times T_i \right] \tag{4}$$

式中, S 为负荷分段的时段数; T_i 为第 i 时段的持续时间,h; $P_{loss(i)}$ 为第 i 时段系统总网损,它是配变分头位置向量 K 、第 i 时段线路和首端电压 $U_{1(i)}$ 及第 i 时段补偿无功容量向量 Q_{Ci} 的函数, Q_{Ci} 为式(1)矩阵的第 i 行向量。

2.3 约束条件

1)等式约束

$$Ai = I \tag{5}$$

式中, A 为节点关联矩阵; i 为配电网所有支路的电流; I 为配电网所有节点的注入电流。

2)不等式约束

节点电压约束:

$$U_{min} \leqslant U_i \leqslant U_{max} \tag{6}$$

式中, U_i 为第 i 时段节点电压向量; U_{min} 和 U_{max} 分别为相应的节点电压下限和上限向量。

补偿设备的补偿容量约束:

$$Q_{cjmin} \leqslant Q_{c(i,j)} \leqslant Q_{cjmax} \qquad j \in \pi_m \tag{7}$$

式中, $Q_{c(i,j)}$ 为第 i 时段第 j 个补偿节点的补偿控制容量,kvar; Q_{cjmin} 和 Q_{cjmax} 为分别为第 j 个节点补偿容量的下限和上限; π_m 为无功补偿节点集合。

无载调压分头位置上下限约束:

$$K_{jmin} \leqslant K_j \leqslant K_{jmax} \qquad K_j \in K \tag{8}$$

式中, K_j 为第 j 台变压器分接头挡位; K_{jmin} 及 K_{jmax} 为相应变压器分接头档位上下限。

2.4 计算方法

由式(4)~式(8)组成的配电网电压/无功优化模型是一个复杂的非线性规划问题,既非动态模型又非单时段单静态模型。用遗传算法对所有阶段的负荷进行优化计算,最后获得有功电能损耗最小的方案。

遗传算法主要包括以下基本步骤。

(1)编码:实验采用十进制整数编码。

电容器按组逐级投切,编码公式为:

$$Q_{C_i} = C_i k_{Ci}$$

$$Q_i \in \{0,1,\cdots,N_{Ci}\} \tag{9}$$

式中,N_{Ci} 为安装在配变 i 的电容器组数;k_{Ci} 为单组容量。

首端电压范围设定为 $[9.5,10.5]$,变化间隔为 δ_U。编码公式为:

$$U_{1i} = 9.5 + \delta_U \times k_{Ui}$$

$$k_{Ui} \in \left\{0,1,\cdots,\frac{10.5 - 9.5}{\delta_U}\right\} \tag{10}$$

配电变压器无载调压分头位置编码根据挡位与变比之间的对应关系,直接取相应挡位的变比。

(2)适应度函数 F:包括有功电能损耗和电压越限的惩罚项。

$$fv_i = W_i + \sum_{j=1}^{n} (\beta \times \Delta UL_{ij}) \tag{11}$$

式中,W_i 为有功能量损耗;β 为罚系数;j 为配变低压侧电压越限的模值;n 为节点数。

(3)选择、交叉、变异。

对适应度个体进行排序,选择适应度较高的 popsize/2 个体进行简单交叉操作。交叉概率 p_c 随着遗传代数 g 的增加而减少。

$$p_c = \frac{p_{c\max}}{1 + g/g_{\max}} \tag{12}$$

变异概率 p'_m 随着适应度的减小而增大。

$$p'_m = p_m \times (1 + e^{-\alpha}) \tag{13}$$

其中适应度越小 α 越小,变异概率越大。

3 意义

研究通过无载调压分头位置的设定来保证低压侧用户电压水平,实现在负荷重的季节提高系统的运行、电压降低电阻损耗,在轻载时降低运行电压来降低配电变压器的空载损耗。实验用提出的计及配电变压器无载调压分头位置的配电线路电压/无功优化模型和方法对实际配电网所作的仿真研究验证了此结论的可行性和实用性。

参考文献

[1] 夏继红,牛焕娜,杨明皓. 计及配变无载调压分头位置的电压/无功优化方法. 农业工程学报,2008, 24(8):118 - 122.

[2] 张鹏,刘玉田. 配电系统电压控制和无功优化的简化动态规划法. 电力系统及其自动化学报,1999, 11(4):49 - 53.

[3] 方兴,郭志忠. 配电网时变综合优化方法研究. 电力系统自动化,2006,21(9):31 - 36.

番茄图像的匹配模型

1 背景

研究者在果蔬的识别以及定位方面开展了一些研究,然而由于果蔬采摘机器人的作业环境比较复杂,目前依然存在视觉系统的识别和定位精度比较低,工作效率不高等问题,还不能完全应用于实际的生产作业。蒋焕煜等[1]以成熟番茄为研究对象,根据成熟番茄的颜色特征,选用适当的阈值对成熟番茄图像进行图像分割,将目标对象从背景中识别出来,并将形心匹配和区域匹配相结合来计算目标番茄的位置信息。该方法可以快速地识别并定位成熟的番茄,用于指导机器人的采摘作业。

2 公式

2.1 识别

实时准确地识别果蔬图像中的目标对象,是采摘机器人视觉系统的关键,而目标识别的实质是图像分割。大部分果蔬处于采摘期时,果实表面颜色与背景颜色存在较大差异,在色彩空间存在着不同的分布特性,利用图像分割可以将目标果蔬从背景中提取出来。在图像分割之前,要将彩色图像进行灰度变换,实验采用式(1)将彩色图像变换为灰度图像。

$$I = 0.3R + 0.6G + 0.1B \tag{1}$$

式中,I 为灰度值;R,G 和 B 为 RGB 颜色空间中像素的 3 个分量。

图 1 是用双目立体视觉系统拍摄的成熟番茄立体图像对。在图像上成熟番茄呈现红色,背景大部分是绿色的枝叶,还有少部分是呈现介于黄色和红色之间的枯萎枝叶。当像素呈现红色时,其 R 值大于 G 值;呈现绿色时,其 G 值大于 R 值;呈现介于黄色和红色之间的颜色时,R 值大于 G 值,但二者的差值远小于呈现红色时 R 值与 G 值的差值。根据这个特征,对图像中的每个像素进行了色差处理,以增强背景和目标对象的反差,图像中每一个像素的色差表示为 $C = R - I$,即:

$$C = 0.7R - 0.6G - 0.1B \tag{2}$$

根据灰度图像的直方图,采用合适的阈值进行图像分割,设 T 是所取阈值,阈值分割理论如式(3)所示。当图像中像素的色差值小于所设定的阈值时,将像素的灰度值设置为 0;当图像中像素的色差值大于或等于所设定的阈值时,将像素的灰度值设置为 255。

$$\begin{cases} C < T, & C = 0 \\ C \geq T, & C = 255 \end{cases} \tag{3}$$

通过计算番茄图像中各像素点的色差值可知,背景的色差值主要集中在 0~40,而目标对象的色差值主要集中在 140~160,目标对象与背景之间的色差值存在较大的差异。当阈值 T 为 105 时,可以得到较好的分割效果。

a. 左图   b. 右图

图 1 原始立体图像对

2.2 定位

双目立体视觉计算目标点深度值的模型如图 2 所示,f 为 CCD 摄像机的焦距,b 为两摄像机的中心距离,R 为目标点的深度值,X_L 和 X_R 分别是目标点在左右图中的位置。目标点在立体图像对中的视差为其在两图中水平方向上的距离,即视差 $D = |X_L - X_R|$。根据三角测量原理,可获得深度值 R 与视差 D 的关系:

$$R = \frac{b \times f}{D} \tag{4}$$

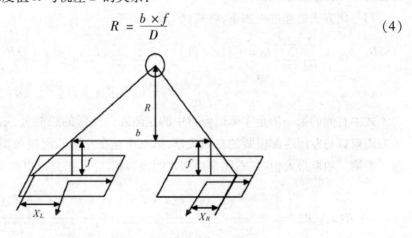

图 2 双目立体视觉模型

2.3 区域匹配

2.3.1 匹配基元

实验以区域作为匹配基元,把一幅图像中某一点的灰度邻域作为匹配模版,在另一幅图像中搜索具有相同(或相似)灰度值分布的对应点邻域。由于原始图像是 RGB 图像,需要对 3 个分量进行线性变换计算其灰度值。Ohta 等[2]通过对大楼、海滨等不同类型的彩色图像进行方差计算,归纳出 3 个正交的彩色特征:

$$\begin{cases} I_1 = (R + B + G)/3 \\ I_2 = R - G \text{ 或 } I_2 = G - R \\ I_3 = (2 \times R - G - B)/4 \end{cases} \tag{5}$$

2.3.2 匹配算法

区域匹配中常用的相似测度算法有像素差平方和(SSD)、像素差绝对值(SAD)、图像的互相关性(NCC)等。本研究选取 SSD 作为相似测度,计算匹配窗口间的相关性。SSD 算法的数学表达式为:

$$SSD(x,y,d) = \sum_{i=1}^{n} \sum_{j=1}^{n} \left[L(x + i. y + j) - R(x + i + d, y + j) \right]^2 \tag{6}$$

式中,$L(x,y)$ 和 $R(x,y)$ 分别为左右两幅图像的像素;d 为视差。

直接用 SSD 计算有较大的冗余度,而采用归一化相关量进行相关计算,可以减少计算量,不会受到左右图像亮度差异的影响,而且归一化相关量 $R(x,y)$ 是点 (x,y) 处视差值可信性的一个自然衡量依据。

归一化方法处理过程如下,将式(6)展开则有:

$$SSD_{(x,y,d)} = \sum_{i=1}^{n} \sum_{j=1}^{m} \left[L(x + i, y + j) \right]^2 - 2 \sum_{i=1}^{n} \sum_{j=1}^{m} \left[L(x + i. y + j) R(x + i + d, y + j) \right] +$$

$$\sum_{i=1}^{n} \sum_{j=1}^{m} \left[R(x + i + d, y + j) \right]^2 \tag{7}$$

式中右侧的第一项是立体图像对中的左图匹配模版的总能量,第二项是立体图像对中的右图窗口与左图匹配模版的自相关量,第三项是在左图匹配模版覆盖下右图中窗口的能量。当第二项取最大值时,右图窗口和左图模版相匹配,于是可以得到归一化的相关量:

$$R(x,y,d) = \frac{\sum_{i=1}^{n} \sum_{j=1}^{m} \left[L(x + i, y + i) \times R(x + i + d, y + j) \right]}{\sqrt{\sum_{i=1}^{n} \sum_{j=1}^{m} \left[R(x + i, y + j) \right]^2} \sqrt{\sum_{i=1}^{n} \sum_{j=1}^{m} \left[R(x + i + d, y + j) \right]^2}} \tag{8}$$

根据施瓦茨不等式可知,式(8)中 $0 < R(x,y,d) < 1$。立体匹配过程中,在立体图像对的右图中寻找与左图匹配模板窗口之间的相关量 R 达到最大值的窗口,且当该窗口的相关量 R 大于预先设置的阈值时,则将该窗口作为匹配成功的窗口。

番茄容易受到非完全漫反射的影响,在相关性上表现为相关量 R 出现很大的跳变,造成错误匹配。通过限制相关量 R 的波动范围,对相关量 R 采用两次阈值分割方法,可以排除非完全漫反射的干扰。

第一次阈值分割在立体图像对右图搜索区域的同一行像素点中进行,阈值分割的公式为:

$$\frac{R_{\mathrm{max}R} - R_{\sec R}}{R_{\mathrm{max}R} - R_{\mathrm{min}R}} > T_1 \tag{9}$$

式中,$R_{\mathrm{max}R}$ 为该行像素点中相关量的最大值;$R_{\sec R}$ 为该行像素点中相关量的次大值;$R_{\mathrm{min}R}$ 为该行像素点中相关量的最小值;$R_{\mathrm{max}R} - R_{\mathrm{min}R}$ 为波动的幅度;T_1 为阈值。

第二次阈值分割则针对整个匹配区域,阈值分割的公式为:

$$R_{\mathrm{max}} > T_2 \tag{10}$$

式中,R_{max} 为所有剩余 $R_{\mathrm{max}R}$ 中的最大值;T_2 为阈值。这样就减少了错误匹配,提高了匹配精度。

3 意义

实验利用形心匹配与区域匹配相结合的方法,计算目标番茄的深度值,能够较准确地获得番茄的空间位置信息。选用了合适的匹配模板窗口和匹配区域,使用由粗到精的匹配策略,大大减小了立体匹配的计算量,同时对相关量 R 采用了两次阈值分割方法,排除了番茄表面受非完全漫反射的干扰,提高了匹配精度。实验结果表明,利用该测量方法可以有效地获取目标对象的位置信息,而且测量精度较高。

参考文献

[1] 蒋焕煜,彭永石,申川,等. 基于双目立体视觉技术的成熟番茄识别与定位. 农业工程学报,2008,24(8):279 – 283.

[2] Ohta Y,Kanade T,Sakai T. Color information for region segment. Computer Graphics and Image Processing,1980,13(3):222 – 242.

真空冷却的熟肉水分迁移模型

1 背景

真空冷却过程是一个复杂的传热传质耦合过程。为了研究真空冷却的过程机理，许多学者通过建立真空冷却过程的数学模型来描述真空冷却过程中的热质耦合。真空冷却主要是依靠水分蒸发吸收热量从而使得产品温度降低，真空冷却过程中的水分蒸发也就是一个水分迁移过程。为此，金昕祥等[1]将以熟肉为实验材料，建立真空冷却过程中水分迁移的数学模型，求解真空冷却过程中熟肉内部不同位置的温度、压力以及熟肉的冷却曲线，以研究真空冷却过程中水分迁移的主要机理。

2 公式

2.1 真空冷却过程中水分迁移数学模型的建立

在下面的分析和数学模型中，研究对象为圆柱形的熟肉块。在建立数学模型时，为了简化计算，做如下假设：

（1）只考虑一维的热量和质量传递；

（2）真空冷却初始阶段，熟肉的温度、压力和含水率分布均匀；

（3）熟肉表面的热对流和热辐射很小，可以忽略不计。

根据上面的分析和假设，在非沸腾区，热传导可以通过傅立叶定律来表达：

$$\rho c_p \frac{\partial T}{\partial t} = \lambda \frac{\partial^2 T}{\partial r^2} + \frac{\lambda}{r} \frac{\partial T}{\partial r} \tag{1}$$

式中，T 为产品的温度，℃；t 为产品的冷却时间，s；ρ 为产品的密度，kg/m³；c_p 为产品的比热容，J/（kg·K）；r 为产品的半径，m；λ 为产品的导热系数，W/（m·K）。

相似地，产品内的压力分布可以表达为[2]：

$$\alpha \frac{\partial P}{\partial t} = k \frac{\partial^2 P}{\partial r^2} + \frac{k}{r} \frac{\partial P}{\partial r} \tag{2}$$

式中，P 为压力，Pa；α 为压力扩散系数，Pa⁻¹；k 为气体的渗透率，m²/（Pa·s）。压力扩散系数和气体的渗透率分别可以被表达为：

$$\alpha = \frac{\omega}{\rho_g R_g T} \tag{3}$$

$$k = \frac{K}{\eta} \tag{4}$$

式中,K 为气体的比渗透率,m^2;η 为气体的黏度,$Pa \cdot s$;ω 为熟肉的孔隙率,%;R_g 为水蒸气的气体常数,461 J/(kg · K);ρ_g 为水蒸气的密度,kg/m^3。

在沸腾区,水分的沸腾对热量传递的影响应该被考虑,控制方程可以通过下式来表达[3]:

$$\rho c_p \frac{\partial T}{\partial t} = \lambda \frac{\partial^2 T}{\partial r^2} + \frac{\lambda}{r} \frac{\partial T}{\partial r} + q_v \tag{5}$$

式中,q_v 为单位体积产品内部水分蒸发吸收的热量,W/m^3。可以表达为:

$$q_v = h_v \dot{m}_v \tag{6}$$

式中,h_v 为水蒸气的蒸发潜热,J/kg;$\dot{m}_v$ 为单位体积产品内水分的蒸发速率,$kg/(m^3 \cdot s)$。其表达式为[4]:

$$\dot{m}_v = 4 \frac{\omega}{d} h_m (P_{sat} - P) \tag{7}$$

式中,d 为熟肉内部通道的直径,m;h_m 为沸腾系数,$kg/(Pa \cdot s \cdot m^2)$;$P_{sat}$ 为熟肉温度对应下的饱和压力,Pa。其表达式为[5]:

$$P_{sat} = \frac{2}{15} \times 10^3 \exp\left[18.591\,6 - \frac{3\,991.11}{T - 39.31} \right] \tag{8}$$

式(1)、式(2)和式(5)的初始条件为:

$$t = 0, \quad T = T_0 \tag{9}$$

$$P = P_{sat,0} \tag{10}$$

式(1)、式(2)和式(5)在熟肉中心和表面的边界条件如下。

在熟肉中心:

$$\frac{\partial T}{\partial r} = 0, \quad \frac{\partial P}{\partial r} = 0 \tag{11}$$

在熟肉表面:

$$-\lambda \frac{\partial T}{\partial r} = q_{sf}, \quad P = P_{vc} \tag{12}$$

式中,T_0 为产品的初始温度,℃;$P_{sat,0}$ 为产品的初始温度对应的饱和压力,Pa;P_{vc} 为真空室内的压力,Pa;q_{sf} 为单位面积产品内部水分蒸发吸收的热量,W/m^2。其表达式为:

$$q_{sf} = \dot{m}_{sf} h_v \tag{13}$$

式中,$\dot{m}_{sf}$ 为熟肉单位面积产品中水分的蒸发速率,$kg/(m^2 \cdot s)$。其表达式为[4]:

$$\dot{m}_{sf} = h_m (P_{sat} - P) \tag{14}$$

2.2 材料与方法

式(1)、式(2)式(5)以及边界条件可以构成一个非线性微分方程,一般来说,很难求

125

出这类方程的分析解,因此必须通过数值方法来进行求解。在实验中,利用修改过的 CON-DUCT 程序,通过有限差分来求解水分迁移模型,模型中仅仅考虑了熟肉径向的热量传递和水分迁移。在模拟中用的是直径为 60 mm、长度为 150 mm 的圆柱形肉块。在模拟过程中,熟肉的初始温度为 63℃,初始含水率为 71% ,空间和时间步长分别为 $\Delta r = 2$ mm 和 $\Delta t = 30$ s 。熟肉的初始物性参数如表 1 所示。熟肉的比热容和热导率与其含水率有很大关系,实验中所用到的熟肉的比热容和热导率是通过下面的公式来进行计算出来的[6]。

$$c_p = 0.837 + 3.349W \tag{15}$$

$$\lambda = 0.26 + 0.33W \tag{16}$$

式中,W 为食品中的含水率,% 。

表 1　真空冷却过程中水分迁移模型中的物性参数

模型参数							
熟肉密度(ρ) /kg·m^{-3}	比热(C_p) /J·(kg·K)$^{-1}$	传热系数(λ) /W·(m·K)$^{-1}$	熟肉的孔隙率(ω)/%	通道直径(d) /mm	气体黏度(η) /Pa·s	气体密度(ρ_g) /kg·m^{-3}	潜热(h_γ) /kJ·kg^{-1}
1 093	3 214.8	0.494 3	6	2.5	9.62×10^{-6}	0.051 2	2 791.2

注:熟肉内部通道在真空冷却前是充满水,真空冷却期间水蒸气逐渐充满熟肉内部通道[4]。

3　意义

真空冷却的熟肉水分迁移模型表明:温度的模拟结果与实验数据基本一致,最大误差在 5% 以内,这表明此模型能够很好地预测真空冷却过程中熟肉内部的温度和压力分布。而且,通过模拟结果和实验数据可以得知:真空冷却过程中水分从熟肉内部向外部迁移的主要驱动力是熟肉内部之间的压差以及熟肉与真空室内之间的压差。因此,在实际应用过程中,为了提高真空冷却速率,应尽可能降低真空室内的压力以增加水分迁移的驱动力。

参考文献

[1] 金昕祥,张海川,李改莲,等. 熟肉真空冷却过程中水分迁移理论分析和实验. 农业工程学报,2008, 24(8):309 –312.

[2] Siau J F. Transport Process in Wood. New York:Springer – verlag,1984:218.

[3] 金昕祥,朱鸿梅,肖尤明,等. 熟肉真空冷却过程的数值模拟. 农业工程学报,2005,21(1):142 – 145.

[4] Wang L J,Sun D W. Modeling vacuum cooling process of cooked meat—part 2:mass and heat transfer of cooked meat under vacuum pressure. International Journal of Refrigeration,2002,25: 862 – 871.

[5] 沈维道,蒋智敏,童钧耕. 工程热力学. 北京:高等教育出版社,2001.

[6] Sweat V E. Thermal properties of foods. New York:Marcel Dekker,Inc,1995:166.

油梨皮的黄酮提取公式

1 背景

生产油梨油的残渣为油梨皮和核,为了充分利用残渣同时减少对环境的污染,已开展了油梨皮黄酮抗氧化的研究[1],但尚未发现有从油梨皮中提取及纯化黄酮的工艺研究,而分离纯化是生产天然产物的重要环节,且大孔树脂纯化黄酮法非常有效、适合产业化、具有绿色加工的潜力,鉴于此,周存山等[2]研究了油梨皮黄酮提取及纯化工艺,为油梨皮黄酮产业化和油梨的综合利用提供理论依据。

2 公式

2.1 油梨皮黄酮的提取试验

称取一定量的油梨皮(剪碎,约 0.5 cm × 0.5 cm)于烧杯中,加入一定量的乙醇,在一定温度下浸提,改变提取条件,研究提取时间、提取温度、料液比及乙醇浓度对黄酮提取得率的影响,并确定各因素的最佳值。根据上述因素,设计 4 因素 4 水平的正交设计方案(表1),提取液经过滤、定容后,进行总黄酮含量测定,并根据式(1)计算提取得率 Y。

$$Y = \frac{W_E}{W_0} \times 100 \tag{1}$$

式中,Y 为油梨皮黄酮的提取得率,%;W_E 为提取出的油梨皮黄酮质量,g;W_0 为提取原料油梨皮的质量,g。

2.2 油梨皮黄酮的纯化试验

1)树脂的处理

将 NKA、NKA − 9、AB − 8、D101 和 H103 树脂于酒精(95%,V/V)中浸泡 24 h,使其充分溶胀,然后用乙醇清洗至洗出液无白色浑浊后,再用蒸馏水洗去乙醇;接着大孔树脂依次用2 倍体积 5% 的 NaOH 水溶液,1 倍体积蒸馏水,2 倍体积 10% 的盐酸洗涤,最后用蒸馏水洗至中性。以乙醇湿法装柱,用 93% 乙醇在柱上流动淋洗,并不时检查流出的乙醇液,至乙醇液与水以 1∶5 体积比混合无白色浑浊为止,然后用大量蒸馏水洗去乙醇[3]。

2)树脂类型的筛选

将浓度为 1% 的油梨黄酮水溶液通过上述 5 种型号的树脂(2.6 cm × 60 cm,树脂约

127

250 mL),进行动态吸附。用 1% $FeCl_3$ 检测流出液,并考察上样(检测显色时停止上样)[4]。上样后,先用水洗脱至 $FeCl_3$ 检测呈阴性后,再用 90% 乙醇洗脱至 $FeCl_3$ 检测呈阴性。总黄酮吸附量及黄酮回收率分别按式(2)和式(3)计算:

$$Ab = C_0 V_1 - C_1 V_2 \tag{2}$$

$$R_1 = \frac{C_2 V_3}{Ab} \times 100 \tag{3}$$

式中,Ab 为总黄酮吸附量,mg;C_0 为上样溶液总黄酮含量,mg/mL;V_1 为上样溶液体积;C_1 为水洗脱液中总黄酮含量,mg/mL;V_2 为水洗脱液体积,mL;R_1 为黄酮回收率,%;C_2 为 90% 乙醇洗脱液中总黄酮含量,mg/mL;V_3 为 90% 乙醇洗脱液体积,mL。

3)上样量的确定

以 AB - 8 树脂柱为吸附柱,分别称取 0.53 g、1.04 g、2.03 g、4.02 g、6.05 g 油梨皮黄酮(真空干燥,45℃,0.095 MPa),溶于 25 mL 水中,以流量 2 mL/mL 上样,静置 0.5 h,用水洗至洗脱液 $FeCl_3$ 检测呈阴性,接着用 90% 的酒精洗脱至 $FeCl_3$ 检测呈阴性,收集洗脱液,计算总黄酮吸附量[式(2)]和总黄酮回收率[式(4)]。

$$R_2 = \frac{C_2 V_3}{M} \times 100 \tag{4}$$

式中,R_2 为总黄酮回收率,%;C_2 为 90% 乙醇洗脱液中总黄酮含量,mg/mL;V_3 为 90% 乙醇洗脱液体积,mL;M 为上样量,mg。

4)洗脱条件的确定

在确定的适宜上柱条件下上样,用水洗至洗脱液 $FeCl_3$ 检测呈阴性,然后分别用 30%、50%、70%、90% 的乙醇进行洗脱,将洗脱液分别真空干燥(45℃,0.095 MPa)后,称重,计算其相对纯度[式(5)]和总黄酮回收率[式(4)]。

$$P = \frac{M_1}{M_o} \times 100 \tag{5}$$

式中,P 为油梨皮黄酮的相对纯度,%;M_1 为测定总黄酮量,g;M_0 为干燥后黄酮质量,g。

2.3 测定方法

总黄酮含量的测定,采用 $NaNO_3 - Al(NO_3)_3 - NaOH$ 比色法[5],芦丁作为标准品。标准曲线方程:

$$A_{510} = 221.445C - 0.014\ 8 \tag{6}$$

式中,A_{510} 为测定 510 nm 处吸光度;C 为总黄酮质量浓度,mg/mL。

3 意义

油梨皮的黄酮提取公式表明:油梨皮黄酮的最佳提取条件为乙醇浓度 70%、提取温度

128

70℃、提取时间 1.5 h、料液比(m/V)1:20。乙醇浓度和提取温度对提取得率有显著性($P <$ 0.05)影响。在此条件下,黄酮的提取得率为 1.12%;AB-8 型树脂对油梨皮黄酮有较好的吸附和洗脱效果,其纯化油梨皮黄酮的条件为柱体积 250 mL,上样量 2.03 g,水洗,接着用 75% 的乙醇洗脱(约 500 mL),在此条件下 AB-8 型树脂可重复使用 6 次。经纯化后油梨皮黄酮相对纯度为 82.37%,纯化后总黄酮回收率为 71.65%。

表 1 $L_{16}(4^5)$ 正交试验设计及结果

处理	A 乙醇浓度/%	B 提取温度/℃	C 提取时间/h	D 料液比 (m/V)/g·mL^{-1}	E 空列	提取得率 Y/%
1	1(50)	1(60)	1(0.5)	1(1:10)	1	0.42
2	1	2(70)	2(1.0)	2(1:20)	2	0.67
3	1	3(80)	3(1.5)	3(1:30)	3	0.66
4	1	4(90)	4(2.0)	4(1:40)	4	0.53
5	2(60)	1	2	3	4	0.59
6	2	2	1	4	3	0.74
7	2	3	3	1	2	0.70
8	2	4	4	2	1	0.67
9	3(70)	1	3	4	2	0.71
10	3	2	4	3	1	0.79
11	3	3	1	2	4	0.73
12	3	4	2	1	3	0.62
13	4(80)	1	4	2	3	0.61
14	4	2	3	1	4	0.69
15	4	3	2	4	1	0.54
16	4	4	1	3	2	0.45
k_1	0.570	0.583	0.585	0.607	0.605	
k_2	0.675	0.723	0.605	0.670	0.633	
k_3	0.713	0.657	0.682	0.623	0.657	
k_4	0.573	0.568	0.657	0.630	0.635	
R	0.143	0.155	0.097	0.063	0.052	

因素主次 B > A > C > D

最优组合 $A_3B_2C_3D_2$

参考文献

[1] Naolo T, Miki S, Masatsune M. Antioxidative activity of avocado epicarp water extract. Food Sci Technol Res,2006,12(1): 55 – 58.

[2] 周存山,余筱洁,杨虎清,等. 油梨皮黄酮提取及大孔树脂纯化. 农业工程学报,2008,24(8):271 – 274.

[3] 周存山,马海乐,余筱洁,等. 麦胚蛋白降压肽的大孔树脂脱盐研究. 食品科学,2006,27(3):142 – 146.

[4] 李春美,钟朝辉,窦宏亮,等. 大孔树脂分离纯化柚皮黄酮的研究. 农业工程学报,2006,22(3): 153 – 157.

[5] 马海乐,王超,刘伟民. 葛根总黄酮微波辅助萃取技术. 江苏大学学报(自然科学版),2005,26(2): 98 – 101.

微灌系统的凯勒均匀度公式

1 背景

近年来有学者[1]介绍了用凯勒均匀度指标进行微灌系统设计的方法,并要在《微灌工程技术规范》修订中,将此内容作为中国国家规范的条文在国内推广使用;因此,推敲该方法是否正确,已成为不能回避的问题。张国祥[2]即从凯勒均匀度的定义与多孔出流管水力学原理出发,对凯勒均匀度及其微灌系统设计方法进行讨论,以便与更多学者达成共识。

2 公式

2.1 凯勒均匀度的定义

2.1.1 定义1

根据田间测定数据,可用式(1)计算凯勒均匀度 $EU(\%)$:

$$EU = q'_{25\%} / q'_a \times 100\% \tag{1}$$

式中,$q'_{25\%}$ 为占田间实测流量数据25%的低流量数据的平均值,L/h;q'_a 为田间所有实测的灌水器流量平均值,L/h。

凯勒均匀度的定义1可表述为:占田间(或灌水小区)灌水器流量数据25%的低流量数据的平均值与田间(或灌水小区)所有实测的灌水器流量平均值的比值,以百分数表示。

2.1.2 定义2

对于一个计划中的灌水小区设计,可用式(2)来计算凯勒均匀度 $EU(\%)$[1,3]:

$$EU = 100(1.0 - 1.27V/\sqrt{e'})q_n/q_n = 100(1.0 - 1.27V_s)q_n/q_a \tag{2}$$

式中,V 为灌水器制造偏差系数,由制造厂家提供或由式 $V = s/q_a$ 计算;s 为样本流量的标准差;q_n 为根据灌水器标称流量 – 压力关系曲线,由系统最小压力算出的灌水器最小流量,也就是最小压力灌水器的流量期望值,L/h;q_a 为灌水小区全部灌水器的平均流量(或设计流量),L/h;e' 为每株作物灌水器的最少个数,个;V_s 为系统的制造偏差系数,$V_s = V/\sqrt{e'}$;当 $e' = 1$ 时,$V_s = V$。

系统的制造偏差系数[3],是因为每株作物(譬如果树)可能布置有1个以上的灌水器;

131

此时,每株作物周围各灌水器流量的偏差,有可能彼此之间相互部分补偿;平均计算时,分配到每株作物供水总量的偏差,可能会小于仅根据 V 值考虑的预计量。

在给定压力下,灌水器的流量基本符合钟形正态分布,因此在最小压力灌水器处,因制造偏差而造成样本在相同水头下的出流量不同,其25%低流量的平均值[3]约为:

$$q_{25\%} = (1 - 1.27V_S)q_n \tag{3}$$

式中, $q_{25\%}$ 为因制造偏差造成灌水器样本在同一水头下出流量不同,其中位于低流量端25%灌水器的流量平均值,L/h。

因此式(2)也可写为:

$$EU = q_{25\%}/q_n \times 100\% \tag{4}$$

由上述可见,凯勒均匀度定义2可表述为:以 q_n 为期望值的灌水小区灌水器最小工作水头点,其灌水器流量分布曲线上低流量端25%灌水器的平均流量与小区灌水器平均流量(或设计流量)的比值,以百分数表示。

2.2 用凯勒均匀度设计微灌系统的方法

用凯勒均匀度设计微灌系统的方法为:对已选定的灌水器及灌水小区布置,可将选定的凯勒均匀度推荐值 EU_T 置换式(4)的 EU ,求出 q_n 。即:

$$q_n = \frac{EU_T}{100} \frac{q_a}{(1 - 1.27V_S)} \tag{5}$$

再由所选滴头的水力关系,分别求出与 q_n 、 q_a 相应的滴头工作水头: $h_n = (q_n/k_d)^{1/x}$, $h_a = (q_a/k_d)^{1/x}$,其中 k_d 为滴头水力关系中的常系数; x 为流量指数;均由生产厂提供。灌水小区的允许水头差由下式计算:

$$[\Delta h] = 2.5(h_a - h_n) \tag{6}$$

即灌水小区内各灌水器的工作水头应在 h_n 与 $[\Delta h] + h_n$ 之间。

根据以上公式,计算一些情况下 q_n/q_a (表1)。可见:各种情况下 q_n/q_a 的范围在 $0.805 \sim 1.031$;显然, q_n/q_a 不小于1是荒谬的,将导致允许水头偏差为负值;最小工作压力点灌水器流量是不可能、也不应该比所有灌水器的平均流量大。

表1 用 EU_T 上、下限算出的 q_n/q_a

V	e'	V_S	$1 \sim 1.27V_S$	EU_T 下限/%	q_n/q_a	EU_T 上限/%	q_n/q_a
0.05	6	0.020 4	0.974	90	0.923	95	0.975
	2	0.035 4	0.955	85	0.890	90	0.942
	1	0.050 0	0.937	80	0.805	90	0.906
0.07	6	0.028 6	0.964	90	0.934	95	0.986
	2	0.049 5	0.937	85	0.907	90	0.961
	1	0.070 0	0.911	80	0.878	90	0.988

V	e'	V_S	$1 \sim 1.27V_S$	EU_T 下限/%	q_n/q_a	EU_T 上限/%	q_n/q_a
	6	0.040 8	0.948	90	0.949	95	1.002
0.10	2	0.070 7	0.910	85	0.934	90	0.989
	1	0.100 0	0.873	80	0.916	90	1.031

3 意义

凯勒均匀度的田间实测数据计算公式(定义 1)只能作为微灌系统的后评价指标,用凯勒均匀度指标进行微灌系统设计的方法,是以制造偏差系数为基础的(定义 2),而后者只是工作压力最小点的灌水器出流特征,作为设计指标,缺乏合理性;该方法中用推荐均匀度(EU_T)来替代计算均匀度(EU),导致最小压力灌水器的流量期望值计算公式缺乏科学根据;而允许水头差计算公式与多口管水力学规律不符。出现上述错误的原因,在于当时多口管水力学研究还不成熟,而微灌生产实际又迫切需要设计方法。

参考文献

[1] 水利部农村水司,中国灌溉排水发展中心.节水灌溉工程实用手册.北京:中国水利水电出版社,2005.

[2] 张国祥.用凯勒均匀度进行微灌系统设计的质疑.农业工程学报,2008,24(8):6-9.

[3] 水利部国际合作司,农村水利司,中国灌排技术开发公司,等.美国国家灌排工程手册.北京:中国水利水电出版社,1998.

银杏脱壳机的优化设计公式

1 背景

经理论与试验探索,发现影响银杏机械式脱壳效率的主要因素有:银杏脱壳前处理工艺,脱壳部件材料特征和形状,脱壳区域银杏的受力情况等[1]。朱立学等[2]进行优化设计,去除了轧辊－轧板调节弹簧,以增加轧板的摆动和撞击作用;在轧辊下方增加两块金属缓冲板,并提高轧辊转速,使银杏经轧辊－轧板的挤压作用后,受到轧板、缓冲板的撞击作用,增加裂果银杏的破壳率,结合筛分、风扬操作进行银杏脱壳混合物的分离。

2 公式

2.1 银杏进入轧辊与轧板间隙的条件

银杏必须被夹入轧辊与轧板间隙受挤压才能破壳,其能否顺利进入间隙取决于轧辊的直径及与银杏接触的情况。银杏以长径方向与轧辊的水平轴线成一角度进入挤压间隙,其受力分析如图1所示。在此过程中,理论上每个银杏会受到5个力的作用:银杏的重力 mg,轧辊对银杏的正压力 R,轧板对银杏正压力 N,轧辊、轧板与银杏表面间的摩擦力 Rf 和 Nf(其中 f 为摩擦系数)。力 R 在 Y 轴上的分量 $R\sin\alpha$ 方向向上,阻止银杏进入间隙;mg、$Rf\cos\alpha$ 和 Nf 向下,推动银杏进入间隙。

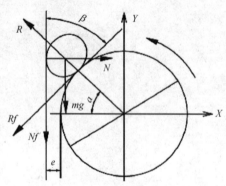

图1 银杏进入挤压间隙受力图

欲使银杏能顺利地进入挤压间隙,则必须使:

$$mg + Nf + Rf\cos\alpha > R\sin\alpha \tag{1}$$

由于 $\sum F_x = 0$,将 $N = R\cos\alpha + Rf\sin\alpha$ 代入式(1)得:

$$mg + Rf\cos\alpha + Rf^2\sin\alpha + Rf\cos\alpha > R\sin\alpha \tag{2}$$

式中,R、f、m、g 为已知量;α 为变量,它随轧辊直径、轧辊与轧板间隙的改变而改变。从式(2)可求出 α 值。

将 $f = \tan\beta$ 代入式(2),整理后得:

$$\alpha < \sin^{-1}(mg\cos^2\beta/R) + 2\beta \tag{3}$$

式中,R 为轧辊对银杏的正压力,N;N 为轧板对银杏的正压力,N;α 为正压力 R 与水平线夹角,(°);β 为轧辊、轧板与银杏间摩擦角,(°);f 为轧辊、轧板与银杏间摩擦系数,$f = \tan\beta$;mg 为银杏的质量,N。此式即为轧辊夹住银杏的几何条件。

2.2 轧辊与轧板间隙

轧辊与轧板的间隙大小是影响银杏破碎率和未脱壳率高低的重要因素,它的大小也决定银杏能否进入挤压间隙。银杏的横剖面结构如图 2 所示。

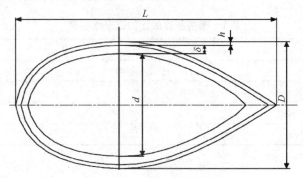

图 2　银杏的横剖面结构图

银杏以厚度方向被挤压进入间隙的条件为:

$$d < e \leqslant d + 2h \tag{4}$$

或

$$d < e \leqslant D - \delta \tag{5}$$

式中,e 为轧辊与轧板的间隙,mm;d 为银杏仁的最大腰径,mm;h 为银杏壳的径向厚度,mm;D 为银杏的最大腰径,mm;δ 为杏仁与银杏壳内壁间的间隙,mm。

2.3 试验参数

选取影响银杏破壳效果的关键参数如表 1 所示,以银杏的脱壳率 T 和破碎率 S 为破壳效果的观测指标,以壳中含仁率 H_1 和仁中含壳率 H_2 为分离效果的观测指标,进行脱壳试验。

脱壳率:

$$T = \frac{N_0 - N_w}{N_0} \times 100\% \tag{6}$$

破碎率:

$$S = \frac{N_z}{N_0} \times 100\% \tag{7}$$

壳中含仁率:

$$H_1 = \frac{N_1}{N_p} \times 100\% \tag{8}$$

仁中含壳率:

$$H_2 = \frac{N_2}{N_v} \times 100\% \tag{9}$$

式中,N_0 为加工银杏总质量,kg;N_w 为未破壳银杏质量,kg;N_z 为所有出口接取样品所含破碎银杏仁质量,kg;N_p 为银杏壳出口处接取样品质量,kg;N_1 为银杏壳出口处接取样品中的银杏仁质量,kg;N_v 为银杏仁出口处接取样品质量,kg;N_2 为银杏仁出口处接取样品中的银杏壳质量,kg。

表 1　银杏脱壳试验的因素水平表

因素	水平 Z_{j1}	水平 Z_{j2}
轧辊材料	工程塑料	45# 钢
轧板 – 轧辊间隙 e/mm	9	10
轧辊转速 $n/\mathrm{r \cdot min^{-1}}$	500	1 000
烘干时间 H/h	1	4

3　意义

朱立学等[2]为解决轧辊 – 轧板挤压式银杏脱壳机破壳率低、破壳混合物不易分离的问题,改进了轧板结构,设计了撞击缓冲板,并采用筛分、风扬结合进行仁、壳分离,对影响脱壳效果的参数组合进行了四因素两水平正交试验。当轧辊材料选 45# 钢,轧板 – 轧辊间隙 10 mm,轧辊转速 1 000 r/min 时,将分级后的银杏置于 50℃红外干燥箱内干燥 4 h 后进行脱壳分离试验,脱壳率较改进前提高了近 9%,可达到 70%;破碎率降低至小于 12%,壳中含仁率和仁中含壳率分别为 10% 和 8%,取得较好的脱壳效果。

参考文献

[1] 刘少达,朱立学,刘清生. 银杏脱壳机工作部件重要参数的分析. 农机化研究,2005,(2):87 – 89.

[2] 朱立学,罗锡文,刘少达. 轧辊 – 轧板式银杏脱壳机的优化设计与试验. 农业工程学报,2008,24(8):139 – 142.

土壤含水的遥感监测模型

1 背景

土壤含水率是决定农作物产量的最重要的因素之一，及时掌握土壤含水率情况，可以知道植物的水分供应是否正常，是否发生了干旱、干旱程度如何等情况[1]。张智韬等[2]通过对 2003 年 10 月到 2005 年 3 月宝鸡峡二支渠灌区的土壤含水率进行实地调查，并对 TM5 和 TM7 波段数据进行归一化处理，再与参考点归一化土壤湿度指数求差后，建立遥感影像对土壤含水率的监测模型。并以 2005 年 6 月 28 日遥感影像为例，用建立的模型对土壤含水率进行定量反演。

2 公式

2.1 数据分析

试验中，由于西北农林科技大学灌溉试验田（长 200 m，宽 150 m）种植作物为冬小麦和夏玉米，且作物覆盖均一、灌溉方式相同、地面平坦，故选为试验参考点。

在经过对同期 TM 遥感影像中 TM5 和 TM7 波段进行差值、比值和归一化处理，其结果再与同期土壤含水率进行相关性分析后发现，只有归一化处理的结果与土壤含水率的相关性最高。各项分析结果及计算公式如下。

归一化土壤湿度指数（$NDSMI$）计算公式为：

$$NDSMI = \frac{TM5 - TM7}{TM5 + TM7} \tag{1}$$

然后，用归一化土壤湿度指数与参考点归一化土壤湿度指数（$RNDSMI$）求差值，得到差值归一化土壤湿度指数（$DNDSMI$）。

差值归一化土壤湿度指数计算公式：

$$DNDSMI = NDSMI - RNDSMI \tag{2}$$

与差值归一化土壤湿度指数对应的土壤含水率也应为各点的土壤含水率与参考点土壤含水率的差值，称之为差值土壤含水率。

差值土壤含水率计算公式：

$$DSM = SM - RSM \tag{3}$$

式中,*DSM* 为差值土壤含水率,%;*SM* 为土壤含水率,%;*RSM* 为参考点土壤含水率,%。

2.2 模型的建立

通过以上各期数据的差值归一化土壤湿度指数与差值土壤含水率之间的相关性分析,发现差值归一化土壤湿度指数与差值土壤含水率之间有很高的相关性,建立两者之间的线性关系,可用于土壤含水率的监测。

所采集的不同时相、不同植被覆盖率的 6 期土壤含水率数据,分别取土深度为 0 ~ 10 cm,0 ~ 20 cm,0 ~ 40 cm 和 0 ~ 60 cm 的土壤含水率与各自同期、同深度参考点土壤含水率比较,得到差值土壤含水率,然后与 6 期 TM 遥感影像数据所得的差值归一化土壤湿度指数建立线性关系(图 1)。

经拟合得关系为式(4)到式(7)。

0 ~ 10 cm:

$$DSM = 57.003 \cdot DNDSMI + 2.1691 \tag{4}$$

0 ~ 20 cm:

$$DSM = 67.103 \cdot DNDSMI + 1.3757 \tag{5}$$

0 ~ 40 cm:

$$DSM = 61.073 \cdot DNDSMI - 0.129 \tag{6}$$

0 ~ 60 cm:

$$DSM = 65.88 \cdot DNDSMI - 1.1304 \tag{7}$$

式中,*DSM* 为差值土壤含水率,%;*DNDSMI* 为差值归一化土壤湿度指数。

由以上式(1)到式(7)得通用土壤含水率计算公式为:

$$SM = RSM + a \times (NDSMI - RNDSMI) + b \tag{8}$$

式中,*a*、*b* 分别为土壤含水率计算公式的乘常数和加常数。

2.3 精度分析

以 2005 年 6 月 28 日土壤含水率外业采样数据与当日 TM 遥感影像的 TM5 和 TM7 波段数据为例,进行模型精度评价。

精度分析计算公式[3]为:

$$\Delta = w_l - w_s \tag{9}$$

$$m = \sqrt{\frac{\sum \Delta^2}{n}} \tag{10}$$

$$k = \frac{m}{p} \times 100\% \tag{11}$$

$$Q = 1 - k \tag{12}$$

$$k_{max} = \frac{|\Delta_{max}|}{p} \times 100\% \tag{13}$$

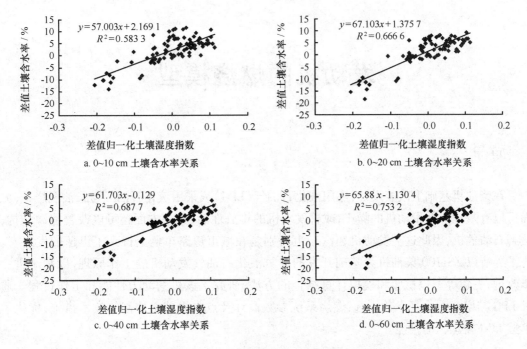

图 1　差值归一化土壤湿度指数与差值土壤含水率的关系

式中, w_l 为土壤含水率计算值, % ; w_s 为土壤含水率实测值, % ; Δ 为土壤含水率计算值与实测值的误差值, % ; Δ_{max} 为误差值的最大值, % ; m 为中误差; n 为土壤含水率的样点个数; p 为样点不同深度土壤含水率的平均值, % ; k 为土壤含水率计算值的相对误差, % ; k_{max} 为最大相对误差, % ; Q 为土壤含水率计算值的相对精度, % 。

3　意义

实验用该土壤含水率遥感监测模型, 对 2005 年 6 月 28 日土壤含水率进行监测后发现, 最佳监测深度为 0 ~ 40 cm, 实际应用精度可达到 80% 以上。故应用归一化土壤湿度指数监测土壤含水率, 能满足灌区对土壤含水率的大范围宏观监测。

参考文献

[1]　张成才, 吴泽宁 . 遥感计算土壤含水量方法的比较研究 . 灌溉排水学报, 2004, 23(2):69 - 72.

[2]　张智韬, 李援农, 杨江涛, 等 . 遥感监测土壤含水率模型及精度分析 . 农业工程学报, 2008, 24(8): 152 - 156.

[3]　武汉测绘科技大学测量平差教研室 . 测量平差基础 . 北京:测绘出版社, 1996.

发动机的燃烧模型

1 背景

在柴油机基础上改装设计,燃用液化石油气(LPG)或采用液化石油气与柴油混烧,一方面可以有效地降低发动机的噪声,改善发动机的排放性能;另一方面还可以改善能源结构,缓解石油危机,因此这类发动机在汽车上特别是在城市道路车辆上得到了迅速的发展[1]。为了弄清以 ZS1100 柴油机为基础开发的单缸液化石油气发动机的工作原理,以利于进一步改进,王建等[2]以试验和模拟计算结合的方法,研究了该机的动力性能和工作过程。通过 LPG 与空气混合气参数优选、燃烧系统参数设计及点火提前角控制等技术措施,优化了单缸 LPG 发动机的性能。

2 公式

2.1 放热规律计算模型

LPG 发动机燃烧过程为预混合燃烧,在建立燃烧的热力学模型时可以把燃烧室分为已燃烧区和未燃烧区两个部分,建立双区燃烧模型。为建立燃烧的微分方程还需做如下假设:① 混合气混合均匀且气体为理想气体;② 不考虑工质泄漏;③ 各气体的热力学性质仅是温度的函数;④ 两区间压力瞬时相等,温度不等。

在上述假设条件下和热力学第一定律:

$$\sum_{in} (e + PV) \frac{dm}{d\phi} + \frac{dQ}{d\phi} = \sum_{out} (e + PV) \frac{dm}{d\phi} + \frac{dE}{d\phi} + \frac{dW}{d\phi} \tag{1}$$

应用于未燃烧区:

$$\frac{dQ_u}{d\phi} = \frac{dH_u}{d\phi} - V_u \frac{dP}{d\phi} - h_u \frac{dm_u}{d\phi} \tag{2}$$

应用于已燃烧区:

$$\frac{dQ_b}{d\phi} = \frac{dH_b}{d\phi} - V_b \frac{dP}{d\phi} - h_b \frac{dm_b}{d\phi} \tag{3}$$

式中,e 为比内能;P、V 分别为气缸压力、容积;E 为工质总能;m 为工质质量;ϕ 为曲轴转角;Q 为传热量;W 为工质对外做功;H、h 分别为工质总焓、比焓;u、b 为下标,分别表示未燃烧区、已燃烧区。

工质的总焓和比焓的关系为：

$$H_i = m_i h_i \quad (i = b, u) \tag{4}$$

式(4)对 ϕ 微分得：

对未燃烧区：

$$\frac{dH_u}{d\phi} = m_u \frac{dh_u}{d\phi} + h_u \frac{dm_u}{d\phi} \tag{5}$$

对已燃烧区：

$$\frac{dH_b}{d\phi} = m_b \frac{dh_b}{d\phi} + h_b \frac{dm_b}{d\phi} \tag{6}$$

对于理想气体比焓为：

对已燃烧区：

$$\frac{dh_b}{d\phi} = C_{pb} \frac{dT_b}{d\phi} \tag{7}$$

对未燃烧区：

$$\frac{dh_u}{d\phi} = C_{pu} \frac{dT_u}{d\phi} \tag{8}$$

式中，C_{pb}、C_{pu} 分别为已燃烧区、未燃烧区气体的定压比热；T_b、T_u 分别为已燃烧区、未燃烧区气体的温度。

把式(5)、式(6)代入式(2)、式(3)且简化后得：

$$\frac{dQ_u}{d\phi} = m_u C_{pu} \frac{dT_u}{d\phi} - V_u \frac{dP}{d\phi} \tag{9}$$

$$\frac{dQ_b}{d\phi} = m_b C_{pb} \frac{dT_b}{d\phi} + (h_b - h_u) \frac{dm_b}{d\phi} - V_b \frac{dP}{d\phi} \tag{10}$$

由理想气体的状态方程可得到：

$$PV = m_u R_u T_u + m_b R_b T_b \tag{11}$$

式(11)对 ϕ 微分后得到：

$$P \frac{dV}{d\phi} + V \frac{dP}{d\phi} = m_u R_u \frac{dT_u}{d\phi} + R_u T_u \frac{dm_u}{d\phi} + m_b R_b \frac{dT_b}{d\phi} + R_b T_b \frac{dm_b}{d\phi} \tag{12}$$

联立式(9)、式(10)、式(12)，就可计算 LPG 发动机缸内工质的温度和燃烧放热规律。

2.2 缸内挤流强度计算

LPG 样机采用浅盆形燃烧室，在活塞上行的压缩行程和活塞下行的燃烧膨胀行程时，工质被压缩进入燃烧室凹坑和流出燃烧室凹坑形成的气流运动为压缩挤流，挤流有活塞顶部间隙中的径向流动和流进燃烧室的轴向流动[3-6]。如果不考虑摩擦阻力的影响，可分别用式(13)和式(14)计算径向挤流速度和轴向挤流速度。2 000 r/min 下的计算结果见图1。

$$\frac{v_r}{c_m} = \frac{\pi}{4(S/D)(d_k/D)} \left[1 - \left(\frac{d_k}{D} \right)^2 \right] \times$$

$$\frac{V_k/V_c \cdot \mathrm{d}x(\phi)/\mathrm{d}\phi}{(\delta_0/S + x(\phi))[(\delta_0/S + x(\phi))(\varepsilon - 1) + V_k/V]} \tag{13}$$

$$\frac{v_r}{c_m} = \frac{\pi V_k/V_c \cdot \mathrm{d}x(\phi)/\mathrm{d}\phi}{(d_k/D)^2[(\varepsilon - 1)(\delta_0/S + x(\phi)) + V_k/V_c]} \tag{14}$$

式中,v_r 为径向挤流速度;v_k 为轴向挤流速度;d_k 为燃烧室口径;D 为气缸直径;ε 为压缩比;V_c 为余隙容积;V_K 为燃烧室容积;$x(\phi)$ 为活塞位移函数;S 为活塞行程;δ_0 为余隙;c_m 为活塞平均速度。

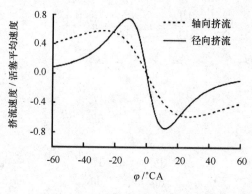

图 1　挤流强度

以 2 000 r/min 为例

3　意义

实验示功图分析和放热规律的计算可直接用于优化发动机的工作过程,计算结果说明,开发的 LPG 发动机燃烧过程正常、稳定、持续期短。性能试验结果表明,样机在安装点火提前装置后,取得了良好的整机性能。通过放热规律模型的建立、计算结果的分析,对柴油机燃用 LPG 后其工作过程的进行和组织有更直观与清晰地理解,对柴油机燃用 LPG 的改装应用提供参考依据。

参考文献

[1]　阿比旦. 液化石油气汽车技术的发展与应用. 汽车技术,2001,(11):5 - 8.

[2]　王建,刘胜吉,汤东. 单缸 LPG 发动机性能和工作过程. 农业工程学报,2008,24(9):111 - 114.

[3]　王贺武,黄彪. 火花点火发动机火花塞附近紊流运动规律的研究. 西安公路交通大学学报,1998,18(1):62 - 66.

[4]　严兆大,周重光,俞小莉,等. 工程车燃用 LPG 对动力性和排放的影响. 内燃机工程,2001,22(2):1 - 4.

[5]　Andrea G,Gaetan M,Robert B. Ultra low emissions vehicle using LPG engine fuel. SAE 961079.

[6]　苏琴,黎苏,常立伟. 4105LPG 内燃机的开发研究. 拖拉机与农用运输车,2006,33(3):63 - 65.

样品的品质检测模型

1 背景

近红外光谱分析(NIR)方法在农产品内部品质检测中的研究与应用越来越活跃[1]。祝诗平[2]提出了一种基于遗传算法的建模样品选择方法(SSGA),在每一代中都采用变异操作,给予了异常样品多次申诉机会,使最后选出的建模样品组合是接近最佳的[3,4]。Hideyuki Shinzawa 等[5]提出一种基于多目标遗传算法的样品选择算法。无论是 SSGA 算法,还是 Hideyuki Shinzawa 的方法,由于均使用原光谱矩阵进行遗传选样,因此计算时间非常长。祝诗平[2]提出使用主成分分析(Principal Component Analysis,简称 PCA)的得分矩阵代替原光谱矩阵进行 SSGA 运算的新的 PCA – SSGA 算法,使运算时间大大缩短,效率得以显著提高。

2 公式

2.1 问题描述

在建立近红外光谱偏最小二乘(PLS)模型时,建模样品选择是非常重要的。通常的目标是,要求所建立模型在最佳主成分的 LOO – CV 预测值与标准值的相关系数 R 最大且交叉验证预测均方差(RMSPCV)最小,否则预测能力和精度不高;所选样品数量适当,样品数不能太少,否则模型缺乏代表性,同时样品数不能太多,否则模型建立时间很长。

设样品总数目为 N,某一次建模时所选样品数目为 n,c_i^O 为样品 i 的某一组分浓度标准值,c_i^P 为样品 i 的某一组分浓度预测值,$\bar{c}^O$ 为 n 个样品的某一组分浓度标准值的平均值。$\bar{c}^P$ 为 n 个样品的某一组分浓度预测值的平均值。

在最佳主成分 f_{opt} 时的交叉验证预测值与标准值的相关系数 R 最大可表示为[6]:

$$\max R = \frac{\sum_{i=1}^{n}(c_i^P - \bar{c}^P)(c_i^O - \bar{c}^O)}{\sqrt{\sum_{i=1}^{n}(c_i^P - \bar{c}^P)^2}\sqrt{\sum_{i=1}^{n}(c_i^O - \bar{c}^O)^2}} = \sqrt{R^2} \tag{1}$$

交叉验证预测均方差 RMSPCV 最小可表示为(1 + RMSPCV)的倒数最大[7]:

$$\max \lambda = \frac{1}{1 + RMSPCV} = \frac{1}{1 + \sqrt{\frac{1}{n}\sum_{i=1}^{n}(c_i^O - c_i^P)^2}} \tag{2}$$

"所选样品数量适当"可用所选样品 n 占总样品数目 N 的百分比表示：

$$\max \eta = \frac{n}{N} \tag{3}$$

约束条件"样品数不能太少也不能太多"，表示为大于 $N_{\min}$ 小于 $N_{\max}$，即：

$$s.t. \ N_{\min} \leqslant n \leqslant N_{\max} \tag{4}$$

得 η 的范围：

$$\frac{N_{\min}}{N} \leqslant \eta = \frac{n}{N} \leqslant \frac{N_{\max}}{N} \leqslant 1 \tag{5}$$

2.2 基于遗传算法的样品选择方法（SSGA）

对于某一染色体 X，根据其基因座的取值情况，选择相应的基因座的取值为"1"的样品（此即解码操作），进行 PLS – LOO – CV，按式（1）、式（2）、式（3）算出三个优化目标值，定义该染色体 X 的目标函数值（Object Fuction）为[3,8]：

$$\max f(x) = R \ 或 \ \lambda \ 或 \ \lambda R \ 或 \ \eta R \ 或 \ \eta \lambda \ 或 \ \eta \lambda R \tag{6}$$

具体选哪一种，根据需要确定，此函数值就是待优化的目标函数值。当然如果目标函数不考虑 η，那么得出的最好个数一定等于目标函数的下限。

2.3 基于 PCA 得分矩阵的 SSGA 方法

上述 SSGA 方法，在每一进化代，种群中每一个体均需要根据式（1）或式（2）用 PLS – LOO – CV 计算目标值 R 或 $1/(1 + RMSPCV)$，如果直接使用原光谱矩阵，几乎没有任何实用价值，因为时间太长，如果进化代数很大，计算时间是不能接受的。因此，对原始光谱波长变量空间进行降维处理是必要的。

对原光谱矩阵进行降维的一种有效的方法是使用主成分分析（PCA）的得分（Scores）矩阵代替原光谱矩阵，把原变量空间变换成新的主成分空间，PCA 主成分是数据在方差变化最大的方向的投影[9]。

对于 n 份样品、p 个波长点的光谱矩阵 $A_{n \times p}$ 的主成分分解为（f 为主成分数）：

$$原始光谱数据 = \sum_{i=1}^{f} (得分 \times 载荷) + 残差$$

$$即 \quad A_{n \times p} = S_{n \times f} F_{f \times p} + F_{A_{n \times p}} \tag{7}$$

为了使 SSGA 运算时间减小，使其更具有实用性，在使用 GA 选择样品前，先对原光谱矩阵 $A_{n \times p}$ 进行 PCA 分解，取其得分矩阵 $S_{n \times f}$ 进行 SSGA 运算，形成新的 PCA – SSGA 算法。PCA – SSGA 算法原理示意图如图 1 所示。

3 意义

实验针对在利用遗传算法进行近红外光谱建模样品选择（SSGA）时，使用原光谱矩阵运算时间非常长的问题，提出了一种使用主成分得分矩阵代替原光谱矩阵进行 SSGA 运算

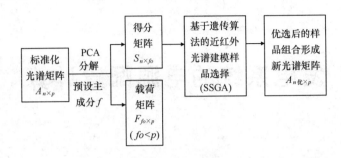

图1 PCA – SSGA算法原理示意图

的 PCA – SSGA 新算法。实例分析表明,通过 PCA – SSGA 运算,可以找出最佳建模样品组合:样品数目可以减少,通过 PLS – LOO – CV 分析,R^2 得以增加,$RMSPCV$ 得以减少,从运算时间上看,PCA – SSGA 运算一代时间远远小于 SSGA 运算一代时间,整个样品优选过程时间得以缩短,效率得以显著提高。

参考文献

[1] 张勇,丛茜,谢云飞,等. NIRS 分析技术在农业中的应用进展. 农业工程学报,2007,23(10):285 – 290.

[2] 祝诗平. 基于 PCA 与 GA 的近红外光谱建模样品选择方法. 农业工程学报,2008,24(9):126 – 130.

[3] 祝诗平. 近红外光谱品质检测方法研究. 北京:中国农业大学,2003.

[4] 祝诗平,王一鸣,张小超. 农产品近红外光谱品质检测软件系统的设计与实现. 农业工程学报, 2003,19(4):175 – 179.

[5] Hideyuki Shinzawa,Boyan Li,Takehiro Nakagawa,et al. Multi – objective genetic algorithm – based sample selection for partial least squares model building with applications to near – infrared spectroscopic data. Applied Spectroscopy,2006,60(6):631 – 640.

[6] 褚小力,袁洪福,王艳斌,等. 遗传算法用于偏最小二乘方法建模中的变量筛选. 分析化学,2001,29 (4):437 – 442.

[7] 王宏,李庆波,刘则毅,等. 遗传算法在近红外无创伤人体血糖浓度测量基础研究中的应用. 分析化学,2002,30(8):779 – 783.

[8] 祝诗平,王一鸣,张小超,等. 基于遗传算法的近红外光谱谱区选择方法. 农业机械学报,2004,35 (5):152 – 156.

[9] 陆婉珍,袁洪福,徐广通,等. 现代近红外光谱分析技术(第二版). 北京:中国石化出版社,2007.

发电系统的电源配置计算

1 背景

中国西部地区风力资源和太阳能资源都非常丰富,利用当地资源和能源通过发展户用可再生能源发电系统(独立风能、独立太阳能和风光互补发电系统的统称)来解决牧民的用电问题。彭军等[1]通过对内蒙古自治区锡林郭勒盟苏尼特右旗牧区户用型可再生能源发电系统的使用情况、牧民经济条件进行调查,分析了当地风能和太阳能等地区资源以及推广户用型可再生能发电系统过程中所存在的问题及原因。该旗有着30年的可再生能源推广和应用的历史,通过对其可再生能源通电现状的调查分析和经验总结,为其进一步的发展提供科学指导,也为其他地区可再生能源的利用提供借鉴。

2 公式

由于缺乏专业指导,用电牧户在发电系统选型时主观随意性较大,存在很大的非理性消费。根据现有和计划的家用电器计算出用电量,考虑到当地的气象资料,使用合理的计算模型可以推算出所应选购的可再生能源发电系统。

2.1 系统负载总耗电量的计算

确定负载的数量,各种负载功率及每天使用的时间,得到所有负载每天的总耗电量 Q_T:

$$Q_T = \sum_1^n P_t \times t_i \tag{1}$$

式中, P_i 为某负载的功率; t_i 为该负载使用的时间[2]。

2.2 风力发电机发电量的计算

一般来说,离网型风力发电机都会提供较为详细的输出特性曲线,根据该输出特性曲线,可以查到风力发电机在某个风速 v 所对应的功率 p_v,得到其月平均日输出功率表达式为[3]:

$$P_{\bar{v}} = 24 \sum_{v=1}^{20} p_v f(v) \tag{2}$$

式中, $f(v)$ 为风速概率密度函数,即风速为 v 的时间在总时间中所占的比重。一般来说风速 v 的分布函数 $f(v)$ 为威布尔(Weibull)分布函数。此外,实际的发电量 Q_W 还受到温度和大

气压力的影响,表示为:

$$Q_W = P_v \eta \tag{3}$$

式中,η 为影响系数。

2.3　太阳能电池子系统发电量的计算

在计算发电量时要首先计算在光伏板上的太阳能总辐射量,南向不同倾斜角度上的光伏板总辐射量的 H_T 由斜面上的直接辐射量 H_{bT},斜面上的天空散射辐射量分量 H_{dT} 和斜面上的地面反射辐射量 H_{rT} 三个部分组成[4]。即:

$$H_T = H_{bT} + H_{dT} + H_{rT} \tag{4}$$

其对应的发电量 Q_S 可按式(5)进行计算。

$$Q_S = \left[P - P \times (T - 25) \times 0.4\% \right] \frac{H_T}{1000} \eta \tag{5}$$

式中,P 为太阳能光电板的峰瓦功率;T 为月平均气温;H_T 为倾斜板上的总辐射量;η 为由于气候和设备状态的修正系数。

2.4　风力发电和光伏发电耦合的计算方法

发电系统所选风力发电机就当地风力资源最大限度地满足负载总耗电量,不足部分由光伏发电部分补齐,表示为:

$$Q_T = Q_W + Q_S \tag{6}$$

2.5　蓄电池容量的计算

为保证离网型供电系统能够为牧户连续提供稳定可靠的电能,需要配置一定容量的蓄电池,蓄电池容量 C 通常按照保证连续供电的天数来计算,表达式为[5]:

$$C = \frac{n \times Q_T}{DOD_{max} \times \eta_0} \tag{7}$$

式中,DOD_{max} 为蓄电池最大放电深度,不大于 40% ;η_0 为蓄电池到负载的放电回路效率,包括电池放电效率、控制逆变器的效率和线路损耗等;n 为需要蓄电池连续供电的天数(由当地气象数据确定),一般取 3~5 天;Q_T 为所有负载每天的总耗电量。

考虑到安装使用地点的最低环境温度的影响,蓄电池的容量计算还可以采用如下公式:

$$C = \frac{K \times I \times t}{\left[1 + \alpha(T - 25) \right] \times \eta_c} \tag{8}$$

式中,K 为安全系数,一般取 1.25;I 为放电电流(或者负载电流);t 为蓄电池单独连续供电的时间;T 为实际电池所在地最低环境温度数值;一般如果所在地有采暖设备时,按 15℃ 计算,无采暖设备时按 5℃ 考虑;η_c 为放电容量系数;α 为电池温度系数,放电小时率不小于 10 h,α 为 0.006;放电小时率位于 1~10 h,α 为 0.008;放电小时率小于 1 h,α 为 0.01。

2.6　负载缺电率和全年循环累计亏欠量的计算

对于系统供电可靠性指标,通常采用负载缺电率(LOLP)来衡量[6]。它定义为系统停电时间与供电时间的比值。一般户用型风光互补发电系统只要满足 $LOLP=0.01$ 即可。$LOLP$ 和全年累计循环亏欠量的计算式为[7]:

$$\left|\sum \Delta Q_1\right|' = \left|\sum \Delta Q_1\right| + 365 Q_L \times LOLP \tag{9}$$

式中，ΔQ_1 为风光互补发电系统月发电量 Q 减去负载平均月消耗电量 Q_L。

全年累计亏欠量 $\left|\sum \Delta Q_1\right|$ 和蓄电池容量 C，蓄电池放电深度 DOD 的关系为：

$$\left|\sum \Delta Q_1\right| = C \times DOD \tag{10}$$

在计算 $LOLP$ 为 0 所对应的全年最大循环累计亏欠量时，其放电深度不超过40%。

根据以上公式，三个典型用户的配置和预测配置的特性见表1，可见相对于风光互补发电，单独使用风力发电或光伏发电都存在着投资高或可靠性差的缺点。

表1　发电系统性能对比

配置	投资/元	$LOLP$
2 000W(WT)	15 000	0.176 8
720W(PV)	28 000	0.147 8
500W(WT)+200W(PV)	12 000	0.090 8
500W(WT)+260W(PV)	14 000	0.083 6

注:WT 表示风力发电机,PV 表示光伏电池,配件价格由牧民和苏尼特右旗光明工程公司提供。

3　意义

近年来,由于牧民的收入不高,导致牧民的用电需求长时间没有发生大幅度的改变以及用于购买发电系统设备的预算都非常低的现象。在内蒙古苏尼特右旗,由于风能和太阳能资源在全年互相形成补充,风光互补系统是户用型小容量可再生能源发电系统的最佳选择。发电系统的电源配置计算表明,利用风光互补发电、以风电为主[8],这是最佳匹配方案。这种系统日发电量大,造价低,运行维护成本低。

参考文献

[1] 彭军,李丹,王清成,等. 户用型可再生能源发电系统在苏尼特右旗应用的调查分析. 农业工程学报,2008,24(9):193 – 198.

[2] 李德莹. 户用风光互补发电系统技术与应用. 农业工程学报,2006,22(增1):162 – 166.

[3] 姚国平,余岳峰. 江苏如东地区风速数据分析及风能发电储量. 华东电力,2003,29(11):10 – 13.

［4］ Kalaitzakis K, Stavralakis GS. Size optimization of a PV system installed close to sun obstacles. Solar Energy, 1996, 57(4): 291 – 299.

［5］ 李爽. 风/光互补混合发电系统优化设计. 中国科学院电工研究所, 2001.

［6］ Borowy Bogdan S, Salameh Ziyad M. Methodology for optimally sizing the combination of a battery bank and PV array in a wind/ PV hybrid system. IEEE Transaction on Energy Conversion, 1996, 11(2): 367 – 375.

［7］ 杨金焕, 汪征, 陈中华, 等. 江苏如东地区风速数据分析及风能发电储负载缺电率用于独立光伏系统的最优化设计. 太阳能学报, 1999, 20(1): 93 – 99.

［8］ 季秉厚. 风能 – 太阳能混合发电系统研究与应用. 农村能源, 2001, 100(1): 22 – 23.

耕施肥机的设计方程

1 背景

针对东北垄作区保护性耕作由于缺乏相应的玉米中耕机具,出现秸秆覆盖地无法中耕的问题,吴波等[1]设计了垄台修复中耕施肥机。该机利用旋耕碎秆装置在垄沟旋转作业,进行碎秆、除草,并将旋起的土分散在垄沟两侧,同时地轮驱动施肥,垄台修复轮进行镇压修垄、盖肥。并对垄台修复中耕施肥机的机具主要部件(变速箱、机架、刀滚、施肥装置和垄台修复轮等)进行了主要技术参数设计计算(图1)。

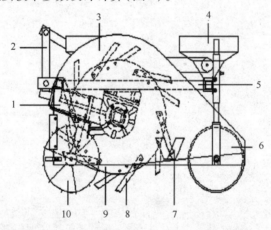

图1 垄台修复中耕施肥机的结构简图

1. 变速箱;2. 悬挂架;3. 护罩;4. 肥箱×4;5. 机架;6. 垄台修复轮;7. 导肥管;8. 旋耕弯刀;

9. 旋耕弯刀安装盘;10. 地轮

2 公式

2.1 刀轴转速和刀滚回转半径

据文献[2]所提供的秸秆切碎试验得知,对两端弱约束下玉米秸秆的切断试验,切断两根秸秆所需的最小切断速度为 13.6 m/s[2,3],田间受切秸秆以单根或双根为主,为了提高切断率和切碎质量,以切断双根所需速度为依据设计刀片速度。

150

秸秆切碎灭茬机切刀刀端的运动轨迹方程为：

$$\begin{cases} x = R\cos(\omega t) + v_m t \\ y = R\sin(\omega t) \end{cases} \tag{1}$$

式中，R 为刀滚回转半径，m；ω 为刀轴旋转角速度，rad/s；v_m 为机组前进速度，m/s；t 为时间，s。

从而可以得到切削速度 v_c：

$$v_c = v_l \sqrt{1 + \frac{1}{\lambda^2} - \frac{2(R-h)}{\lambda R}} \tag{2}$$

式中，v_l 为圆周切线方向速度，$v_l = \omega R = \dfrac{\pi n}{30} R$，m/s；$\lambda = \dfrac{v_l}{v_m}$；$h$ 为旋耕深度，m。

碎秆切削速度 v_x 与机组前进速度 v_m、刀轴转速 n、旋耕深度 h 和刀滚回转半径 R 有关，只有当 v_x 小于 0 时，刀片才能有碎秆碎土功能。若切碎玉米秸秆，其碎秆速度的绝对值应不小于 13.6 m/s，方向与机组前进方向相反，即：

$$\pi n(R - h)/30 - v_m \geqslant 13.6 \tag{3}$$

根据旋耕刀的运动分析得出，为保证刀片的正常切土而刀背不产生推土现象，旋耕刀滚回转半径 R 应满足：[4]

$$R \geqslant \frac{\lambda h}{\lambda - 1} \tag{4}$$

由于机器跨垄作业，在玉米苗长出 150～250 mm 时进行中耕施肥，因此变速箱转轴高度要高于苗高与垄高之和，根据田间实测，中耕时垄台高度的平均值为 113 mm，苗高的均值为 200 mm，刀滚回转半径应满足：$R > 200 + 113 +$ 旋土深度。机器作业旋耕深度为 80～100 mm，中耕时其前进速度 v_m 一般为 2～5 km/h，则刀轴转速 n 不小于 440 r/min，刀滚回转半径 R 大于 413 mm，因此选择 n 为 440 r/min，R 为 425 mm。

2.2 切土节距和刀片数

在刀滚上排列 A、B、C、D 4 刀，A 刀和 C 刀弯刀方向一致，其相位差为 60°；B 刀、D 刀与 A 刀和 C 刀弯刀方向相反，其中 B 刀与 A 刀相位差为 20°，D 刀与 B 刀相位差为 60°，如图 2 所示。设旋耕弯刀刀片端点为 $M(x,y)$ 点，根据秸秆切碎灭茬机切刀刀端的运动轨迹方程 (1)，可以得到 A 刀端点 M 的入土点 M_1 和出土点 M_2。

采用数值模拟法在 Excel 中计算其旋转一周时的作业位移。图 3 所示曲线为 A、B、C 3 把刀旋转一周的作业轨迹，当旋耕入土最大深度为 100 mm 时，作业一个周期，A、B 两刀入土的位移差为 15.6 mm，A、C 两刀节距 S 为 31.9 mm。为满足秸秆还田覆盖要求，秸秆切碎长度应小于 100 mm，即 $S < 100$ mm，而 A、C 两刀的节距为 31.9 mm，此节距符合要求，设计合理。

$$ZS = v_m \times t = \frac{v_m \times 50}{3n} \tag{5}$$

当 S 为 0.031 9 m, v_m 为 5 km/h 时, 得到 Z 为 5.97, 取整刀片数 Z 为 6。当 Z 为 6 时, 同一截面上应有同方向弯刀 6 把; 按照对称性和机器平衡性考虑, 也安装另一方向弯刀 6 把, 总计安装 12 把刀。

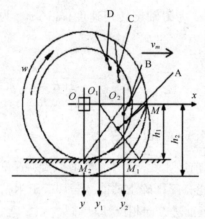

图 2　A 刀端点 M 的运动轨迹图

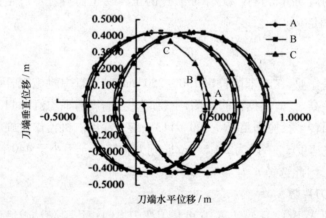

图 3　A、B、C 3 刀的作业位移图

3　意义

根据耕施肥机的设计方程, 垄台修复中耕施肥机解决了传统中耕机无法在秸秆覆盖地完成中耕追肥玉米的问题, 且通过性能好, 作业性能稳定, 各项指标满足农艺要求。垄台修复中耕施肥机一次作业可完成碎秆、施肥、镇压、整形, 减少了机器进地次数, 从而减少了对土壤的压实, 降低了能源消耗。

参考文献

[1] 吴波,李问盈,李洪文,等. 垄台修复中耕施肥机的设计. 农业工程学报,2008,24(9):99-102.

[2] 吴子岳,高焕文,张晋国. 玉米秸秆切断速度和切断功耗的实验研究. 农业机械学报,2001,32(2):38-41.

[3] 吴子岳,高焕文,陈君达. 秸秆切碎灭茬机的模型研究与参数优化. 农业机械学报,2001,32(5):44-46.

[4] 夏晓东,吴崇友,张瑞林. 加大耕深行政转旋耕机研究设计初探. 农业工程学报,1999,15(1):69-72.

黄土高原的土壤水分模型

1 背景

土壤水分特征曲线(soil water characteristic curve,SWCC)是表示土壤水吸力和土壤含水量之间关系的曲线,是模拟土壤水分运动和溶质迁移的重要参数之一。利用土壤的基本物理性质来间接推求 SWCC 的方法已经成为当今土壤物理学领域的研究热点。为了比较两种 SWCC 间接推求方法——Arya – Paris 物理经验方法(简称 AP 方法)和 Tyler – Wheatcraft 分形几何方法(简称 TW 方法)对黄土的适应性,赵爱辉等[1]分析了黄土高原 296 组土壤颗粒分布、容重和水分特征曲线等资料,利用简化的 Fredlund(Fred3P)模型模拟得到连续的土壤颗粒分布曲线,然后应用 AP 和 TW 方法预测出相应吸力下的土壤含水量。

2 公式

2.1 AP 方法

AP 方法以颗粒累积曲线和水分特征曲线的形状相似性为理论基础,将单位土壤样品分成 n 个等级,假设每级土壤由半径相等的球形颗粒构成,且围成单条等直径的柱状毛细管。则每级土样的颗粒体积和孔隙体积可以分别用式(1)、式(2)表示。

$$V_{pi} = N_i 4\pi R_i^3/3 = W_i/\rho_p, \quad i = 1,2,\cdots,n \tag{1}$$

$$V_{vi} = \pi r_i^2 h_i = (W_i/\rho_p)e, \quad i = 1,2,\cdots,n \tag{2}$$

式中,V_{pi} 为第 i 级的颗粒体积;N_i 为第 i 级的颗粒个数;R_i 为第 i 级的颗粒半径;W_i 为第 i 级的颗粒质量;ρ_p 为颗粒密度;V_{vi} 为第 i 级的孔隙体积;r_i 为第 i 级的毛管半径;h_i 为第 i 级的毛管长度;e 为土样孔隙率,其中 $e = (\rho_p - \rho_b)/\rho_b$,$\rho_b$ 为土样容重。

式(2)中的毛管长度 h_i 可用颗粒个数和直径的乘积 $N_i \cdot 2R_i$ 来表示,考虑到颗粒形状的不规则性,加上一个经验参数 α,即为 $N_i^\alpha \cdot 2R_i$。代入式中与式(1)联立可解出颗粒半径和孔隙半径之间的关系,简化得:

$$r_i = R_i [4eN_i^{(1-\alpha)}/6]^{1/2} \tag{3}$$

根据毛管上升理论,与孔隙半径 r_i 对应的土壤水吸力 ψ_i 的表达式为:

$$\psi_i = \frac{2\gamma\cos\Theta}{\rho_w g r_i} = \frac{2\gamma\cos\Theta/\rho_w}{\rho_w g R_i}[4eN_i^{(1-\alpha)}/6]^{1/2} \tag{4}$$

式中,γ 为水的表面张力系数;Θ 为接触角;ρ_w 为水的密度;g 为重力加速度。

在吸力为 ψ_i 下的土壤含水量 θ_{vi} 可以通过对不大于半径 r_i 的孔隙体积累加得到:

$$\theta_{vi} = \sum_{j=1}^{j=1} V_{vj}/V_b, \quad i = 1,2,\cdots,n \tag{5}$$

式中,V_b 为土样体积。

因此,在确定了土壤颗粒组成的情况下,就可以利用式(4)和式(5)预测出土壤的水分特征曲线了。

2.2 TW 方法

TW 方法是由 Tyler 与 Wheatcraft 在 AP 模型的基础上引入数学分形理论发展而来的。该方法将土壤看做一个自相似体,以单个土壤颗粒为一个计算单位推导出了土壤的分形空隙长度和直线空隙长度之间的函数关系:

$$h_i^* = h_i^D (2R_i)^{1-D} \tag{6}$$

依据 AP 方法的理论,式(6)中的直线空隙长度 h_i 可以用 $N_i \cdot 2R_i$ 来表示,则式(6)又可表示为与 AP 模型形式一样的空隙长度表达式:

$$h_i^* = 2R_i N_i^D \tag{7}$$

不同之处是 D 在此表示土壤的空隙分形维数。Tyler 与 Wheatcraft 认为式中的孔隙分形维数 D 与土壤的颗粒分形维数 d 之间存在着如下关系:$D = d - 2$[2],且 $M_i R_i^d$ 为常数 ,M_i 为半径大于 R_i 的土壤颗粒个数,两边取对数,在双对数坐标轴上作图,得出 $\log M_i$ 与 $\log R_i$ 之间的关系曲线,曲线斜率的负数即为土壤颗粒分形维数。从而也就得到了土壤的孔隙分形维数。

然后按照 AP 方法推导思路求出土壤水吸力和颗粒半径之间的关系表达式:

$$\psi_i = \frac{2\gamma\cos\Theta}{\rho_w g r_i} = \frac{2\gamma\cos\Theta/\rho_w}{\rho_w g R_i} \left[4eN_i^{(1-D)}/6 \right]^{-1/2} \tag{8}$$

相应吸力下的含水量通过对最小级别到 i 级的空隙体积累加获得。

2.3 测定方法和统计分析

土壤颗粒分布和水分特征曲线的测定方法分别是吸管法和压力膜法。

研究采用 Akaike 信息准则(AIC)来评价颗粒分布模型的拟合效果,运用均方根误差(RMSE)和确定系数(R^2)比较 AP 模型和 TW 模型对水分特征曲线的预测结果。AIC 和 RMSE 值越小表示预测效果越好,R^2 则值越大表示预测效果越好。三指标的表达式分别为:

$$AIC = n\{\ln(2\pi) + \ln[\sum(Y_P - Y_o)^2/(n-p)] + 1\} + p \tag{9}$$

$$RMSE = \left[\frac{1}{m}\sum(Y_p - Y_o)_2\right]^{1/2} \tag{10}$$

$$R^2 = \left[\frac{\sum(X_0 - \overline{X_0})(X_p - \overline{X_P})}{\sqrt{\sum(X_0 - \overline{X_0})^2 \sum(X_p - \overline{X_P})^2}}\right]^2 \tag{11}$$

式中,Y_0 为不同粒级颗粒质量累积百分含量的测定值;Y_p 为不同粒级颗粒质量累积百分含量的预测值;p 为模型参数个数;n 为颗粒分级个数;X_0 为不同吸力下土壤含水量的测定值,cm^3/cm^3;m 为水分特征曲线测定的吸力段数;X_p 为不同吸力下土壤含水量的预测值,cm^3/cm^3。

通过比较分析 10 个常用颗粒分布参数模型[单参数模型:Jaky 模型、Skaggs 等(S1P)模型;二参数模型:Gompertz 模型、Weibull 模型、Morgan 等模型、Haverkamp & Parlange(HP)模型、Lima & Silva(LS)模型、Skaggs 等(S2P)模型;三参数模型:简化的 Fredlund(Fred3P)模型、Skaggs 等(S3P)模型]预测值与实测值间的 AIC 值分布情况,发现 Fred3P 模型的拟合效果最好(图1)。

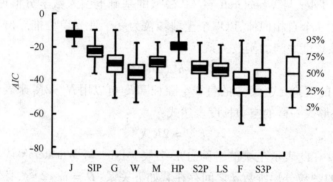

图1 不同颗粒分布模型 AIC 值的分布状况

J 表示 Jaky;G 表示 Gompertz;W 表示 Weibull;M 表示 Morgan;F 表示 Fred3P

3 意义

实验利用土壤的基本物理性质来间接求求水分特征曲线的方法是可行的,并且物理经验 Arya - Paris 方法和分形几何 Tyler - Wheatcraft 方法均能对黄土性土壤的水分特征曲线做出较为准确的预测。由于理论基础的不同,针对同一质地土壤两种方法的预测结果存在一定的差异,比较而言 Arya - Paris 方法的预测精度优于 Tyler - Wheatcraft 方法。黄土高原的土壤水分模型表明,对于黄土性土壤,AP 和 TW 两种方法的预测结果均达到了一定的精度,相比较而言 AP 方法的预测效果明显优于 TW 方法,且受质地影响小。

参考文献

[1] 赵爱辉,黄明斌,史竹叶. 两种土壤水分特征曲线间接推求方法对黄土的适应性评价. 农业工程学报,2008,24(9):11 – 15.

[2] Tyler S W,Wheatcraft S W. Application of fractal mathematics to soil water retention estimation. Soil Science Society of America Journal,1989,53:987 – 996.

泥沙的冲淤公式

1 背景

石油业迅猛发展,油井数量及总出油量逐年增长,尽快寻找一个出海口用来输出原油,势在必行。王汝凯[1]通过对神仙沟 10 米及 20 米等深线部位建岛式油码头,粗略分析冲淤趋势,粗略估算了岛式码头周围的冲刷情况。神仙沟位于现黄河口北侧,黄河以含沙量大而闻名于世,神仙沟浅滩,是否处于淤积状态,是人们极为关切的问题,也是能否在此建港的关键问题。

2 公式

连云港浅滩水体平均含沙量与作用动力之间的关系:

$$S = 0.027\,3 Y_s \frac{(\mid V_1 \mid + \mid V_2 \mid)^2}{gH}(\text{kg/m}^3)$$

式中:S 为平均含沙量;V_1 为风吹流和潮流的合成水流流速;V_2 为波浪平均波动流速;H 为浅滩水深;Y_s 为泥沙容重。

钱塘江挟沙能力,对潮流情况而言有:

$$\rho = 0.008\left(\frac{U_2}{HW}\right)0.98 - 1.0$$

式中,ρ 为含沙量;U 为潮平均潮流速;H 为水深;W 为泥沙沉降速度,$W = 0.002\,7\left(\frac{u}{H}\right)^{1.2}$。

甬江挟沙力公式[2]为:

$$S_0 = K \frac{v^{2.1}}{h^{0.7}}, k = 8.5$$

式中,S_0 为挟沙力;v 为半潮平均潮流速;h 为半潮平均水深。

根据华东水利学院研究所得挟沙力经验公式[3]为:

$$\sqrt{S_\omega} = aF_r + b$$

式中,S_ω 为含沙量(kg/m^3);F_r 为佛汝德数,$F_r = \frac{U}{\sqrt{gh}}$,其中,$U$ 为潮流速,h 为水深;a、b 为经验系数。

通过量纲分析得到相对冲刷深度 S_{u_1}/h 的经验关系:

$$\log \frac{S_{u_1}}{h} = -1.293\ 5 + 0.191\ 7\log\beta$$

式中, S_{u_1} 为不计普遍冲刷深度的最终冲刷深度; h 为水深; β 为反映波流动力因素和泥沙管径的综合参数。

$$\beta = \frac{V^3 H^3 L \left[V + \left(\frac{1}{T} - \frac{V}{C} \right) \frac{HL}{2h} \right]^2 D}{\frac{\rho_s - \rho}{\rho} g^2 v d_{s0} h^4}$$

式中, ρ_s 为泥沙密度; v 为水流速度; H、L 及 T 分别为波高、波长及周期; h 为水深; D 为管径; d_{s0} 为中值粒径; V 为水的运动黏滞系数; ρ 为水的密度。

3　意义

　　根据对泥沙淤积问题的计算,利用当地风天含沙量和潮流输沙能力的对比,可以得出海区的泥沙不会落淤的结论,同时还不会使海滩自然平衡状态遭受破坏。利用波流共同作用下孤立桩周围沙基冲刷深度的研究,来分析岛式油码头基础周围的冲刷问题,得出几个波流组合的冲刷深度,应予以重视,并且应在工程设计中考虑防护措施。岛式油码头基础周围的冲刷问题,应用关于波流共同作用下孤立桩周围沙墓冲刷深度的研究成果,试算了几个可能出现的波流组合情况下的冲刷深度,建议在工程设计中对此予以重视。

参考文献

[1] 王汝凯. 神仙沟(桩11)建油港的冲淤问题. 海岸工程,1985,4(2):32-38.
[2] 王益良,李春玲,郑勇学. 甬江泥沙河床变形数学模型//全国海岸带和海涂资源综合调查海岸工程学术会议论文集. 1982.
[3] 伍汝述,许为华. 长江口水流挟沙能力论文集. 1982.

随机波的波力公式

1 背景

海浪的随机性质,导致由它们所引起的作用力和力矩也具有随机性质,可以把它们看做随机过程,用谱的方法可以有效分析它们的作用途径。徐立伦和张亭健[1]通过随机波作用在直立桩柱上的波力情况,对随机波进行了数值分析。对于直立圆柱的波浪作用力分析研究,国内外已有很多专家对此进行了深入探讨。由于不规则波更能代表外海波浪的真实情况,谱的方法已逐步在波力计算中得到普遍应用。在具体计算中,因为 Morison 方程的阻力项是非线性的,需要进行线性化处理。

2 公式

Morison 方程是由两部分组成的,即水质点速度所致的阻力项和水质点加速度所致的惯性力项,其表达式如下:

$$f(t) = G_I\rho \frac{\pi D^2}{4}a(t) + \frac{1}{2}C_D\rho D \mid u(t) \mid u(t)$$

式中,C_I 为惯性力系数;C_D 为阻力系数;ρ 为液体密度;D 为小桩柱直径;$u(t)$ 为水质点速度;$a(t)$ 为水质点加速度。

Borgman 把速度、加速度和作用力看做是随机过程,给出桩柱单位长度的作用力谱为:

$$S_{ff}(\omega) = \left[C_I\rho \frac{\pi D^2}{4} \frac{chk(z+d)}{shkd}\omega^2 \right]^2 E(\omega) + \left[\frac{1}{2}C_D\rho D \sqrt{\frac{8}{\pi}}u_{rms}\omega \frac{chk(z+d)}{shkd} \right]^2 E(\omega)$$

这里 $E(\omega)$ 是波面谱,u_{rms} 是方均根速度。

$$u_{rms}^2 = \int_0^\infty \omega^2 \frac{ch^2k(z+d)}{sh^2kd}E(\omega)\mathrm{d}\omega$$

则:

$$T_{fI} = C_I\rho \frac{\pi D^2}{4} \frac{chk(z+d)}{shkd}\omega^2$$

$$T_{rD} = \frac{1}{2}C_D\rho D \sqrt{\frac{8}{\pi}}u_{rms}\omega \frac{chk(z+d)}{shkd}$$

上式分别表示惯性力转换函数和阻力转换函数。这里 x 轴取在静止水面上,z 轴向上为正。整个桩柱总的作用力谱为：

$$S_{FF}(\omega) = \left[C_I \rho \frac{\pi D^2}{4} \frac{\omega^2}{k} \right]^2 E(\omega) + \left[\begin{array}{c} \frac{1}{2} C_D \rho d \sqrt{\frac{8}{\pi}} \\ \frac{\omega}{shkd} \int_{-d}^{0} u_{rms} chk(z+d)\,dz \end{array} \right]^2 E(\omega)$$

则：

$$T_{FI} = C_I \rho \frac{\pi D^2}{4} \frac{\omega^2}{k}$$

$$F_{FD} = \frac{1}{2} C_D \rho D \sqrt{\frac{8}{\pi}} \frac{\omega}{shkd} \int_{-d}^{0} u_{rms} chk(z+d)\,dz$$

上式为总力谱的惯性力转换函数和阻力转换函数。其中 $\omega^2 = gktkkd$。

采用相关函数求谱。样本离散点的时间间隔取 0.1，谱估计自由度是 25，三种风速对应的波面谱如图 1 所示。

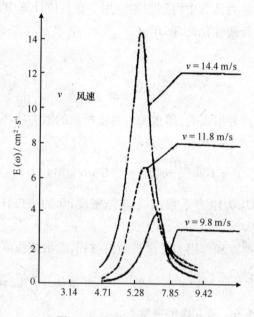

图 1　风浪谱随风速的变化

单位长度桩柱力谱的惯性力转换函数和阻力转换函数在图 2 和图 3 上表示。

3　意义

根据 Morison 方程和 Borgman 所提出的公式结合起来进行波浪作用力计算，应用谱的方法在风浪槽中研究小桩柱的波浪作用力，由波面谱直接得到作用力谱。利用单位桩柱和

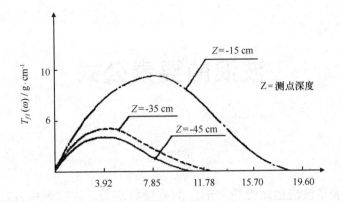

图2　风速为11.8 m/s 时惯性力转换函数随测点深度的变化

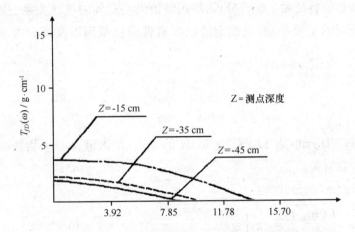

图3　风速为11.8 m/s 时阻力转换函数随测点深度的变化

总桩柱的惯性力和阻力转换函数,比较理论计算的力谱和实测力谱。由于惯性力系数和阻力系数是随着频率的变化而变化的,在高频时,两种转换函数皆取较大值,可得理论力谱大于实测力谱。在 Morison 方程中的速度和加速度多半是从波浪理论计算得到的,所以采用不同的波理论也会得到不同的 C_I 和 C_D 值,进一步对 C_I 和 C_D 值的研究是必要的,特别是随频率的变化。

参考文献

[1]　徐立伦,张亭健. 随机波作用在直立桩柱上的波力. 海岸工程,1985,4(2):21 –26.

波浪的要素公式

1　背景

　　波浪要素是表征波浪运动性质和形态的主要物理量。在波列中,波浪要素的出现和"配搭"都是随机的,但具有一定的数值特征的统计规律性。董吉田和陈雪英[1]用实测海浪记录资料对这些数值特征做了统计分析,得出波浪诸要素间的统计关系。这些关系是建立波浪要素联合分布的重要基础,是确定波浪要素极限值范围以及综合考虑设计波参数的依据。

2　公式

　　按照 Longuet – Higgins 及 ГЛУХОВСКИЙ 的理论,最大波高与平均波高之比的期望值与波列中波的个数有关。

　　Longuet – Higgins 的公式为:

$$\frac{E(\eta_{\max})}{\eta_{\mathrm{rms}}} = \frac{\sqrt{\pi}}{2}\Big[\frac{N}{\sqrt{1}} - \frac{N(N-1)}{1\cdot 2\cdot\sqrt{2}} + \cdots + (-1)^{N+1}\frac{1}{\sqrt{N}}\Big]$$

　　当 N 变大时,上式的渐近式可写为:

$$\frac{E(\eta_{\max})}{\eta_{\mathrm{rms}}} = (\ln N)^{1/2} + \frac{1}{2}r(\ln N)^{-1/2} + O(\ln N)^{-3/2}$$

式中,$\eta_{\max}$ 为最大振幅;η_{rms} 为均方根振幅;r 为尤拉常数($r = 0.577\,22$)。

　　ГЛУХОВСКИЙ 求得最大波高的平均值与平均波高间的关系为:

$$\frac{\overline{H}_{\max}}{\overline{H}} = \frac{1-H}{2}\Big[\frac{4(1+0.4H^*)}{\pi}\Big]^{\frac{1-H^*}{2}}\Gamma\Big(\frac{1-H^*}{2}\Big)\cdot$$

$$\Big[N - \frac{N(N-1)}{1\cdot 2\cdot(2)}\frac{1-H^*}{2} + \cdots\cdots(-1)^{N+1}\frac{1}{N\frac{1-H^*}{2}}\Big]$$

　　各要素之间的关系见图1~图5。

　　根据波高分布函数,可以计算出的均方根波高 H_s 和平均波高 $\overline{H}$ 的关系如下:

$$H_S = \frac{2}{\sqrt{\pi}}\overline{H} = 1.128H$$

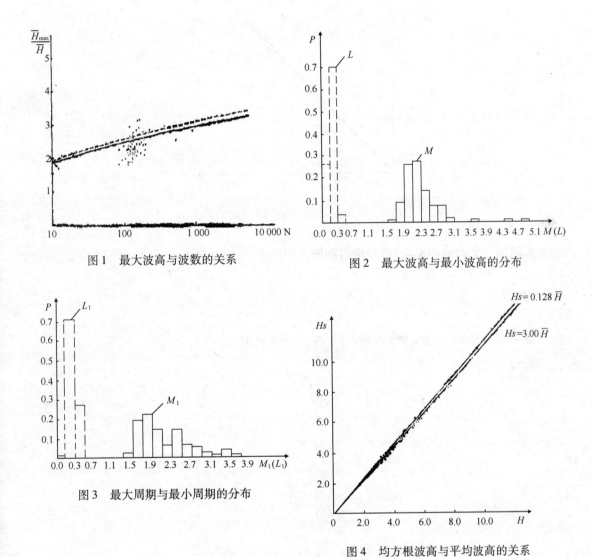

图 1　最大波高与波数的关系

图 2　最大波高与最小波高的分布

图 3　最大周期与最小周期的分布

图 4　均方根波高与平均波高的关系

3　意义

　　根据波浪诸要素之间的公式计算,结合所测资料进行统计分析,得出波列中各种波浪要素间的统计关系以及它们的数值特征。比较部分统计关系与理论结果,波列中最大波高与平均波高之比,理论结果比实测值偏高;波列中最小波高和最小周期有一定的初始量;最大波高对应的周期略高于平均周期,最大周期对应的波高略低于平均波高,均方根波高和

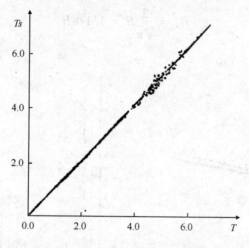

图5 均方根周期与平均周期之间的关系

均方根周期与平均值的关系,与理论值都极为相近。

参考文献

[1] 董吉田,陈雪英. 波浪诸要素间的统计关系. 海岸工程,1986,5(1):10-15.

波群的数值计算

1 背景

在实际的海洋中,经常可以观察到这样一种现象,其主要特征是:在固定地点,有时出现振幅大的波动,有时出现振幅很小的波动,两者相继交错发生。看起来大波是一群一群出现的,所以这种现象叫做波群。俞聿修[1]通过海洋波群的模拟对这种现象进行了研究分析。波群及其对工程的影响正日益引起人们的注意,国内外正通过原型观测、模型试验和理论分析等方法对其进行研究。

2 公式

波浪群性可由波高相关系数描述,它定义为:

$$P_{HH(k)} = \frac{1}{P_{HH(o)}} \cdot \frac{1}{N-k} \sum_{i=1}^{N-k} (H_{i+k} - \overline{H})(H_i - \overline{H})$$

$$P_{HH(0)} = \frac{1}{N} \sum_{i=1}^{N} (H_i - \overline{H})^2$$

式中,$P_{HH(k)}$ 为相距 k 个波之间的波高相关系数;N 为样本总波数;H_i 为 i 个波的波高;$\overline{H}$ 为平均波高。

Funke 建议用光滑化的瞬时波能过程线 SIWEH 来显示波群:

$$E(t) = \frac{1}{T_p} \int_{\tau=-T_p/2}^{T_p/2} \eta^2(t+\tau) \, \mathrm{d}\tau$$

$E(t)$ 表示波能随时间的变化,且定义波能为以该瞬时为中心的一个谱峰周期内水面波动值平方的均值。加上光滑化处理后,得:

$$\left.\begin{array}{l} T_p \leqslant t \leqslant T_n - T_p \text{ 时}, E(t) = \dfrac{1}{T_p} \displaystyle\int_{\tau=-T_p}^{T_p} \eta^2(t+\tau) \cdot Q_1(\tau)\mathrm{d}\tau \\[3mm] 0 \leqslant t \leqslant T_p \text{ 时}, E(t) = \dfrac{2}{(T_p+t)} \displaystyle\int_{\tau=-t}^{T_p} \eta^2(t+\tau) \cdot Q_1(\tau)\mathrm{d}\tau \end{array}\right\}$$

$$T_n - T_p \leqslant t \leqslant T_n \text{ 时}, E(t) = \frac{2}{T_p + (T_n - t)} \int_{\tau=-T_p}^{T_n-t} \eta^2(t+\tau) \cdot Q_1(\tau)\mathrm{d}\tau$$

式中,T_p 为谱峰周期;T_n 为资料总长;$\eta(t)$ 为波面过程线;$Q_1(\tau)$ 为光滑函数,可以进一步通过 SIWEH 的谱密度 $\varepsilon(f)$ 来描述波群的群性。

$$\varepsilon(f) = \frac{2}{T_n} \left| \int_0^{T_n} [E(e) - \overline{E}] \cdot e^{-j\omega t} \cdot \mathrm{d}t \right|^2$$

$$\overline{E} = \frac{1}{T_n} \int_0^{T_n} E(t)\,\mathrm{d}t = \int_0^\infty S_\eta(f)\,\mathrm{d}t$$

$\varepsilon(f)$ 值越大,群性越明显。Funke 用波群因素来描述存在波群的程度:

$$GF = \sqrt{\frac{1}{T_n} \int_0^{T_n} [E(t) - \overline{E}]^2 \mathrm{d}t / \overline{E}}$$

$$= \sqrt{m_{\varepsilon 0}/m_0}$$

式中,$m_{\varepsilon 0}$、m_0 分别是 SIWEH 谱和波谱的零阶矩。GF 可以方便有效地表征波浪的群性。为了描述波群的长度,可用参数:

$$\overline{T}_{\mathrm{SIWEH}} = \frac{1}{T_p} \cdot \frac{1}{N_s} \sum_{j=1}^{N_s} (T_{\mathrm{SIWEH}})j$$

式中,T_{SIWEH} 是过程线 $[E(t) - \overline{E}]$ 的上跨零点周期,$\overline{T}_{\mathrm{SIWEH}}$ 是平均周期与波浪谱风周期之比,可近似地表示一个波群中的平均波数。

描述波群的参数有 $\rho_{\mathrm{HH}}(1)$,$\rho_{\mathrm{HHTT}}(1)$,GF,T_{SIWEH} 四个,Rye 根据实测资料分析结果,发现这些参数与合田建议的波谱谱形尖度参数存在一定关系:

$$Q_p = \frac{2}{m_0} \int_0^\infty f[s(f)]^2 \mathrm{d}t$$

式中,$s(f)$ 为波谱密度;m_0 为谱的零阶矩。

通常采用波浪叠加法,波面过程线可表示为:

$$\eta(n \cdot \Delta t) = \sum_{i=1}^m \sqrt{2S(f_i) \cdot \Delta f} \cos[2\pi f_i \cdot n \cdot \Delta t + \varepsilon(f_i)]$$

式中,$S(f_i)$ 为波浪谱(方差谱)密度;f_i 第 i 个组成波的频率(1/s),$\Delta f = f_{i+1} - f_i$;ϕ 为频率间距(1/s);m 为组成波个数;Δt 为模拟波面的时距;$\varepsilon(f_i)$ 为第 i 个组成波的初位相。人们常把成 $\varepsilon(f)$ 叫做相位谱。

Rye 对此法进行过详细分析研究,他以矩形谱和 Jonswap 谱为目标,$\varepsilon(f)$ 谱时波群的各参数如表 1 所示。

表 1　模拟 Jonswap 谱所得的波群参数值

γ	1.0	3.3	7.0	北海实测
$\rho_{\mathrm{HH}}(1)$	0.28	0.44	0.55	0.309
$\rho_{\mathrm{TT}}(1)$	0.20	0.26	0.32	0.198
GF	0.68	0.76	0.80	0.675
T_{SIWEH}	4.8	5.7	6.6	5.16

在已知目标波谱和 SIWEH 的情况下,SIWEH 值 $E_1(i)$ 的均值:

$$\overline{E} = \frac{1}{N} \sum_{i=1}^{N} E_1(i)$$

计算所要的周期图:

$$A(l) = \sqrt{2S(l) \cdot F}$$

计算一个调制相位用正弦曲线。它被设计成在波群内的频率约等于 F_p,但在波群之间具有较高的频率。即:

$$X(i) = \sin[2\pi \cdot F_p(i-1) \cdot \Delta T + THET(i)]$$

对上述已调制相位的正弦波进行振幅调制:

$$Y_1(i) = \sqrt{2E_1(i)} \cdot X(i)$$

对 $Y_1(i)$ 进行两次付氏变换:

$$F^{-1}\{A(1 \cdot \Delta F) \cdot \exp[-j \cdot \Phi_1(1 \cdot \Delta F)]\} = Y_2(i)$$

计算 $Y_2(i)$ 的 SIWEH:

$$E_2(i) = \text{SIWEH}[y_2(i)]$$

用迭代法修正波列:

$$y_3(i) = y_2(i) \cdot \sqrt{E_1(i)} / \sqrt{E_2(i)}$$

如果没有 SIWEH 资料而要求产生具有指定设计波高和波群因数 GF 的波浪可如下推求 $E(i)$,选定一个 SIWEH 谱 $\varepsilon(f)$;在缺乏实测资料的情况下,可采用下列谱函数:

$$\varepsilon(f) = \frac{1}{\sqrt{(1-\lambda)^2 + 4\xi^2\lambda^2}} \cdot \frac{\lambda}{\sqrt{1+\lambda^2}} \cdot \frac{1}{f_0}$$

式中,$\lambda = f/f_0$,f_0 是谱峰频率,ξ 是控制谱峰密度的系数,ξ 值愈小,谱峰愈窄。只要给定 ξ 值和 f_0 值,即可得到 $\varepsilon(f)$。

令:

$$S_1 = \sum_{i=2}^{\frac{N}{2}+1} EPS(i)$$

则缩放系数 $C = (GF \cdot m_0)^2 / S_1$,其中,$m_0$ 是波谱的零阶矩,可由给定的特征波高算得。

得出周期图:

$$A(1) = \sqrt{2EPS(1) \cdot \Delta F \cdot C} \quad 1 = 2 \sim \frac{N}{2} + 1, A(1) = 0$$

由付氏逆变换得到 SIWEH 的第一次估计值:

$$E_1(i) = F^{-1}\{A(1) \cdot \exp[\Phi_1(1)]\}, i = 1, \frac{N}{2} + 1$$

对 $E_2(i)$ 进行付氏变换:

$$B(1) \cdot \exp[\varnothing_2(1)] = F[E_2(i)]$$

计算 $E_{(i)} = E_2(i) + m$。

3 意义

根据波高相关系数的数值计算,可以通过数值的方法来模拟波群,探讨模拟波谱与模拟波谱和相位谱的模拟波群的方法,可用于数值模拟和实验室模型试验。波浪过程不仅取决于波谱,同时取决于相位谱,因此必须同时模拟波谱和相位谱。相位谱对模拟所得波浪的波高统计分布有相当大的影响,如要复制天然的波列或模拟实测的波群情况,相位谱是相当重要的。通过任一方法可得到表示波浪过程的时间系列仅是纸面上的波浪,要在实验室内驱动造波机,产生水中的波群,还要经过一定的处理。

参考文献

[1] 俞聿修. 海洋波群的模拟. 海岸工程,1986,5(1):1-9.

斜坡护面的波浪公式

1 背景

波浪在传播过程中,它的速度随水深的减小而变化,波峰线发生弯曲。靠近岸边的波浪比离岸较远的波浪的传播速度要小。卢无疆[1]通过考虑风浪折射时水工建筑物斜坡护面的计算,来分析斜坡护面的设计要求。比较波浪斜向与正向行近斜坡式建筑物时的折射,斜向有可能减轻斜坡护面遭受波浪的有害作用,使波浪在沿斜面上爬时要平坦得多。

2 公式

波峰连续在斜坡上破碎,以带泡沫的水舌形式沿斜坡滑动。如果从迎水面看斜坡边,那么波浪水舌的左面已经过了破碎阶段,而水的右面正处于破碎阶段。

计算图如图 1 所示,波浪在斜坡上破碎时的水舌部分及其滚动用虚线表示。

波浪沿计算角 β_0 滚动,根据折射理论,β_0 表示为:

$$\sin\beta_0 = \frac{1 + n_0\left(\dfrac{\tau^2}{0.5\lambda}\right)}{1 + n_0\left(\dfrac{\tau^2}{1.5h}\right)}\sin\beta_1$$

式中,β_0 为波向线与通过 A 点的水边线垂线间的夹角;A 点是波浪达到破碎临界水深处,其值为 1.5 h;β_1 为波向线与通过深水处 S 点的水边线垂线间的夹角,该处水深为 0.5λ;n_0 为折射系数,平均值为 0.06;τ 为波周期,以 s 计;h 和 λ 分别为波高和波长,以 m 计。

沿波浪上爬线的斜坡坡度 m_1 可用三角形($\triangle ABC$)来确定,当水工建筑物斜坡坡度为 m 时,$m_1 = m/\cos\beta_0$。

块体重量 Q 用引入波浪坦度的公式计算:

$$Q = K\frac{\mu_\varnothing\gamma_M 10h^3}{\left[\left(\dfrac{\gamma_M}{\gamma}\right) - 1\right]^3\sqrt{1 + m^3}}\sqrt{\frac{\gamma^\circ_{12}}{\gamma^\circ_{10}}}$$

式中,h 为波高;K 为安全系数,等于 1.5;$\mu_\varnothing$ 为经验系数,对块石取 0.025;γ_M 为块石比重;γ_0 为水的容重;γ°_{12} 和 γ°_{10} 分别为波浪坦度 12 和 10。

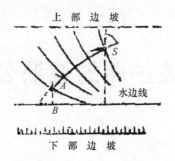

图1　波浪斜向行近斜坡水工建筑物的计算

3　意义

根据波浪坦度公式计算,可得斜向波对水工建筑物斜坡的动力作用与正向波相比有所减弱。因波浪破碎引起的上爬水流不是在广阔的正面发生,而是以单个水舌形式发生在狭窄区域里,这个水舌是波浪在斜坡上破碎后形成的。在设计易受波浪作用的水工建筑物斜坡护面时,需考虑波浪折射,从而达到经济效益。除此之外,还可以得到斜向波时混凝土板的斜坡护面计算方法。由于波浪传播速度随着水深的减小而变化,同时,靠近岸边的波浪传播速度比离岸较远的岸边波浪传播速度要小,这样应用得到的计算方法,使离岸较远部分波浪在自身运动中超过沿岸地区的那部分波浪。

参考文献

[1]　卢无疆. 考虑风浪折射时水工建筑物斜坡护面的计算. 海岸工程,1986,5(1):79 - 80.

挪威海域的波浪与海流计算

1 背景

海流又称洋流,是海水因热辐射、蒸发、降水、冷缩等而形成密度不同的水团,再加上风应力、地转偏向力、引潮力等作用而大规模相对稳定的流动,它是海水的普遍运动形式之一。朱骏荪[1]通过挪威海域波浪和海流的测量与计算,来分析环境测量参数的方法。选用合适的海洋结构物形式和搜集可靠的海况资料,对工程建成后营运和极端条件下的预测极为重要的。一般来说,必须解决海上环境参数的测量和对数据进行分析、取舍,并进行计算。

2 公式

海浪的长期特性是用一族波谱描述的,即要考虑每个波谱发生的概率。此需要从波浪统计资料中得出一个 $H_{1/3}$ 和 T 调和的概率密度函数(图1)。N 年一遇波高是在 N 年内最有可能出现的最大单个波高。它相当于重现期为 N 年的波高。北海海流频谱参见图2。

Jonswap 谱是由托尔姆提出,谱的外形峰值较狭长,大部分能量集中在 T 为 16 s 附近,它是基于 3 000 多个谱的观测记录得出来的较好的一种形式,其风浪频谱的形式可用下式表示:

$$A^2(\omega) = \alpha g^2 \frac{1}{\omega^5} e^{\left[-\frac{5}{4}\left(\frac{\omega_0}{\omega}\right)^4\right]} \cdot \gamma e^{\left[-\frac{(\omega-\omega_0)^2}{2\sigma^2\omega_0^2}\right]}$$

式中,$\alpha = 0.076 \times 10^{-0.23}$,是无因次常数;$g$ 为重力加速度;$\gamma = \dfrac{E_{max}}{E_{max}^{PM}} = 1.5 \sim 6$,为峰值的升高因子;$E_{max}$ 为谱峰值;E_{max}^{PM} 为 P–M 谱的峰值。

Pierson–Moscwitz 谱,在北海设计计算中亦常被应用。它是将观测来的资料进行整理,然后按风速加以分组。各组求出平均谱,将这些谱无因次化,再将不同形式的无因次谱进行综合,最后的频谱可用下式表示:

$$A^2(\omega) = \frac{\alpha g^2}{\omega^5} e^{\left[-\beta\left(\frac{g}{U_m}\right)^4\right]} (m \cdot s)$$

式中,U 为 10 m 高处风速;α、β 与海况有关。当测得 H_S(表征波高)及 T_S(平均波周期)时,可用如下公式分别表示:

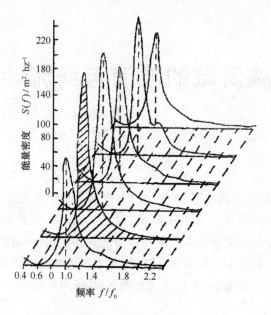

图 1　波浪能量密度与频率 f/f_0 关系

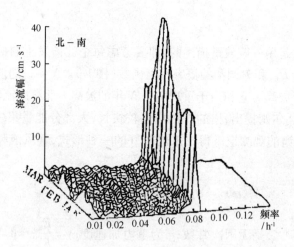

图 2　北海三维海流频谱

$$\alpha = 4\pi^3 \left(\frac{H_s}{gT_s} \right)^2, \alpha \approx 8.10 \times 10^{-9} (挪威)$$

$$\beta = 16\pi^3 \left(\frac{U}{gT_s} \right)^4, \beta \approx 0.74 (挪威)$$

U 与 Z 处风速 U_z 间换算关系表示为：

$$U_Z = U_{10} \left[1 + \frac{(C_{10}^{1/2})}{K} \cdot \ln \frac{Z}{10} \right]$$

172

$$U_Z = U_{10}\left(\frac{Z}{10}\right)^{1/7}$$

式中，$K = 0.4$；$C_{10} = (0.8 + 0.114U_{10}) \times 10^{-3}$，为对应于 U_{10} 海面阻力系数。

当波浪经过塔柱式结构时，波力谱的总波浪力，可用 F 式表示：

$$F = K_\sigma \sqrt{\int_0^\infty \left[S_{FFD}(\omega) + S_{FFI}(\omega)\right]\mathrm{d}\omega}$$

F 为考虑一定累积概率的波浪力；S_{FFD} 为总阻力谱；S_{FFI} 为总惯性力谱。

$$S_{FFD}(\omega) = \frac{1}{8\pi}\varnothing D^2 g^2 H_{1/3}\left[\frac{sh2kd + 2kd}{sh2kd}\right]^2 S_{\eta\eta}$$

$$S_{FFI}(\omega) = \left[\varnothing_M^2 \omega^4 \int_0^d \frac{ch^2k(z + d)}{sZ^2kd}\mathrm{d}z\right]S_{\eta\eta}(\omega)$$

$$= \left[\frac{\gamma^2}{16}C_M^z \pi^2 D^4 th^2 kd\right]S_{\eta\eta}(\omega)$$

总阻力：

$$(F_D)F = K_\sigma \sqrt{\int_0^\infty S_{FFD}(\omega)\mathrm{d}\omega}$$

总惯性力：

$$(F_I)F = K_\sigma \sqrt{\int_0^\infty S_{FFI}(\omega)\mathrm{d}\omega}$$

系数 K_σ 可从现成计算表中得到：

$$S_{\eta\eta}(\omega) = \frac{0.78}{\omega^5}\mathrm{e}^{\left(-\frac{3.11}{\omega^4 H_{1/3}^2}\right)}$$

水质点速度 U 的均方根值 U_{rms}，可由下式表示：

$$U_{rms} = \int_0^\infty \frac{\omega^2 ch^2 k(z + d)}{sh^2 kd}S_{\eta\eta}(\omega)\mathrm{d}\omega$$

求得 $S_{ff}(\omega)$：

$$S_{ff}(\omega) = \left(\frac{1}{\sqrt{2\pi}}H_{1/3}D\frac{\omega^2 ch^2 k(Z + d)}{sh^2 kd}\right)^2 S_{\eta\eta}(\omega) +$$

$$\left(\phi_m \omega^2 \frac{chk(z + d)}{shkd}\right)^2 S_{\eta\eta}(\omega)$$

海流力与海流速度的平方成正比。假设按稳定流情况，F 阻力数学式可写为：

$$F_C = \frac{1}{2}\rho DC_{DU}^2 \quad \text{（单位长度海流力）}$$

式中，ρ 为海水密度，kg/m^3；D 为塔柱直径 m；C_D 为阻力系数（无因次；U 为海流，m/s）。

3 意义

根据对北海环境数据计算分析，可知波浪周期与波浪力的关系是明显的。桩柱同时受到海流与波浪力的作用时,海流对总水平力作用不明显,对海底管线影响较大。海洋环境数据,特别是波浪和海流,与海洋工程关系极为密切。根据挪威北海相关资料,讨论了环境参数的测量方法以及它们作用于结构物上的响应,另外,还可以得出北海深水随机波谱的计算形式。海浪谱采用 JONSWAD 谱以及 pierson – Mosco witz 谱在我国相关研究工作中可作为参考。

参考文献

[1]   朱骏荪. 挪威海域波浪和海流的测量与计算. 海岸工程,1986,5(1):71 – 78.

水泥土的垫层公式

1 背景

　　水泥土是采用注浆法、深层搅拌法、高压旋喷法将水泥浆液同土体拌和所形成的固结体的统称,它具有较高的强度和耐久性。郑延武[1]通过对水泥土垫层施工技术展开了一系列的研究。水泥土中的土依靠水泥所起的稳定作用而固结。混合物中的水,除满足水泥水化作用外,还须满足机械碾压的工艺要求。水泥土可用于道路、堆场的基层和垫层。

2 公式

　　施工准备分室内准备和外场准备两部分。室内准备是确定各种施工参数;外场准备是进行场地准备,具体准备见图1。

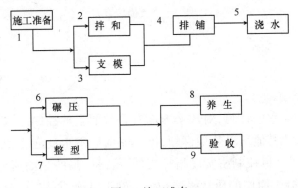

图 1　施工准备

　　室内准备,所确定的参数是:γ_0 为水泥土最大干容重,W_0 为水泥土混合料最佳含水量,H_0 为水泥土虚铺高程(即碾压前的摊铺高程)。γ_0 和 W_0 通过室内的标准击实试验以及由 $\gamma - W$ 的相关曲线中求得。虚铺高程 H_0 计算式:

$$H_0 = H + \frac{K(\gamma_0 - \gamma)}{\gamma_0} h$$

式中:H_0 为虚铺高程,以 m 计;H 为水泥土顶面设计高程,以 m 计;γ 为水泥土拌和物干容量;γ_0 为水泥土最大干容量;K 为水泥土相对密实度;h 为水泥土垫层设计厚度,以 m 计。

模板支设位置,应在水泥土分块边线以外,位置如图 2 所示。

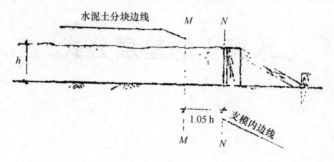

图 2　模板支设位置

不支模时,摊铺的水泥土成型如图 3 所示。

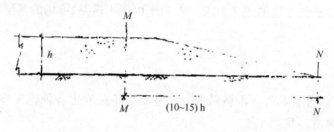

图 3　不支模位置

3　意义

根据水泥土虚铺高程的计算,对成本方面有了数值上的控制。水泥土作为道路、堆场混凝土垫层,施工时,比其他灰土垫层麻烦,但无完成后雨水浸泡之虑,且有比混凝土廉价的优点。施工中,除了严格控制密实度指标之外,值得一提的是如何控制顶面高程和平整度,它将直接影响混凝土面层的质量。这一技术施工迅速,不用过多机械,工种单纯,成本低,作为道路,堆场垫层,经济实用。

参考文献

[1]　郑延武. 水泥土垫层施工技术. 海岸工程,1986,5(1):25 – 29.

海堤的波浪爬高模型

1 背景

海岸工程中,设置海堤斜坡已在海堤工程上收到较好的促淤保滩和挡浪消波效果。仲跻权[1]在上海石油化工总厂海堤模型试验研究的基础上,进一步分析了波浪经过潜堤后在有平台海堤上爬高与平台宽度和平台顶高等因素的相互关系,得出相应条件下的波浪爬高的计算公式,供实际工程设计中使用。波浪爬高直接关系到堤顶高程的确定,影响工程安全和投资,是人们所关心和研究的一个课题。

2 公式

波浪在斜坡上的爬高,目前国内外的试验研究成果分二大类:一是单坡上的爬高,二是复坡上的爬高。

对于单坡上的爬高的计算方法主要如下。

(1)Hunf 方法:

$$R = \frac{1}{2\pi}T(gH)^{\frac{1}{2}}\mathrm{tg}\beta$$

波浪爬高 R 主要考虑了波浪周期 T,波高 H,斜坡坡比 $\mathrm{tg}\beta$ 等因素。

(2)我国规范推荐的方法:

$$R = K_\Delta K_d R_0 H$$

主要考虑了坡面糙渗系数 K_Δ,水深校正系数 K_d,与当地波坦 L/H 及斜坡值 m 有关的 R_0 值,波高 H 等因素。

(3)CH92 – 60 规范:

$$R = \frac{2K_m H}{m}\sqrt[3]{\frac{L}{H}}$$

考虑了坡面糙度系 K_m,斜坡值 m,波高 H 及波坦 L/H 等因素。

复坡上爬高的计算方法主要如下。

(1)Б. ПЫШКИН 方法:

$$R = \frac{0.23H\sqrt[3]{\dfrac{L}{H}}}{\sqrt{K_C}}\left[\frac{1 - 0.2\sqrt{\dfrac{b_1}{H}}}{m_1} + \frac{2d_1}{L}\left(\frac{1}{m_2} - \frac{1 - 0.2\sqrt{\dfrac{b_1}{H}}}{m_1}\right)\right]$$

考虑了波高 H,波坦 L/H,平台相对宽度 b_1/H,平台上相对水深 d_1/L,平台下坡坡度 m_1,上坡坡度 m_2,坡面糙率系数 K_C 等因素。

(2)华东水利学院相关试验:

$$R = K_1 K_2 \frac{2KH}{m}\sqrt[3]{\frac{L}{H}}$$

考虑了平台影响系数 $k_2\left(K_2 = 1 + A\sqrt{\dfrac{b_1}{L}}, A\right.$ 与平台的高程有关$\left.\right)$,坡面糙渗系数 K,斜坡坡比 $1/m$ 等因素。

(3)Delft 试验室:

$$R = \left(1 - \frac{b_1}{L}\right)R_0$$

考虑平台顶高在静水位处,R_0 为无平台时坡上的爬高,相对平台宽度 b_1/L 等因素。

平台宽度对波浪爬高的影响

根据经验公式,假设爬高无量纲的关系式为:

$$R/T\sqrt{gH_1} = \frac{K_0}{m}f(b_1/L, d_1/H)f$$

式中,f 为平台影响的综合系数。

按最小二乘法得出如下关系式:

$$R/T\sqrt{gH_1} = 0.552\frac{K_\Delta}{m}e^{-1.816\frac{b_1}{L}}$$

b_1/L 愈大,波浪爬高愈小。

台顶离水面高度对爬高的影响

在 $\dfrac{d_1}{H_1}$ 为 $-0.555 \sim 0.339$ 范围内,波浪爬高随平台低于水面距离的增大而增大,考虑平台顶高程影响,最后 R 写为:

$$R = 0.552T\sqrt{gH_1}\frac{K_\Delta}{m}e^{-(1.253 + 1.723d_1/H)}\frac{b_1}{L}$$

3 意义

根据单坡上的爬高和复坡上的爬高计算,分析了平台宽度和平台高程对波浪爬高的影响,得出了具有平台斜坡上波浪爬高的经验计算式。在规则波正向来波作用下,波浪经过潜堤后在有平台斜坡上的爬高,随平合宽度的增大而减小,平台顶在水面以下愈低爬高愈大。目前有许多确定波浪爬高的方法和公式,由于试验条件所限,并非完全适用。特别在波浪经过潜堤后在具有平台斜坡上的爬高,目前尚缺少完整的试验资料。

参考文献

[1]　仲跻权. 波浪在有平台的斜坡上的爬高. 海工程岸,1986,5(2):1 - 8.

浅水波的波长计算

1 背景

浅水波,是海洋中波长远较水深为大(常为 25 倍以上)的波动。浅水波的速度只与水深有关。浅水波近似法广泛应用于研究大气和海洋中的波动。董吉田[1]通过对浅水波波长计算公式的验证来进一步分析浅水波的作用方式。这些资料虽系规则波的实验结果,但波长、周期及水深均能一一对应起来,验证的结果仍能说明浅水波波长公式计算的精度及存在的问题。波浪由深水向浅水传播时,由于深度的影响而发生变形。浅水波波长的计算对于波浪的折射、绕射、反射及波压力的计算等实际工程问题有十分重要的意义。

2 公式

按照经典液体波动理论,浅水波波长计算公式为隐函数的形式,相对波长与深度之间的关系为:

$$\frac{\lambda}{\lambda_0} = \text{th} \frac{2\pi d}{\lambda} = \text{th}\left(2\pi \frac{d/\lambda_0}{\lambda/\lambda_0}\right)$$

用这个公式计算波长比较困难,一般用如下形式:

$$d/\lambda_0 = \frac{\lambda/\lambda_0}{2\pi} \text{arcth} \lambda/\lambda_0$$

$$\text{或 } d/\lambda_0 = \frac{\lambda/\lambda_0}{4\pi} \ln\left[(1 + \lambda/\lambda_0)/(1 - \lambda/\lambda_0)\right]$$

式中,d 为水深;λ_0 深水波长,$\lambda_0 = \frac{gT^2}{2\pi}$;$\lambda$ 为浅水波波长。此关系式由图 1 实线所示。

为了使计算公式与实验数据符合得更好,我们对原计算公式做如下修正:

$$\lambda/\lambda_0 = \text{th} \frac{4.742\,9d/\lambda_c}{(\lambda/\lambda_0)^2}$$

相应地有:

$$\frac{d}{\lambda_0} = \frac{(\lambda/\lambda_0)^2}{9.485\,8} \ln\left(\frac{1 + \lambda/\lambda_0}{1 - \lambda/\lambda_0}\right)$$

此式计算的结果,如图 1 虚线所示。

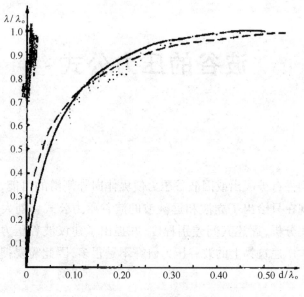

图1　理论值与实验值的比较图

另外,由于浅水波波长与浅水波波速公式系相同的函数形式,所以浅水波波速公式也应做相应的修正。

即:

$$\frac{C}{C_0} = \mathrm{th}\,\frac{4.742\,9d/\lambda_0}{(C/C_0)^2}$$

及

$$\frac{d}{\lambda_0} = \frac{(C/C_0)^2}{9.485\,8}\ln\!\left(\frac{1 + C/C_0}{1 - C/C_0}\right)$$

3　意义

根据波长与深度关系计算,可验证经典液体波动理论中提出的浅水波波长计算公式,并可以得出修正公式。在深水区,即$\dfrac{d}{\lambda_0}$较大的区域,由于双曲正切函数在此区域变化缓慢,理论公式计算值偏大;在$\dfrac{d}{\lambda_0}$较小的区域,由于在这个区域双曲正切函数斜率最大,而实际的波长的衰减未能达到如此急剧,理论公式结果明显偏低。修正公式稍改进了波长的计算,但仍局限于规则波,不规则波的计算仍是一个悬而未决的问题。

参考文献

[1]　董吉田. 对浅水波波长计算公式的验证. 海岸工程,1986,5(2):7 - 10.

波谷的压力公式

1 背景

由于堤体单个构件有被吸出或因波谷压力使堤体向外侧滑的可能,波谷压力的研究逐步受到重视。我国现在只给出了立波和远破波的波谷压力公式。刘大中和李广伟[1]通过对各公式进行了对比分析,评述其间差别程度,并提出了建议波谷压力分布图式。但目前对于直立堤、海堤、护岸建筑物上的波谷压力研究不是很多,因此需要搜集更多的资料来对比分析,并得出结论。

2 公式

根据苏联规范有关立波波谷压力公式,其立波压力公式采用的是 ЗАГЛЯЛСАЯ 的三阶近似解,可计算堤面任一点 Z 处波压力,当 d/L 小于 0.2 时其公式为:

$$P_Z = \gamma He^{-KZ}\cos\sigma t - \frac{\gamma KH^2}{2}(1 - e^{-2KZ})\cos2\sigma t - \frac{\gamma K^2 H^3}{2}e^{-3KZ}\cos2\sigma t\cos\sigma t$$

当波谷 $\cos \sigma t = -1$ 时,则波谷压强为:

$$P'_Z = -\gamma He^{-KZ} - \frac{\gamma KH^2}{2}e^{-2KZ} - \frac{\gamma KH^2}{2}(1 - e^{-2KZ}) + -\frac{\gamma K^2 H^3}{2}e^{-3KZ}$$

式中, $K = \dfrac{2\pi}{L}, \sigma = \dfrac{2\pi}{T}$, 由此可求得任一点 Z 处波谷压力强度值,还可以变为相对值 $pz/\gamma H$。

规范规定,当 d/L 大于 0.2 时,可按表 1 计算各特征点值,其系数可查图 1,压力分布如图 2 所示。

表 1 各特征点值

计算点位值	0	η_T	0.5d·c	d·c
压力值	0	$\gamma\eta_T$	γHK_8	γHK_9

表中 $\eta_T = H\left(1 - \dfrac{\pi H}{L}\text{cth}\dfrac{2\pi d}{L}\right) = 7H\left(1 - \dfrac{h_{s0}}{H}\right)$。

式中, h_{s0} 为波浪中线超高一阶解; H、L 分别为波高,波长; d_c^0 为计算水深,按下式计算:

182

$$d_c^0 = d + (d - d_1)K_b'$$

式中，K_b' 为查规范表求得的系数，当 $d = d_1$ 时，$d_c^0 = d$。由图 2 所示分布图可求得波谷总波浪力值 P_T'，经化简其相对值为：

$$\frac{P_T'}{\gamma Hd} = \frac{1}{2}\left(\frac{\eta_T}{H}\right)^2 \frac{H}{d} + \frac{1}{2}\left(\frac{\eta_T}{H} + K_8\right) \times \left(\frac{1}{2} - \frac{\eta_T}{d} \cdot \frac{H}{d}\right) + \frac{1}{4}(K_8 + K_9)$$

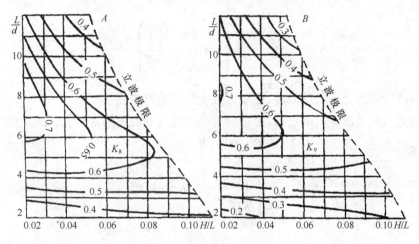

图 1　计算波谷压力系数

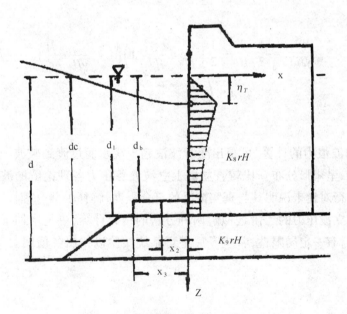

图 2　苏联规范立波波谷压力分布

183

立波压力的二阶近似解

波浪中线超高完全一致,其值为:

$$h_{S_2} = \frac{\pi H^2}{L}\text{cth}\frac{2\pi d}{L}\left(1 + \frac{3}{4}\frac{1}{\text{sh}^2\frac{2\pi d}{L}} - \frac{1}{4\text{ch}^2\frac{2\pi d}{L}}\right)$$

则相对值:

$$\frac{h_{S_2}}{H} = \frac{h_{S_0}}{H}\left(1 + \frac{3\text{th}^2\frac{2\pi d}{L}}{4\text{sh}^2\frac{2\pi d}{L}}\right)$$

若忽略高阶项即为一阶近似解,底压力强度各式略有差别。

波谷最大压强是由超高确定的,总波浪力是由超高和底压力两个公式确定的:

$$P'_S = \gamma(H - h_S)$$

则:

$$\frac{P'_S}{\gamma H} = 1 - \frac{h_S}{H}$$

总波浪力:

$$P'_T = \frac{1}{2}\gamma d^2 - \frac{1}{2}(h_S + d - H)(\gamma d - P'_d)$$

则:

$$\frac{P'}{\gamma H d} = \frac{1}{2}\frac{d}{H} - \frac{1}{2}\left(\frac{d}{H} + \frac{h_S}{H} - 1\right)\left(1 - \frac{P'_d}{\gamma H}\cdot\frac{H}{d}\right)$$

3　意义

根据波高和波浪力的计算,可得出随着波浪趋于浅水而过渡到破波,水深相对浅而压力趋于上下均匀,呈矩形分布。比较直立堤上立波波谷压力各理论解的波浪力计算值,通过与实验数据进行对比来说明其与真实情况的符合程度,解释了共合理性。苏联规范立波波谷压力公式和立波压力的二阶近似解两种方法的结合计算,更是增加了公式的可信度。因实验数据有限,有一定局限性,希望今后进行系统实验以找出各值间关系和合理的分布图式。

参考文献

[1]　刘大中,李广伟. 关于立波波谷压力公式的探讨. 海岸工程,1986,5(2):11 – 18.

船闸闸室的水体盐量计算

1 背景

经过海船闸的船舶,可能会遭受四种方式的海水入侵,分别为水位差水体的入侵、异重流入侵、闸阀门的漏咸和船舶排开水体的补给及扰动,其中水位差与异重的入侵是主要的方式。周华兴[1]通过对海水以异重流方式入侵船闸时盐量计算公式的初步探讨,来分析经过海船闸的船舶的情况。对于异重流入侵,国内外学者进行了大量的试验研究,提出了计算公式,我们可以在这个基础上进行进一步的深入探讨。

2 公式

表1是船舶进闸与出闸两个交换水阶段。根据时间 t 与交换水相对体积的结果,并结合表1数据,建立了下列的计算公式:

表1 船舶进闸与出闸二个交换水阶段数值表

T/min	交换水阶段 I (即海侧咸水进入闸室的时段)			交换水阶段 II (即闸室咸水进行入河侧的时段)		
	$W_{S(+)}$	$W_{p(-)}$		$W_{p(+)}$	W_0	
10	0.7	0.7		0.3	0.3	0.4
15	0.86	0.86		0.62	0.62	0.24
20	0.95	0.95		0.83	0.83	0.12
25	0.965	0.965		0.865	0.865	0.10
30	0.98	0.98		0.9	0.9	0.08

注:W_s 为交换的盐水相对体积;W_0 为交换后闸室剩余盐水相对体积;W_p 为交换后出闸的淡水相对体积;(+ -)为表示进闸与出闸。

$$W_{s(+)p(-)} = 0.59(N)^{0.2} + 1.2\left(\frac{N-3}{N^2}\right)$$

$$W_{s(-)p(+)} = W_{s(+)p(-)} - W_0$$

$$W_0 = \frac{7.0 - N}{N^{2.5}} + 0.09$$

式中：$N = \frac{tu}{L^0}$；$u = \left(gh \frac{\Delta \rho}{\rho} \right)$；$L^0 = \Delta L + L$，为闸室总长度。

在已知闸室尺度、水深、水质盐度的条件下，可以计算任何时刻入侵闸室或河侧的咸水水体或盐量，计算公式如下。

进入闸室的咸水水体(V)或盐量(W)：

$$V_{S闸} = VM_1 = (\Delta L + L)B \cdot h \cdot M_1(\mathrm{m}^3)$$

$$W_{S闸} = \Delta S_1 VM_1 = (\bar{S}_{海} + \bar{S}_{0闸})VM_1(\mathrm{t})$$

进入河侧的咸水水体或盐量：

$$V_{S河} = VM_2(\Delta L + L)B \cdot h \cdot M_2(\mathrm{m}^3)$$

$$W_{河} = \Delta S_2 VM_2 = (\bar{S}_{闸} - \bar{S}_{0河})VM_2(\mathrm{t})$$

$$N = \frac{t \cdot u}{L^0} = \frac{[(\rho_{海} - \rho_{淡})gh^{1/2}] \cdot t}{L \cdot \rho^{1/2}}$$

$$U = \left(\frac{\rho_{海} - \rho_{淡}}{\rho}gh \right)^{1/2}$$

$$M_1 = \left(\frac{\bar{S}_{海} - \bar{S}_{闸}}{\bar{S}_{海} - \bar{S}_{0闸}} \right) \cdot 100\%$$

$$M_2 = \left[1 - \left(\frac{\bar{S}_{t闸} - \bar{S}_{0河}}{\bar{S}_{闸} - \bar{S}_{0河}} \right) \right] \cdot 100\%$$

式中，M_1，M_2 为进入闸室及河侧咸水水体占闸室水体的百分数；N 为无因次数；ΔL 为闸室富裕长度(m)；L 为闸室有效长度(m)；B 为闸室宽度(m)；t 为开闸后的时间(s)；$\bar{S}_{海}$ 为开闸前海侧平均盐度；$\bar{S}_{闸}$ 为海侧闸门开闸前闸室初始平均盐度；$\bar{S}_{闸}$ 为河侧闸门开闸前闸室初始平均盐度；$\bar{S}_{河}$ 为开闸前河侧平均盐度。

Abraham[2]在《利用气泡帷幕减少盐水通过船闸向河道入侵》一文中，提出了在无"气幕"情况下船闸单位宽度入侵的咸水量为：

$$q_s = \frac{1}{2}h \cdot u = \frac{1}{4}h\left(\frac{\Delta \rho}{\rho}gh \right)^{1/2}$$

该式由两部分组成：一为咸淡水交换时各自的高度，即为水深的1/2；二为盐水楔的运动速度，$U = \frac{1}{2}\left(\frac{\Delta e}{\rho}gh \right)^{\frac{1}{2}}$。单位宽度入侵量为两部分之积。

在进行入侵量计算时，必须与时间 t 及盐度 s 发生关系。

入侵的咸水水体为：$V_S = B \cdot t \cdot q_s = \frac{B \cdot h \cdot t}{4}\left(\frac{\Delta \rho}{\rho}gh \right)^{1/2}$

入侵的盐量为：$W = V_S(\bar{S}_{海} - \bar{S}_{闸})(\mathrm{t})$

3 意义

根据咸水水体及盐量的计算公式,可对异重流入侵量得出数值上的计算。通过与实测资料相比较,可以进一步确定这些公式的应用范围及存在的问题。同时还分析了多种因素对入侵量的影响,为以后的计算提供便利,以便于继续探讨。影响咸水入侵量的因素很多,有的与边界条件有关,有的与瞬时状态有关,需要充分积累原体观测和模型试验成果,进行统计分析,这有待于我们继续工作。

参考文献

[1] 周华兴. 海水以异重流方式入侵船闸时盐量计算公式的初步探讨. 海岸工程,1986,5(2):24-31.

[2] G. Abreaham. 利用气泡帷幕减少盐水通过船闸向河道入侵(上). 水道港口,1980(2):46-57,14.

弧形褶板的受力计算

1 背景

褶板结构是按空间体系把板和梁的作用结合起来的一种覆盖构件,由于褶板系曲面结构,属于空间受力状态,所以具有很高的强度。此结构拥有结构跨度大,构造简单,节约材料,便于施工的特点。葛淑筠[1]通过对弧形褶板在小型船坞卧倒门中的设计应用,分析了褶板结构的作用机制。房屋建筑工程中的屋顶盖板结构已大量使用褶板结构,除此之外,该种受力状态的结构也会出现在修造船建筑物的闸门及其他海岸工程中。

2 公式

褶板的壁厚与半径之比相当小,按环向力求算应力甚小,故再按五跨连续梁来校核其强度。计算图式如图1,求出跨中及支座最大弯矩后,验算其应力。

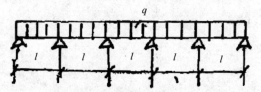

图1 褶板横向图

因为板系双向工作和受力,其分力可由板传至两端支座,故可以取一个波长作为计算单元。考虑到上横梁的支承情况,梁本身可能发生扭转,故按两端铰接求其最大正弯矩。计算图式如图2。

q_1 与 q_2 分别为梁上端及底端的均布荷载。

$$u = \frac{q_1}{q_2}, r = \sqrt{\frac{u^2 + u + 1}{3}}$$

$$M_{max} = \frac{1}{6}q_2 l^2 \times \frac{2 \times r^3 - u(1 + u)}{(1 - u)^2}$$

$$R_A = \frac{1}{6}l(2q_1 + q_2)$$

188

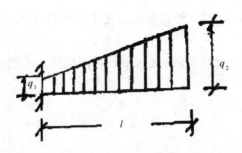

图2 褶板纵向图

$$R_B = \frac{1}{6}l(2q_2 + q_1)$$

同时,按上端固接,下端铰接求其最大负弯矩。计算图式如图3。

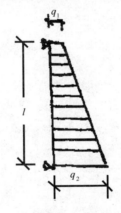

图3 褶板下端铰接纵向图

$$M_A = -\frac{(7q_2 + 8q_1)}{120}l^2$$

$$R_A = \frac{(9q_2 + 16q_1)}{40}l$$

$$R_B = \frac{(11q_2 + 4q_1)}{40}l$$

3 意义

根据褶板结构荷载及弯矩的计算,可以验证波形褶板,整体性好,不需斜撑,构造简单,便于制造安装。其重量轻的特点,使这种结构的门变得易于安装;用箱形横梁,又可以节约钢材;工字型底梁,止水效果很好;褶板结构简化了繁杂的计算工作,缩短了设计周期。弧形褶板(即波形板)在船坞坞门中的设计情况还需要进一步验证,该坞门型式在小型船坞上的应用需要更精确的计算。此外,还需探讨该种坞门型式在小型船坞上应用的优越性,以进行技术交流。

参考文献

[1] 葛淑筠. 弧形褶板在小型船坞卧倒门中的设计应用. 海岸工程,1986,5(2):63 – 67.

上海港的台风增水计算

1 背景

潮位,指受潮汐影响周期性涨落的水位称潮位,又称潮水位,即潮水的高度。当天文高潮和台风增水相遇时,常易发生风暴潮灾害,严重威胁着人民生命财产的安全。刘凤珍[1]通过对台风扰动下上海港潮位的增减水变化的计算,来探讨潮位变化的规律。上海是我国沿海受台风风暴潮袭击较严重的地区之一,我们需要了解风暴规律并做好相关的预防工作来减少不必要的损失。虽亦有寒潮和温带气旋引起的暴潮影响,但远不及台风增水带来的危害严重。

2 公式

1949—1979 年共有 111 次台风影响上海地区,其中 68 次有增水过程,占 61%(表 1),多集中在 7—9 月,占全年增水过程的 88%,其中 8 月、9 月最多,占全年增水过程的 71%;其次是 7 月份,占 17%。

表 1　吴淞站历年各月台风增水的出现次数(1949—1979 年)

标准/cm	5 月	6 月	7 月	8 月	9 月	10 月	11 月	总数
≤25	1	3	12	14	11	1	1	43
>25	1	2	12	24	24	5	0	68
合计	2	5	24	38	35	6	1	111

根据上海港吴淞站高潮增水前 6 小时左右佘山站的平均风速资料的统计计算,台风增水与风速量相似有一定关系,其中以东北和东北东风时的关系最为密切。图 1 是东北风和东北东风的风速与增水的关系。

设 Y 为增水量(cm),X 为风速(m/s)。在东北风影响下的增水 Y_{NE} 和风速的方程是:

$$Y_{NE} = 3.13X + 0.67$$

$$\gamma = 0.61 \quad \alpha = 0.01$$

$$\gamma = 0.62 \quad \alpha = 0.01$$

在东北东风影响下的增水（Y_{ENE}）和风速的关系是：

$$Y_{ENE} = 1.68X + 17.68$$

上面公式可以说明，在东北风或东北东风情况下，增水与风速都是成正比。

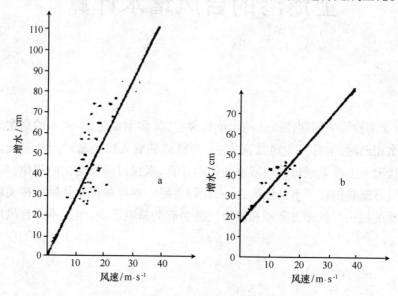

图1   东北风和东北东风的风速与增水的关系

3   意义

根据增水量及风速的计算，可知不仅要注意大的增水，还要考虑较大天文潮叠加造成暴潮水位引起的灾害。最为常见的台风增水是渐增过程，随着台风中心北移，水位就逐渐恢复正常。上海港台风风暴潮在天文潮已确定的情况下，还与台风强度、路径、系统配置等有密切关系。一般说来，增水以沿海北上台风比在闽、浙登陆的台风影响大。测量并计算出上海港水域增减水过程与台风中心到达的位置，台风路径，台风强度，风向等有利于提前做好防范措施。

参考文献

［1］ 刘凤珍．台风扰动下上海港潮位的增减水变化．海岸工程,5(2):32 - 39.

堤头稳定的计算

1 背景

由于多方向波浪的袭击位于较深水域的防波堤堤头,因此堤头所受的力也是极为复杂的。这就要求模型实验来协助设计工作,从而适应工程实践的需要。张就兹等[1]根据斜坡堤堤头护面块体的稳定性研究,整理出一套护面体的计算公式来说明护面体设计的依据。石臼港引堤为斜坡堤结构,在模型实验中,修改了原设计方案,并从中总结出计算堤头护面块体的一种方法。

2 公式

破碎后的波浪作用于堤的坡面上产生较小的冲击波力,也就是说外海 $H_{1\%}$ 为 7.1 m 和 $H_{4\%}$ 为 6.1 m 的较大特征波对引堤堤头的稳定性起不到显著的影响作用。外海特征波沿程破碎的实验资料列入表 1。

表 1 外海特征波沿程传播形态

潮位 /m	外海(-120 m 处)特征波高 $H_F\%$/m	破碎水深 d_b/m	破碎点距离 堤头 l_b/m	堤头箭波高 H/m
+4.73	$H_{1\%} = 7.1$	-7.8	350	3.1
	$H_{4\%} = 6.1$	-5.8	220	3.4
	$H_{13\%} = 5.1$	(不破碎)		5.5
+5.77	$H_{1\%} = 7.1$	-6.5	300	4.0
	$H_{4\%} = 6.1$	-5.6	180	4.0
	$H_{13\%} = 5.1$	(不破碎)		5.6

为取得对引堤护面块体稳定性最不利的堤前临界波高的实验值,我们通过水位与波高的组合实验,获得了堤前临界波高值,如表 2 所示。

表 2　由实验获得的堤头前临界波高值

潮位 /m	波高/m	
	外海(−12.0 m 处)H_0	堤前临界 H_c
+4.73	5.3 ~ 5.4	5.8
+5.77	5.6 ~ 5.8	6.3

依规范赫德逊公式:

$$W' = \frac{r_b H^3}{K_D \left(\frac{r_b}{r} - 1 \right)^3 \cot\alpha}$$

引入波坦修正公式[2]:

$$K_\delta = \exp\left[0.03 \left(\frac{L}{H} - 10 \right) \right]$$

堤身块体稳定重量计算公式:

$$W_t = K_\delta \cdot W'$$

护面层厚度公式:

$$t = nc (W/r_b)^{1/3}$$

3　意义

根据护面厚度等公式的计算,得出了石臼港模型实验研究成果的一部分。并以此为根据提出了计算斜坡堤堤头护面块体稳定重量的初步方法。稳定实验,应在平面水池中进行三维的整体实验;稳定重量计算需在赫德逊公式计算的基础上再增加波坦因子;堤头块体重量为堤身块体重量的 1.3 ~ 1.5 倍已得到验证。石臼港引堤堤头在同样的风暴条件下却呈现出了良好的稳定状态,从而说明原体观测也做出了对计算方法的验证。

参考文献

[1]　张就兹,孙学信,李春柱. 斜坡堤堤头护面块体的稳定性——石臼港引堤模型实验研究. 海岸工程,
　　 1986,5(2):49 - 54.

[2]　潘宝雄. 波浪作用下护面块体稳定重量的探讨. 水利水运科学研究,1983(4):82 - 94.

水体中染料云团的运动公式

1 背景

沿海现代化工业发展迅速,海水污染逐渐严重,海洋污染的主要形式包括了油污染,因而引起公众的极大关注和国家对海洋环境保护的重视。航空遥感又称机载遥感,是指利用各种飞机、飞艇、气球等作为传感器运载工具在空中进行的遥感技术,是由航空摄影侦察发展而来的一种多功能综合性探测技术。苗绿田和魏新民[1]利用常规方法跟踪实验水体中染料云团的运动,并定时采集水样,通过室内化学分析得到浓度变化结果。

2 公式

我们现在的目的是要计算出由边界线所勾画出的染料云区中各类灰度所占的面积,按以下方式将灰度分成八类,实际上在这个区域中灰度的级别远不止八种。

$$G_{(n)} = \frac{n(g_{max} - g_{min})}{8} + g_{min}$$

式中,$G(n)$ 为各类的灰度值,$n = 1, 2, \cdots, 8$,g_{max} 与 g_{min} 分别是染料云最大与最小灰度值。

试设有一标记物长度为 L,它的两端在图像上的坐标为 $P_1(x_1, y_1)$ 和 $P_2(x_2, y_2)$,则有每个像素的面积 PA 的计算式为:

$$PA = \left[L / \sqrt{(x_2 - x_1)^2 + (y_2 - y_1)^2} \right]^2$$

由于边界外所有像素点的灰度已经置零,所以按下式计算出八类,灰度分布中每类的像素点数 $F(n)$:

$$F_{(n)} = \sum_{m=1}^{G_{(F)}} H(g) \left[g_{min} + (n - 1)(G_{(F)}) + (m - 1) \right]$$

式中,$n = 1, 2, 3, \cdots, 8$;$m = 1, 2, 3, \cdots, G_{(F)}$;$G_{(F)} = \dfrac{g_{max} - g_{min}}{8}$;$F_{(n)}$ 是每类像素点数;g_{min} 是染料云内灰度的最小值。

平野杉浦将椭圆形扩散等效为具有相同面积的半径为 r 的圆片形的扩散,从而得到加入经验因素的二维浓度扩散方程式:

$$\frac{\partial C}{\partial t} = \frac{1}{r} \cdot \frac{\partial}{\partial r} \left[K_{r,t} \cdot \frac{\partial C}{\partial r} \right]$$

式中,C 为浓度,K 为水平扩散系数,r 为半径方向上的距离。根据 Joseph & Sendner 理论,$K = P(P$ 是扩散速度$)$;按照 Kolmogroov 理论,$K = C^{4/3}(C$ 是常数$)$。

假设 K 是常数,初期浓度分布为 $C = C_0 \exp[-(r/a)^2]$,则:

$$C_{(r,t)} = \frac{C_0}{1 + 4Kt/a^2} \cdot \exp\left[-\frac{r^2}{a^2(1 + 4Kt/a^2)}\right]$$

在近似计算中,展开至第二项,于是得:

$$K = \frac{r_i^2 - r_{i-1}^2}{4(t_i - t_{i-1})} = \frac{1}{4\pi} \cdot \frac{\Delta s}{\Delta t}$$

式中,r_i 是 t_i 时刻等效圆半径;Δt 是 t_{i-1} 至 t_i 时刻的时间差;ΔS 是对应于 Δt 的等效圆面积差。

根据动力学理论的海水扩散经验公式:

$$K_x = 5.93 \sqrt{g|u|h/C}$$

$$K_y = 5.93 \sqrt{g|v|h/C}$$

式中,K_x、K_y 分别是 x、y 方向上扩散系数;$|u|$、$|v|$ 分别是 x、y 方向上水流平均速度;g 是重力加速度;h 是水深;C 是 Chezy 系数$(C = \dfrac{h^{-\frac{1}{6}}}{n}$,$n$ 是 Manning 系数$)$。

由于实验中仅测主流 x 向上水流速度,故:

$$u = \sqrt{\sum_{i=1}^{n=6} \overline{u} \cdot u_{max}} = 0.15 \ (\text{m/s})$$

$$h = 10 \ \text{m}, n = 0.25\%$$

则 $K_x = 1.02$。

3　意义

根据海水扩散及流速的计算,可知航测对于瞬间点源形式的污染模拟比较理想。随航测高度的升高会造成斜视而失真,必须做几何校正;标记物的选择对航测精度有影响,时间越长扩散面积越大,定长的标记物越小;染料云团两侧设置可活动的明显物体,测量两物体间距为标尺,可以提高航测结果的精度。拍片的同时于染料云团内采集样品,可以得到两者之间比较精确的定量关系。这种航测方法简便易行,为减少费用建议采用遥控航模来完成。

参考文献

[1]　苗绿田,魏新民. 环境工程中应用航空遥感技术的探讨. 海岸工程,1986,5(3):98 - 105.

港口航道的回淤强度公式

1 背景

胶州湾在不受外界影响时应该是稳定的,但经济发展,厂房扩建已打破了这一平衡。武桂秋和高振华[1]从论胶州湾岸滩和航道的治理这一基点出发,研究了胶州湾的变化趋势及解决办法。使人们在享受大自然的优美的同时,加深对环境保护的理解。工业要发展,环境要保护,在今后对胶州湾开发利用中,应认真和科学地探讨和论证。船厂选址不当,是一个历史问题,也是对岸滩的利用没有长远规划的后果,应当进行合理安排,统筹考虑,中央与地方协调一致,这样才能充分调动积极性。

2 公式

北海船厂位于胶州湾口以东浮山湾内,过去此处是一片荒滩,居民稀少,1970 年交通部建港指挥部在此滩开挖万吨级船坞建成了北海船厂。在船坞配套工程中,有一座长 50 m 的防波堤,并且在岸与堤处留有 80 m 长一缺口,其目的是为了节约投资,减少港池环流,进一步观测徊淤效果,因东部有礁石,当时认为可以作为天然屏障。在最初设计中明确指出,竣工后,如果达不到上述目的,可将缺口堵塞。

根据 1979 年投产以来,现场观测证明:

(1) 堵口不会造成淤积,建厂前,相关单位对该湾进行调查、测量和模型实验,资料比较齐全;

(2)防波堤东端礁石起不了防浪的屏障作用。

根据现场调查和测量结果表明,整个岸滩处于淤积状态,尤其是排水口附近更为严重,零米线普遍向海中推进百米以远,说明该湾在逐渐萎缩,出现这一现象的主要原因是:

(1)乱倒垃圾;

(2)护岸失效;

(3)排水口挟沙。

怎样改造:

(1)统一规划、精心设计,精心施工,建筑一条经久耐侵袭的保护堤;

(2)采用海上吹填,既可解决回填土方量过多的困难,又可以增加纳潮量;

(3)统一规划、统一使用回填的陆域部分,首先应满足码头扩建的需要,不须使用海岸的单位可以逐渐迁离;

(4)制定垃圾倾倒法,严格管理岸滩,不准再向海里倾倒废物。

改造后的效果:

(1)增加了胶州湾的纳潮量;

(2)增加了陆域面积6.4～7.1 km²,为大港的扩建,准备了陆域部分;

(3)改善了生态平衡,使新的生物群落来安家落户;

(4)减少港口水道的回淤量。

根据港口航道回淤强度计算公式:

$$P = K \frac{\gamma_3 \omega}{\gamma_0} \left[1 - \left(\frac{H_1}{H_2} \right)^3 \right] \exp \left[\frac{1}{2} \left(\frac{A}{A_0} \right)^{\frac{1}{3}} \right]$$

式中,P 为港池年平均淤积强度;H_1 为航道外浅滩水深;H_2 为航道水深;A_0 为港内总水域面积;A 过为港区浅滩的面积。

3 意义

根据港口航道回淤强度的计算,可知挖泥使浅滩水深变深,浅滩面积变小,则淤积强度必然会减少。利用现有导航设备迅速提高技术水平,能够健全责任制,可以减少发生事故的概率;此外还可以加强对现有灯标的管理来防止事故发生。在水中建筑结构物这一问题还没得到妥善处理,需要满足既有利于青岛港将来的扩建和改造,还要要有利于减少流压力,这样才会更有意义。工业要发展,环境要保护,在今后对胶州湾开发利用中,应认真和科学地探讨和论证。

参考文献

[1] 武桂秋,高振华. 论胶州湾岸滩和航道的治理. 海岸工程,1986,5(3):76－80.

有效风速的频率计算

1 背景

空气流动的动能以及地面上和大气中各处接受到的太阳辐射和放出的长波辐射能是不同的,因此在各处的温度也不同,这就造成了气压差,从而形成风。林滋新和王福志[1]通过青岛沿海风能资源的初步分析,来研究风能作用的机理。风能有着能量和时效不稳定的特性,在开发风能资源中分析风能随时间和空间变化的规律对合理利用风能资源和提高风能的利用效率是十分重要的。

2 公式

因为有效风速的起动风速通常取 3~5 m/s,所以本区各站有效风速小时数可用下式表示:

$$T_{3-20} = \sum_3^{20} t_i$$

式中,t_i 为各等级时平均风速出现的次数,各站有效风速累积小时数由表1给出。

表1 累年各月有效风速累计小时数　　　　　　单位:h

月份 站名	1	2	3	4	5	6	7	8	9	10	11	12	年合计
千里岩	685	631	661	661	656	629	650	635	588	638	654	695	7 785
青岛	622	599	660	642	661	657	655	614	562	625	596	615	7 507
胶南	373	385	428	433	386	425	378	346	298	360	383	373	4 548
日照	445	416	452	466	403	438	413	454	410	442	450	420	5 209
海阳	465	428	438	468	419	423	443	402	358	403	450	461	5 158
石岛	473	488	532	524	483	458	471	391	435	470	474	480	5 678

有效风速频率 $P(\%)$

令:

$$T = \sum_{<2}^{>20} t$$

则:

$$P_3 = \left(T_3 - \frac{20}{T} \right) \times 100\%$$

各站有效风速频率如表2所示。

表2　累年各月有效风速频率　　　　　　　　单位:%

月份 站名	1	2	3	4	5	6	7	8	9	10	11	12	年合计
千里岩	92	93	89	92	88	87	87	85	82	86	91	93	89
青岛	84	89	89	89	89	91	88	82	78	84	83	83	86
胶南	51	57	58	60	52	59	51	47	41	48	51	50	52
日照	60	61	61	65	54	61	55	61	57	59	63	57	59
海阳	63	63	59	65	56	59	60	54	50	54	53	69	59
石岛	64	72	72	73	65	64	63	53	60	63	66	65	65

3　意义

根据有效风速频率的计算,可知青岛沿海地区有效风能的分布情况以及风能随地形、海陆和时效变化的特点,并客观地评价了风能资源的开发前景。由于地理环境的影响,形成该区大风的天气系统比较明显。充分利用风能资源,从政治方面和经济角度都是非常可取的,可以在很大程度上解决现阶段能源紧缺问题。对风能资源的开发需要重新做好规划,进行合理有效地开发。

参考文献

[1]　林滋新,王福志. 青岛沿海风能资源的初步分析. 海岸工程,1986,5(3):34－38.

风浪引起防波堤的受损公式

1 背景

风浪是在风直接作用下产生的水面波动,探索风浪的生成和成长的机制是海浪研究中最基本的问题。青岛自 1893 年以来经历了两次大型台风,后一次明显比前一次损失小,主要是和近年来在靠近海滨沿岸增设了许多建筑物和工程设施有关。刘学先和武桂秋[1]就 1985 年九号台风浪推算与北海船厂防波堤头受损分析,来研究减小风浪造成损失的各种方法。这次台风在 8 月 16 日 14 时生成于距冲绳岛 WNW 方向大约 110 n mile 洋面上,由于内外力的作用,向 NW 方向移动,18 日 12 时在江苏省启东县寅阳镇登陆后继续前进,而后进入海州湾。

2 公式

根据 1985 年 8 月 19 日 2—14 时三张东亚地面天气图(图 1 ~ 图 3),参考小麦岛和青岛观象山等海洋气象台站的风要素,确定青岛外海深水区风场诸要素。

根据相关的深水波要素,加上当时的水位 4 m(1985 年 8 月 19 日 9:40,潮高 2. 9 m,增水 0. 9 m,采用整数 4 m),上机进行波浪折射计算(图 4)。

北海船厂防浪堤是我国第一座采用扭工字块体为护面的防波堤,缺乏经验,再加上模型实验不能真实地反映情况,所以 K_D 值偏大(K_D =38),根据 Hudson 公式计算块体重量为[2]:

$$W = \frac{r_b H^3}{K_D \left(\frac{r_b - r}{r} \right)^3 \mathrm{ctg}\alpha}$$

目前我国防波堤规范也在修改稳定系数 K_D。如果考虑周期的影响,减少 K_D 值,该堤头的块体重量应为 5 t 以上才能稳定。

3 意义

根据块体重量的分析,对堤头受损情况做初步计算,并结合出北海船厂防波堤头处最大波要素,提出了一些观点。应及早采取措施,使块体重量加大,规范施工,严防乱抛,赶在

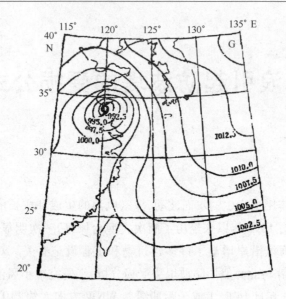

图1 1985年8月19日2时天气图

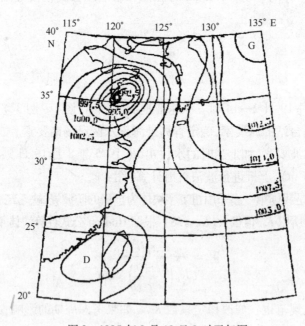

图2 1985年8月19日8时天气图

台风来袭之前修葺完毕,尽量减少损失。清除过多落于航道的块体,消除其对平台以及航道带来的不安全因素。相关部门应在台风简单分析的基础上,对堤头进行实验、原体观测和研究。

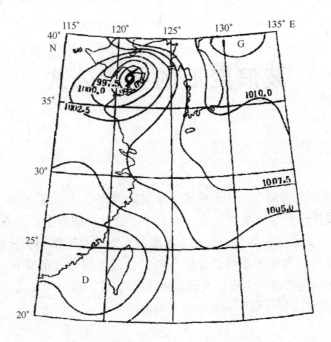

图 3　1985 年 8 月 19 日 14 时天气图

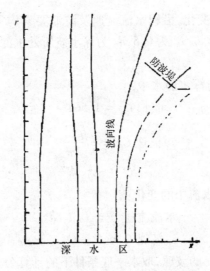

图 4　浪折射图周期 10 s(波向 SE)

参考文献

[1]　刘学先,武桂秋.1985 年九号台风浪推算与北海船厂防波堤头受损分析.海岸工程,1986,6(1):
　　　32 - 36.

[2]　港口工程技术规范.海港水文.北京:人民交通出版社,1978.

波浪变形的要素公式

1 背景

波浪变形是指波浪自深水向浅水传播直至破碎过程中受水深、地形、水底摩阻和海岸轮廓线等影响而使波形发生改变的现象。李玉成[1]通过对缓坡上波浪在水流作用下的变形研究,分析了波浪变形的各参数的变化。水流与水深的共同影响会使波浪发生变形,所以考虑波浪同时受水流与地形影响的变形分析已引起各国学者的重视,并进行了相关研究。此处分析限于二元稳定均匀流与波浪的共同作用,即设通过单宽沿水深断面的水流流量不变,并不计波浪在传播过程中的能量输入与损耗。

2 公式

由于倾斜底沿程水深的变化,沿程水流流速及波浪要素均发生变化,因而初始断面取为深水波状况,大体上可取为 d_0/L_0 为 0.5, d_0 为深水波所处水深;L_0 为深水静水中波长;该水深处初始流速为 U。

(1)当采用线性波理论时深水静水中:

$$\text{波长 } L_0 = 1.56T^2$$

$$\text{波速 } C_0 = \sqrt{\frac{gL_0}{2\pi}}$$

式中,T 为周期。

在任意水深 d 处波长在水流中的变化:

$$\text{水流流速 } U = U_0 d_0/d$$

$$\text{波速 } C = U + C_\gamma$$

式中,C_γ 为波浪相对于水流 U 的波速,取水平底条件下的计算公式[2],则可得:

$$\frac{L}{L_S} = \frac{C}{C_S} = \left(1 - \frac{U}{C}\right)^{-2} \frac{\tanh kd}{\tanh k_s d} = k'_d$$

式中,$k = 2\pi/L$,$k_s = 2\pi/L_s$。此式为任意水深 d 处水流中波长与静水中波长 L_s 的比值。

任意水深处水流中的波长 L 与深水静水中的波长 L_0 的比为:

$$\frac{L}{L_0} = \frac{L}{L_S} \frac{L_S}{L_0} = k'_c \tanh k_s d$$

在任意水深 d 处波高在水流中的变化如下。

在稳态封闭系统中,即不考虑能量的输入与损失时,根据波浪作用通量守恒原则,有如下关系:

$$\frac{E}{\omega_r}(U + C_{gr}) = \frac{E_0}{\omega_s}C_{KS_0}$$

上式左侧为任意水深处的波浪作用通量,右侧为深水静水区的波浪作用通量。在此式中任意水深水流中波浪的相对频率 $\omega_r = \omega_s - kU$。

深水静水区波群速:

$$C_{KS_0} = \frac{1}{2}C_0$$

任意水深水流中波群速:

$$C_{gr} = \frac{1}{2}C_r\left(1 + \frac{2kd}{\sinh 2kd}\right) = \frac{1}{2}C_r A$$

则任意点水流中波能的变化率为:

$$\frac{E}{E_0} = \frac{C_{gsD}}{U + C_{gr}} - \frac{\omega_r}{\omega_s}$$

$$= \frac{C_0}{C_s}\frac{C_s}{C}\frac{1}{A}\left(1 - \frac{U}{C}\right)\left[1 + \frac{U}{C}\frac{2 - A}{A}\right]^{-1}$$

$$= \left[k'_c{}^{\tanh k_s d}\right]^{-1}\frac{1}{A}\left(1 - \frac{U}{C}\right)\left[1 + \frac{U}{C}\frac{2 - A}{A}\right]^{-1}$$

$$\frac{E}{E_0} = \frac{E}{E_s}\frac{E_s}{E_0}$$

$$= \frac{E}{E_s}\left[A_s \tanh k_s d\right]^{-1}$$

式中, $A_s = 1 + \dfrac{2k_s d}{\sinh 2k_s d}$ 。

因此可得倾斜底条件下任意深度水流中与静水中的波能比为:

$$\frac{E}{E_s} = \frac{1}{k_c}\frac{A_s}{A}\left(1 - \frac{U}{C}\right)\left[1 + \frac{U}{C}\frac{2 - A}{A}\right]^{-1}$$

上式结果即为水平底条件下水流中的波能变化率,亦即倾斜底条件下某水深处水流中的波能变化率即等于同水深水平底时水流中的波能变化率。因而与波长的变化相类似,倾斜底条件下水流中的波高变化系数即等于水平底条件下同水深处水流中的波高变化系数与静水条件下波高变浅系数的乘积,即:

$$\frac{H}{H_0} = \frac{H}{H_s}\frac{H_s}{H_0} = \frac{H}{H_S}(A_s \tanh k_s d)^{-1/2}$$

或

$$\frac{H}{H_0} = (k'_c \tanh k_s d)^{-1/2} A^{-1/2} \left(1 - \frac{U}{C}\right)^{1/2} \left[1 + \frac{U}{C}\frac{2-A}{A}\right]^{-1/2}$$

(2)当采用非线性的 Stokes 三阶波理论时。

任意水深处在水流中的波长与同水深静水中的波长比可表示为:

$$\left(\frac{L}{L_S}\right)_N = \left[1 - \frac{U}{C}\right]^{-2} \frac{\tanh kd}{\tanh k_s d}\left\{1 + \left(\pi\frac{2a}{L}\right)^2 \frac{14 + 4ch^2 2kd}{16sh^4 kd}\right\}.$$

$$\left\{1 + \left(\pi\frac{2a_S}{L_S}\right)^2 \frac{14 + 4ch^2 2k_s d}{16sh^4 k_s d}\right\}^{-1} = \frac{L}{L_S}N_1 = k'_c N_1 = k''_c$$

则任意水深处水流中波长变形系数$\left(\frac{L}{L_0}\right)_N$为:

$$\left(\frac{L}{L_0}\right)_N = \left(\frac{L}{L_S}\right)_N \left(\frac{L_S}{L_0}\right)_N = k''_c \left(\frac{L_S}{L_0}\right)_N$$

引入波浪作用通量守恒原则式在非线性波条件下深水波能传递速度:

$$C_{g60} = \frac{1}{2}C_0$$

任意水深中波能传递速度:

$$C_{gr} = \frac{1}{2}C_r(A + M)$$

式中,$M = \frac{\lambda^2}{32\sinh^4 kd}\left[5(8\cosh^4 kd - 3\cosh^2 kd + 9) - 3(A - 1)(8\cosh^4 kd + 16\cosh^2 kd - 3)\right]$。

$\lambda = \pi^2 a/L$ 可由下式求算:

$$\lambda^3 B_{33} + \lambda = \pi H/L$$

$$B_{33} = \frac{3(8\cosh^6 kd + 1)}{64\sinh^6 kd}$$

则同水深处水流中波能的变化率$(E/E_0)_N$为:

$$\left(\frac{E}{E_S}\right)_N = \frac{1}{k''_c}\frac{A_S + M_S}{A + M}\left(1 - \frac{U}{C}\right)\left[1 + \frac{U}{C}\left(\frac{2}{A + M} - 1\right)\right]^{-1}$$

该式即为水平底条件下水流中的波能变化率$\left(\frac{E}{E_S}\right)_{NH}$。

文献[2]已证明在一般条件下,下述关系式成立:

$$\left.\begin{array}{c}\left(\dfrac{H}{H_S}\right)_{NH} \approx \left(\dfrac{H}{H_S}\right)_N \\[3mm] \left(\dfrac{L}{L_S}\right)_{NH} \approx \left(\dfrac{L}{L_S}\right)_N\end{array}\right\}$$

即计算中采用的波浪理论不影响水平底上波浪变形$\dfrac{H}{H_S}$及$\dfrac{L}{L_S}$各数值。

3 意义

根据波群速、变化率等公式的计算,发生在平缓海底上由于波流共同作用下的规则波变形的问题已逐步找到规律。由此可知,静水条件下波浪变浅系数与水平底条件下波浪在水流作用下的变形系数的乘积能够计算出倾斜底上波浪在水流作用下的变形系数。而波浪理论会影响变浅系数,但不会影响变形系数,变浅系数与采用的波浪理论有关,而水流条件下的变形系数与采用的波浪理论无关。当初始波陡较小时,计算结果与实测结果极为吻合。

参考文献

[1] 李玉成. 缓坡上波浪在水流作用下的变形. 海岸工程,1987,6(1):1-8.
[2] 李玉成. 波浪与水流共同作用下波浪要素的变化. 海洋通报,1984,3(3):1-12.

地形改变的潮汐计算

1 背景

潮汐现象是指海水在天体(主要是月球和太阳)引潮力作用下所产生的周期性运动,习惯上把海面垂直方向涨落称为潮汐,而海水在水平方向的流动称为潮流,是沿海地区的一种自然现象。盛兴民[1]根据黄河三角洲地形改变对潮汐性质的影响,研究了影响潮汐变化的因素。黄河三角洲西自冀、鲁交界的大口河口,由于黄河带有大量泥沙流入渤海,造成河床抬高,河口向海延伸,会对潮汐现象造成一定的影响。

2 公式

根据羊角沟长期站1961—1983年22年的潮汐观测资料统计(1968年没有资料),1976年以前年平均潮差为1.14 m,1977年以后年平均潮差逐年增大(表1)。

表1　羊角沟年平均潮差

年份	潮差/cm	年份	潮差/cm
1965	101	1975	127
1966	103	1976	127
1967	105	1977	130
1969	106	1978	134
1970	117	1979	148
1971	117	1980	141
1972	118	1981	143
1973	123	1982	145
1974	117	1983	150

就三角洲海域的潮港性质而言,在不断发生变化,但具体到某一个海区又有不同,莱州湾湾顶由过去的不正规半日潮趋向于正规半日潮港,半日分潮的振幅增大,日分潮的振幅

208

减小(表2)。

表2 主要分潮平均振幅

站名	观测时间	H_{M_2}	H_{S_2}	H_{K_1}	H_{O_1}	$\dfrac{H_{K_1} + H_{O_1}}{H_{M_2}}$
黄河海港	1985 年 5 月	3	1	24	22	13.6
五号桩	1959 年 8 月	14	6	30	22	3.9
	1984 年 5 月	8	5	19	18	4.6
宋春荣沟	1959 年 9 月	49	20	31	21	1.1
	1984 年 5 月	68	23	21	21	0.6
小清河口	1958 年 7 月	51	19	25	24	0.9
	1934 年 5 月	70	24	21	21	0.6
羊角沟	1958 年 7 月	49	18	27	30	1.2
	1984 年 5 月	66	22	18	21	0.6
滩河口	1958 年 8 月	48	16	25	24	1.0
	1984 年 5 月	65	23	20	21	0.6

由理论深度基准面计算公式可知：

$$h = (fH)_{K_1}\cos\varphi_{K_1} + (fH)_{K_2}\cos\varphi_{K_2} + R_2\cos(\varphi_{M_2} - \varepsilon_1) +$$
$$R_2\cos(\varphi_{S_2} - \varepsilon_2) + R_3\cos(\varphi_{N_2} - \varepsilon_3)$$

深度基准面和理论最高潮面数值的大小取决于分潮的调和常数(H、g),分潮的相角φ_{K_1}和节点因素f。

图1是羊角沟年平均海面变化曲线,月平均海面的增水极值在8月,减水极值在1月。

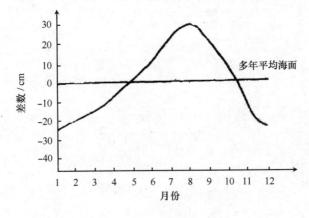

图1 年平均海面变化曲线

3　意义

根据深度基准面计算,可知海面的升降除受天体因素的影响外,气象因素的影响也十分明显,年平均海面随着季节的不同而发生周期性的线性变化。黄河三角洲附近入海的河流径流对平均海面有一定影响,但不会很大;三角洲海域增水频率高于减水频率,尤其夏半年基本没有减水现象。这一海区增减水的反常,振幅大而且平潮时间又长,所以形成了这一海区平均海面与其他海区相比偏高的反常现象。

参考文献

[1]　盛兴民. 黄河三角洲地形改变对潮汐性质的影响. 海岸工程,1987,6(1):49 – 53.

波群的统计模型

1 背景

在实际的海洋中,经常可以观察到这样一种现象,其主要特征是在固定地点,有时出现振幅大的波动,有时出现振幅很小的波动,两者相继交错发生。看起来大波是一群一群出现的,所以这种现象叫做波群。常德馥[1]通过对胶州湾波群的统计分析,来研究波群的变化规律。波群的存在能造成许多不利影响,如波群能使系泊的船体和锚链做大幅度、长周期的摆动;波群对斜坡堤的护面块石和人工块体的稳定性有较大的威胁,等等。因此国内外对波群的研究日益重视。

2 公式

由波群中各个波是相互独立的假定,从波高的瑞利分布可知,波高超过有效波高的概率为:

$$P(H > H_{\frac{1}{3}}) = \int_{H_{\frac{1}{3}}}^{\infty} f(H)\,\mathrm{d}H = \exp(-H_1/8m_0)$$

式中,m_0 为谱相对于原点的零阶矩,利用:

$$H_{\frac{1}{3}} = 4.005\sqrt{m_0}$$

可得:

$$P(H > H_{\frac{1}{3}}) = 0.134\,8$$

令 $P(j_1)$ 代表 j_1 个波的波群出现的概率,可以证明[2]:

$$P(j_1) = (1 - P)P^{i-1}$$

平均连长:

$$\bar{j_1} = \frac{1}{1 - P}$$

标准偏差:

$$\sigma_{j2}^2 = \frac{P}{(1 - P)^2}$$

平均重复长度:

$$\bar{j}_2 = \frac{1}{P} + \frac{1}{1-P}$$

标准偏差:

$$\sigma_{j2}^2 = \frac{P}{(1-P)^2} + \frac{1-P}{P^2}$$

根据包络线理论以谱的概念讨论波群分三种情况,对于窄谱 Ewing[3] 得到平均连长:

$$\bar{l}_1 = \frac{Qm_0^{\frac{1}{2}}}{2^{\frac{1}{2}}\rho}$$

$$\bar{l}_2 = \frac{Qm_0^{\frac{1}{2}}}{2^{\frac{1}{2}}\rho}\exp\left(\frac{1}{2}\frac{\rho^2}{m_0}\right)$$

式中,m_0 为谱的零阶矩;ρ 为特定波高在水面上的高程,特定波高为有效波高,$\rho = \frac{1}{2}H_{\frac{1}{3}}$;$Q$ 为谱峰尖度系数,定义为:

$$Q = \frac{2}{m_0^2}\int_0^\infty fs^2(f)\,\mathrm{d}f$$

对中间宽度的谱,Ewiug 给出式:

$$\bar{l}_1 = \frac{1}{(1-\varepsilon^2)^{\frac{1}{2}}}\left(\frac{m_2}{2\pi\mu_2}\right)^{\frac{1}{2}}\frac{m_0^{\frac{1}{2}}}{\rho} \qquad 0 \leqslant \varepsilon \leqslant 1$$

$$\bar{l}_2 = \frac{1}{(1-\varepsilon^2)^{\frac{1}{2}}}\left(\frac{m_2}{2\pi\mu_2}\right)^{\frac{1}{2}}\frac{m_0^{\frac{1}{2}}}{\rho}\exp\left(\frac{1}{2}\frac{\rho^2}{m_0}\right) \qquad 0 \leqslant \varepsilon \leqslant 1$$

其中,m_z 为谱的二阶矩:

$$\mu_2 = (2\pi)^2\int_0^\infty (f-f_0)^2 s(f)\,\mathrm{d}f$$

式中,f_0 为谱的中央频率。

ε 为谱宽度:

$$\varepsilon^2 = 1 - \frac{m_2^2}{m_0 m_4}$$

对于宽谱情况合田[2]给出式:

$$\bar{j}_1 = \left[1 - \exp\left(-\frac{1}{2}k^2\right)\right]^{-1}$$

$$l_2 = \left[1 - \exp\left(-\frac{1}{2}k^2\right)\right]^{-1} + \exp\left(-\frac{1}{2}k^2\right)$$

式中,$k = \rho/m_0^{\frac{1}{2}}$。

计算谱峰系数 Q 和谱宽度 ε,进行回归分析得:

$$Q = 4.63 - 4.32\varepsilon$$

此式表明谱峰尖度系数 Q 与谱宽度之间呈负相关关系。

3   意义

根据波群的计算统计,统计的内容包括波群的连长及其频率、波群的重复长度、波群出现的频率、波群中的最大波高等,再将统计结果同前人的结果进行比较,实测值明显高于理论值,这就表明理论值比自然界的波群长度要小得多,仅仅根据理论值来设计工程中的建筑是远远不够的,它的安全系数还不够高。大量研究表明,水工建筑物受波群的影响还是不可忽视的,需要对波群进行定量处理,这一研究有待探讨。

参考文献

[1]   常德馥. 胶州湾波群的统计分析. 海岸工程,1987,6(1):37 - 43.

[2]   合田良实. 港工建筑物的防浪设计. 刘大中等译. 北京:海洋出版社,1983,230 - 238.

[3]   Goda Y. Numerieal experimentson Wave Statisties With Speetral Simulation,Reqt. Port and Harbour Res. Insti. ,Vol. 9 ,No. 3 ,1970.

水位的判定公式

1　背景

水位是指自由水面相对于某一基面的高程,水面离河底的距离称水深。计算水位所用基面可以是以某处特征海平面高程作为零点水准基面,称为绝对基面,常用的是黄海基面。高焕臣[1]提出了推算设计水位的一种新方法,同时提出了校核水位推算中订正 k 值的方法,从而提高了推算设计水位和校核水位的精度。设计水位和校核水位是海港工程设计的重要依据,寻求推算设计水位和校核水位的准确方法,具有重要意义。

2　公式

短期同步差比法计算高、低水位的公式为:

$$h_{S_y} = A_{N_y} + R_y/R_x(h_{SX} - A_{N_x})$$

式中, h_{SX} 、 h_{S_y} 分别为原有港口和拟建港口的设计高、低水位; R_x 、 R_y 分别为原有港口和拟建港口的短期同步的平均潮差; A_{N_x} 、 A_{N_y} 分别为原有港口和拟建港口的年平均海平面。

$$A_{N_y} = A_y + \Delta A_y$$

式中, A_y 为拟建港短期验潮资料的月平均海平面; ΔA_y 为拟建港所在海区海平面的季节(月)改正值。

在没有连续 20 年实测潮汐资料或不具备用"极值差比法"时,校核水位可用设计水位加(减)常数的方法来推算,即:

$$h_1 = h_s \pm k$$

这里, h_1 、 h_s 分别为校核水位和设计水位; k 为常数,随海区而异。

图 1 是 1985 年 10 月和 11 月 B 站(实线)和葫芦岛日平均海面变化情况。由此求得 B 站校核高水位之 k 值的订正比为:

$$Q_1 = \frac{0.938 + 0.967}{2} = 0.953$$

校核低水位 k 值的订正比为:

$$Q_2 = \frac{0.929 + 0.957}{2} = 0.943$$

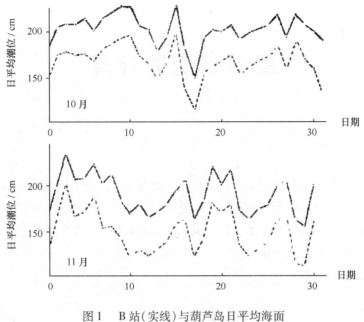

图1　B站(实线)与葫芦岛日平均海面

3　意义

根据 k 值的计算,解释了造成设计水位产生误差的原因,用拟建港和主港的数据作为依据,来比较同步高潮和同步低潮,并以此推算设计水位,同时以实际数据资料来验证此方法的正确性。后期还通过实验来订正 k 值,主要以用同一增、减水过程中拟建港和主港日平均潮位变差为根据,得出较为精准的校核水位。此方法可用于高标工程中,如核电站等的设计。

参考文献

[1]　高焕臣. 设计水位和校核水位推算方法的探讨. 海岸工程,1987,6(1):44-48.

海岸演变的计算

1 背景

　　海岸是在水面和陆地接触处,经波浪、潮汐、海流等作用下形成的滨水地带,其中有众多沉积物堆积而形成的岸称为滩,是海滨或滨海的陆地边界、紧接海洋边缘的陆地。喻国华[1]通过对小丁港海岸演变及整治工程试验研究,来探究海岸变化规律。由于长期以来对海岸侵蚀的特点及原因认识不足,以致在治理海岸的过程中走了不少弯路,我们需要找到快捷有效的方法来更好地治理海岸后退。

2 公式

　　日本学者砂村继夫等通过室内和现场的研究,得到了判别海岸冲淤状态的关系式为:

$$\frac{H_0}{L_0} = C \left(\frac{d_m}{L_0} \right)^{0.67} / \left(C \tan\theta \right)^{0.27}$$

式中,H_0 为原始波高;L_0 为原始波长;$\tan\theta$ 为岸滩坡度;d_m 为泥沙中径;C 为判别系数。[2]

　　交通部港口规范中波浪爬高公式为:

$$R = K_\Delta K_d R_0 H$$

式中,R 为波浪爬高,从静水面算起;K_Δ 为考虑护面结构形式的系数;K_d 为水深校正系数;R_0 为 K_Δ,H 为 1 m 时的爬高,与斜坡为 m 和波坦(L/H)有关;H 为波高。

　　关于护坡结构,采用港口规范中干砌块石护面厚度 t 的计算公式进行验算,其公式为:

$$t = 1.3 \frac{\Gamma}{r_s - r} H (K_{md} + K_\delta) \frac{\sqrt{1 + m^2}}{m}$$

式中,K_{md} 为与斜坡 m 和 $\frac{d}{H}$ 有关的系数;K_δ 为波坦系数;并用向金公式进行了校核,即:

$$t = K_\delta \frac{r}{r_s - r} \frac{\sqrt{1 + m^2}}{m(m + 2)} H$$

式中,K_δ 为系数,当 $L/H \leqslant 15$,$K_\delta = 1.70$;当 $L/H > 15$,$K_\delta = 1.85$。H 为设计波高。

　　通过资料分析,得到抛石潜堤消浪的经验关系式为:

$$\frac{H_1}{H} = 0.54 + 0.46 \text{th} \frac{A}{H} \qquad \left(\frac{B}{H} = 3 - 6, \frac{L}{H} = 32 \right)$$

216

式中,H_1 为堤后波高;H 为堤前波高;A 为潜堤上部相对水深;B 为潜堤顶宽。

3 意义

根据海岸冲淤状态和抛石潜堤消浪的公式分析,可知保滩工作极为重要,特别在海岸侵蚀强烈的地区尤为明显。采用有效的工程措施,使破坏海岸建筑物的动力在远离海岸时就破碎消失,在这一过程中还应有效利用自然的力量,尽量降低工程使用来达到最大防护效果。对于侵蚀性的粉砂淤泥质的海岸的防护,应采用分离式离岸堤与丁坝相结合来达到最佳效果。为保护海岸应多开展筑堤新技术和采用生物保滩措施的研究。

参考文献

[1] 喻国华. 小丁港海岸演变及整治工程试验研究. 海岸工程,1987,6(1):71-78.
[2] 醉鸿超,顾家龙,任汝述. 海岸动力学. 北京:人民交通出版社,1980.

防波堤的优化公式

1 背景

防波堤为阻断波浪的冲击力、围护港池、维持水面平稳以保护港口免受坏天气影响、以便船舶安全停泊和作业而修建的水中建筑物,防波堤还可起到防止港池淤积和波浪冲蚀海岸线的作用。刘大中和毛恺[1]应用工程结构的优化设计方法,由计算机设计出沉箱直立堤断面,来对防波堤进行优化。防波堤在港口建设中尤为重要,在不断地改造与更新中形成了多种断面结构形式,斜坡堤与直立堤应用较为广泛。

2 公式

设计断面如图 1 所示,按规范规定确定堤顶标高条件下,改变如下各项:

(1)基床类型:根据水深情况决定用暗基床或明基床。

(2)基床厚度 t:在堤顶高一定的条件下,改变基床厚度,使沉箱高度变化,亦即使基床上水深 d_1 变化,寻找最优化基床厚度。

(3)直堤堤宽 B:按设计潮位和波峰波谷组合,由满足一定安全系数 k 的抗滑、抗稳定及地基稳定校核求出最稳定的最小堤宽。

当约束条件为 $g_j(x)$、目标函数为 $f(x)$ 时,其一般表达式为:

$$g_j(x) \leqslant 0 \qquad (j = 1, m)$$
$$\text{Min} \quad f(x) \rightarrow Q_{\min}$$

令 $x = (B, t, B_N, B_W)$:

$$\text{Min} \quad f(x) = \sum_{j=1}^{n} Z_i$$

将维修费考虑进去并考虑折现系数 F,即可计算出总投资 ZZ:

$$ZZ = Z(1 + A \times F \times P)$$

式中,$P = \dfrac{1}{TT}$,其中 TT 为波浪重现期;A 为维修系数,考虑直立堤一般很少破坏,但毁坏后损失严重,且难以修复,所以取 A 为 1.5,而 F 是折现系数,其利率是 i 时 N 年的折现系数为:

$$F = \frac{(1 + i)^N - 1}{i(1 + i)^N}$$

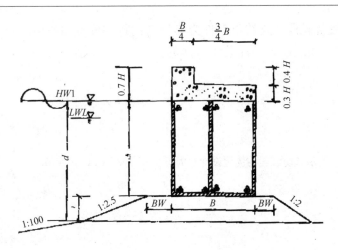

图 1　优化设计断面图示与符号

从计算中间结果绘出的 d_1/d 与总投资曲线表明，有一最小值拐点，即是优化点。计算是收敛的。计算结果列于表 1。

表 1　各水深优化设计主要值汇总表

项目	1	2	3	4	5
水深 d/m	5.0	10.0	15.0	20.0	30.0
波高 $\overline{H}$/m	1.0	1.5	2.0	2.6	4.0
周期 T/s	6.0	8.0	10.0	10.0	12.0
设计波高 H/m	2.1	3.3	4.4	5.7	8.8
波长 T/m	38.07	70.85	108.98	121.16	176.92
最佳基床厚 t/m	2.0	4.2	7.1	9.7	14.2
d_1/d	1.0	0.58	0.53	0.52	0.52
B	4.8	5.6	7.5	9.8	15.1
投资 ZZ/元	5 884	14 003	26 150	43 311	79 721

3　意义

根据防波堤结构及投资的计算，并结合计算机已能够迅速地输出优化的直立堤断面尺寸、工程量、各部造价，甚至可以预算含维修费在内的工程总投资，为工程设计提供了方法，

219

省时省力。防波堤优化设计是约束条件为非线性的规划问题,目前还处于发展阶段中,可在应用中逐步完善,使之适应设计灵活多样的需要,与之相辅相成的计算机技术也有待进一步发展。

参考文献

[1]　刘大中,毛恺. 直墙式防波堤的优化设计. 海岸工程,1987,6(1):9 – 16.

桩基的承载能力计算

1 背景

由桩和连接桩顶的桩承台组成的深基础或由柱与桩基连接的单桩基础,简称桩基。牟玉玮[1]根据钻孔灌注桩基设计中的几个问题及矩形桩计算举例,来分析桩基的注意事项及改进方向。钻孔灌注桩基承载能力强,施工简单,造价较低,在我国已广泛使用。但目前钻孔灌注桩基均为圆桩,与矩形桩相比,圆桩的抗弯能力小,材料强度不能充分发挥,致使桩基用料多,造价高,对此需要进行改进。

2 公式

2.1 桩长计算

(1)单桩桩长计算。

$$H_{单} = \frac{2[P] + 2\lambda m_0 A(3K_0 - \sigma_0)}{U_{\tau_p} + 2\lambda m_a A K_0}$$

(2)群桩桩长计算。

群桩系数:$\eta_p = 0.863 + 1.39\mathrm{n}^{-1} = 1.095$

群桩长度:$H_{群} = \dfrac{H_{单}}{\eta_p}$

2.2 桩内力计算

(1)求桩身抗弯刚度。

桩截面惯性矩:$I = \dfrac{bh^3}{12}$

桩身抗弯刚度:$EI = 0.8E_h I$

(2)求桩的计算宽度。

$$K = b' + \frac{1 - b'}{0.6} \times \frac{L_1}{h_1}$$

桩的计算宽度:$b_p = 0.9K(b + 1)$

式中,L_1 为桩的平均净距;h_1 为桩的入土深度;$b' = 0.5$。

(3)求在土中的变形系数。

$$a = 5\sqrt{\frac{mb_p}{EI}}$$

（4）桩变位计算。

按桩顶嵌固的弹性桩计算，按 $aH = 5$，根据文献[2]，求影响函数$\dfrac{B_3 D_4 - B_4 D_3}{A_3 B_4 - A_4 B_3}$等。

地面处作用单位力时，地面处桩的变位：

$$\delta_{HH} = \frac{1}{a^3 EI} \cdot \frac{B_3 D_4 - B_4 D_3}{A_3 B_4 - A_4 B_3}$$

$$\delta_{mH} = \delta_{Hm} = \frac{1}{a^2 EI} \cdot \frac{A_3 D_4 - A_4 D_3}{A_3 B_4 - A_4 B_3}$$

$$\delta_{mm} = \frac{1}{aEI} \cdot \frac{A_3 C_4 - A_4 D_3}{A_3 B_4 - A_4 B_3}$$

桩顶发生单位变位时，桩顶产生的内力桩身截面积：

$$a_0 = a + 2H \mathrm{tg} \frac{\phi}{4}$$

$$b_0 = b + 2H \mathrm{tg} \frac{\phi}{4}$$

故桩尖处地基受压面积：$A_0 = a_0 \times b_0$。

桩尖处竖向地基系数 $C_0 = mH$ 地面以上桩长 $l_0 = 0$，则：

$$\rho_{pp} = \frac{1}{\dfrac{l_0 + 0.5H}{E_h \cdot A} + \dfrac{1}{C_0 \cdot A_0}}$$

$$\rho_{HH} = \frac{\delta_{mm}}{\delta_{HH} \cdot \delta_{mm} - \delta_{mH}^2}$$

$$\rho_{mH} = \rho_{Hm} = \frac{\delta_{mH}}{\delta_{HH} \cdot \delta_{mm} - \delta_{mH}^2}$$

$$\rho_{mm} = \frac{\delta_{HH}}{\delta_{HH} \cdot \delta_{mm} - \delta_{mH}^2}$$

承台发生单位变位时，所有桩顶反力和为：

$$y_{cc} = n\rho_{pp}$$

$$y_{\alpha\alpha} = n\rho_{HH}$$

$$y_{\beta\alpha} = y_{\alpha\beta} = -np H_m$$

$$y_{\beta\beta} = n\rho_{mm} + \sum y_i^2 \cdot \rho_{pp}$$

闸底板（承台）在外荷作用下的变位桩基分担荷载：

垂直　　　$N = 0.8p$

水平　　　$Q = 0.8H$

弯矩　　　$M = 0.8M$

水平位移 $\alpha = \dfrac{\gamma_{\beta\beta}Q - \gamma_{\alpha\beta}M}{\gamma_{\alpha\alpha}\gamma^2_{\alpha\beta}}$

转角 $\beta = \dfrac{\gamma_{\alpha\alpha}M - \gamma_{\alpha\beta}Q}{\gamma_{\alpha\alpha}\gamma_{\beta\beta} - \gamma^2_{\alpha\beta}}$

桩顶水平力及弯矩计算：

水平力 $Q = \alpha\rho_{HH} - \beta\rho_{Hm}$

弯矩 $M = \beta\rho_{mm} - \alpha\rho_{mH}$

地面处桩受力及变位计算：

水平位移 $X_0 = H_0\delta_{HH} + M_0\delta_{Hm}$

转角 $\emptyset_0 = -(H_0\delta_{mH} + M_0\delta_{mm})$

地面以下桩身弯矩计算：

$$M_y = a^2EIX_0A_3 + aEI\emptyset_0B_3 + M_0C_3 + \frac{H_0}{a}D_3$$

求受压钢筋面积：

$$A'_g = \frac{K_eN - R_\omega bx\left(h_0 - \dfrac{Y}{2}\right)}{R'_g(h_0 - a)}$$

求受拉钢筋面积：

$$A_g = \frac{R_\omega bx + R'_gA'_g - k/V}{R_g}$$

求受压区高度：

$$x = h_0 \pm \sqrt{h_0^2 - \frac{2\left[KN_e - K'_gA'_g(h_0 - a)\right]}{R_\omega b}}$$

当 $x = 28.41 > 2a = 10$ 时，求受拉钢筋：

$$A_g = \frac{R_\omega bx + R'_gA'_g - KN}{R_g}$$

3 意义

通过对钻孔灌注桩基原型观测和现场试验资料相结合，得出了一些改进要点，通过改进桩基结构，提高承载能力，降低造价，使钻孔灌注桩基更加完善。将圆桩改为矩形桩，并进行矩形桩计算，比较了圆桩、矩形桩基的工程量来选择最终的优良设计。对于地基条件复杂的地区，目前的桩基计算方法还不能完全符合实际情况，需要与类比法相结合才能更准确地说明问题。

参考文献

[1] 牟玉玮. 钻孔灌注桩基设计中的几个问题及矩形桩计算举例. 海岸工程,1987:6(1):17－27.

[2] 胡人礼. 桥梁桩基设计. 北京:人民铁道出版社,1976.

绕射和折射的波传播方程

1 背景

绕射是指波遇到障碍物或小孔后通过散射继续传播的现象,也称衍射。衍射现象是波的特有现象,一切波都会发生衍射现象。折射是指从一种透明介质斜射入另一种透明介质时,传播方向一般会发生变化,这种现象叫折射。张黎邦和申震亚[1]利用波浪组合绕射和折射的改进通过杂交元法来分析波的传播过程。由于地形起伏不平,绕射和折射会同时发生,考虑某种单一的波浪变形得到的结果偏差较大,用数直方法研究绕射和折射的组合作用极有必要。

2 公式

选择水面为 $x-y$ 坐标平面,z 坐标以向上为正的笛卡尔直角坐标系,则波浪场的三维速度势 $\varphi(x,y,z)$ 满足以下方程。

三维势函数方程:

$$\nabla^2 \varphi = 0$$

线性化自由表面条件:

$$\frac{\partial \varphi}{\partial z} + \frac{\omega^2}{g}\varphi = 0$$

水底边界条件:

$$\frac{\partial \varphi}{\partial z} + \frac{\partial \varphi}{\partial z}\frac{\partial h}{\partial x} + \frac{\partial \varphi}{\partial y}\frac{\partial h}{\partial y} = 0$$

式中,h 为水深函数 $h(x,y)$。

三维复势 $\varphi(x,y,z)$ 可写成:

$$\varphi(x,y,z) = -\frac{iHg}{2\omega}\frac{\operatorname{ch}k(z+h)}{\operatorname{ch}kh}\emptyset(x,y)$$

式中,$\omega^2 = gh\operatorname{th}(kh)$;$H$ 为波高;i 为 $\sqrt{-1}$;k 为波数;g 为重力加速度;$\emptyset(x,y)$ 为二维复势函数。

用小参数展开的方法可得缓坡方程:

$$\nabla \cdot (F \cdot \Delta\emptyset) + \omega^2 \cdot G \cdot \emptyset = 0$$

其中，
$$F = \frac{1}{2}gh\,\frac{\text{th}(kh)}{kh}\left(1 + \frac{2kh}{\text{sh}2kh}\right)$$

$$G = \frac{1}{2}\left(1 + \frac{2kh}{\text{sh}2kh}\right)$$

假定复杂地形（如大型结构、变化水深等）局限在 Γ_2 内；圆周线把整个区域分为两个子域：内域（A 域）和外域（B 域）。B 内为等水深，复势可写成入射势 $\varnothing_2$ 和散射势 $\varnothing_S$ 之和：

$$\varnothing = \varnothing_1 + \varnothing_S$$

$\varnothing_S$ 在 B 内满足 Helmholtz 方程，在 Γ_3 上满足辐射条件：

$$\lim_{r\to\infty}\sqrt{r}\left(\frac{\partial\varnothing_S}{\partial r} - i\cdot k\cdot\varnothing_S\right) = 0$$

因此散射势的通解写成：

$$\varnothing_S = \sum_{n=0}^{\infty}(a_n\cos n\theta + \beta_n\sin n\theta)H_n^{(1)}(kr)$$

式中，a_n、$\beta_n(n = 0,1,2,\cdots,\text{n})$ 为待定未知常数，$H_n^{(1)}(\ )$ 为第一类 Hankel 函数。取单位平面波势函数：

$$\varnothing_1 = \text{e}^{ikr\cos(\theta-\theta_1)}$$

$$= \sum_{n=0}^{\infty}\varepsilon_n(i)^n J_n(kr)\cos n(\theta - \theta_I)$$

可得：

$$\varnothing = \sum_{n=0}^{\infty}H_n^{(1)}(kr)(a_n\cos n\theta + \beta_n\sin n\theta)$$

式中，θ_I 为波浪方向角；$J_n(\ )$ 是 Bessel 函数；ε_n 是 Neumann 符号，$\varepsilon_0 = 1$，$\varepsilon_n = 2$。

在内外域交界面上，必须保证压力及速度连续，即满足匹配条件：

$$\varnothing\,|_A = \varnothing\,|_B$$

$$\left.\frac{\partial\varnothing}{\partial n}\right|_A = -\left.\frac{\partial\varnothing}{\partial n}\right|_B$$

n 为域外法线方向 $\bar{n}$。

由以上两式可得：

$$\varnothing\,|_A = \sum_{n=0}^{\infty}H_n^{(1)}(kR)(a_n\cos n\theta + \beta_n\sin n\theta) +$$
$$\sum_{n=0}^{\infty}\varepsilon_n i^n J_n(kR)\cos n(\theta - \theta_I)$$

式中，R 为内域半径，利用三角函数正交性，可得：

$$\alpha_n = \frac{\varepsilon_n}{2\pi H_n(kR)}\left[\frac{1}{R}\int_{\Gamma_2}\varnothing\cos n\theta\mathrm{d}s - 2\pi i^n J_n(kR)\cos n\theta_I\right]$$

$$\beta_n = \frac{\varepsilon_n}{2\pi H_n(kR)}\left[\frac{1}{R}\int_{\Gamma_2}\varnothing\cos n\theta\mathrm{d}s - 2\pi i^n J_n(kR)\cos n\theta_I\right]$$

225

$$n = 0, 1, 2, \cdots, N$$

$$\frac{\partial \varnothing}{\partial n}\Big|_A = \sum_{n=0}^{\infty} k H'_n(kR)(a_n \cos n\theta + \beta_n \sin n\theta)$$

$$+ \sum_{n=0}^{\infty} \varepsilon_n i^n k \cdot J_n(kR) \cos n(\theta - \theta_I)$$

$H'_n(\ )$ 为 Hankel 函数对自变量求得,并用 Worekey 恒等式:

$$J_n(kR) H'_n(kR) - H_n(kR) J'_n(kR) = \frac{2i}{\pi k R}$$

得:

$$f = \frac{\partial \varnothing}{\partial n}\Big|_A = \sum_{n=0}^{\infty} \frac{\varepsilon_n k H'_n(kR)}{2\pi R H_m(kR)} \Big[\int_{\Gamma_2} \varnothing \cos n\theta \cdot \cos n\theta \mathrm{d}\theta +$$

$$\int_{\Gamma_2} \varnothing \sin n\theta \cdot \sin n\theta \cdot \mathrm{d}\theta \Big] - \sum_{n=0}^{\infty} \frac{(i)^{n+1} \varepsilon_n \cos n(\theta - \theta_I)}{\pi R H_n(kR)}$$

A 内与边界条件构成 $\varnothing$ 的边值问题,其泛函可写成:

$$J(\varnothing) = I_1 + I_2$$

$$I_1 = \frac{1}{2} \iint_A [F \cdot (\nabla \varnothing)^2 - \omega^2 \cdot G \varnothing^2] \mathrm{d}A$$

$$I_2 = - \int_{I_2} F \cdot f \cdot \varnothing \cdot \mathrm{d}s$$

对上述泛函进行有限元公式推导,在 A 内用八节点等参单元,每个单元 $\varnothing^e(x,y)$ 近似为:

$$\varnothing^\varepsilon(x,y) = \sum_{j=1}^{8} N_j \cdot \varnothing_j^e = \{N^e\}_{1 \times 8} \{\varnothing^e\}_{8 \times 1}$$

式中,$\{N^e\}_{1 \times 8}$ 为八节点等参元插值函数,则:

$$I_1 = \frac{1}{2} \sum_{e \in A} \{\varnothing^e\}^T [K_1^e] \{\varnothing^e\} = \frac{1}{2} \{\varnothing\}^T [K_1] \{\varnothing\}$$

式中,$[K^\varepsilon]_j = \iint_e F \cdot (\nabla N_i)^T (\nabla N_i) - \omega^2 G N_i N_i J \mathrm{d}x \mathrm{d}y$ 组装各元素的单元系数矩阵 $[K_1^e]$ 形成矩阵 $[K_1]$。

$$I_2 = - \frac{1}{2} \sum_{n=0}^{s} \frac{\varepsilon_n k H'_n(kR)}{2\pi R H_n(kR)} \int_{\Gamma_2} \varnothing \cos n\theta \mathrm{d}s \cdot \int_{\Gamma_2} F \cdot \varnothing \cos n\theta \mathrm{d}s -$$

$$\frac{1}{2} \sum_{n=0}^{s} \frac{\varepsilon_n k H'_n(kR)}{2\pi R H_n(kR)} \int_{\Gamma_2} \varnothing \sin n\theta \mathrm{d}s \cdot \int_{\Gamma_2} F \cdot \varnothing \sin n\theta \mathrm{d}s +$$

$$\frac{1}{2} \sum_{n=0}^{s} \frac{2\varepsilon_n (i)^{n+1}}{\pi R H_n(kR)} \int_{\Gamma_2} F \cdot \varnothing \cos n(\theta - \theta_1) \mathrm{d}s$$

$$= \frac{1}{2} \{\hat{\varnothing}\}^T [K_2] \{\hat{\varnothing}\} - \{Q\}^T \{\hat{\varnothing}\}$$

其中，$\{\hat{\varnothing}\}$ 为 Γ_2 上节点势向量：

$$\{K_2\} = \sum_{n=0}^{S} A_n \{ [C]^T[C] + [D]^T[D] \}$$

$$[Q] = \sum_{n=0}^{S} B_n[T]$$

$$C_j^e = - \int_{e \in \Gamma_2} (F)^{1/2} N_j \cos n\theta \mathrm{d}s$$

$$D_j^e = - \int_{e \in \Gamma_2} (F)^{1/2} N_j \sin n\theta \mathrm{d}s$$

$$T_j^e = - \int_{e \in \Gamma_2} F \cdot N_j \cos n(\theta - \theta_2) \mathrm{d}s$$

$$A_n = \frac{e_n k H'_n(kR)}{2\pi R H_n(kR)}$$

$$B_n = \frac{2\varepsilon_n(i)^{n+1}}{\pi R H_n(kR)}$$

综合 I_1 与 I_2 得：

$$J(\varnothing) = I_1 + I_2$$

$$= \frac{1}{2}\{\varnothing\}^T[K_1]\{\varnothing\} + \frac{1}{2}\{\hat{\varnothing}\}^T[K_2]\{\hat{\varnothing}\} - \{Q\}\{\hat{\varnothing}\}$$

由于 $J(\varnothing)$ 是驻定的，故要求：

$$\frac{\partial J(\varnothing)}{\partial \varnothing_j} = 0 \quad j = 1,2,\cdots,n$$

由此得：

$$[K_1]\{\varnothing\} + [K_2]\{\hat{\varnothing}\} = \{Q\}$$

组合 $[K_1]$、$[K_2]$ 形成复系数代数联立方程组：

$$[K]\{\varnothing\} = \{Q\}$$

圆柱的理论解为：

$$\frac{H}{H} = \sum_{n=0}^{\infty} \varepsilon_n(i)^n \cos n\theta \left[J_n(kR_0) - \frac{J_n(kR_0)H_n(kR_0)}{H'(kR_0)} \right]$$

3 意义

根据 Mei 的杂交元法，并在此基础上进行改进，提高解的精度可以通过增加外域级数解的项数来解决，还不会使联立方程组数目有所增加。利用泛函公式简化了计算，较通常杂交元法更是简便易行，和 ICCG 方法相结合，还可以快速有效地求解复代数方程组，运算范围得到扩大。经过验证,总结出的公式得出的结果与理论结果较接近,可用在离岸建筑工程中。

参考文献

[1]　张黎邦,申震亚. 波浪组合绕射和折射的改进的杂交元法. 海岸工程,1987,6(2):10－20.

浅海的波浪谱方程

1 背景

以任何一种形式展示电磁辐射强度与波长之间的关系,叫做波谱。康海贵[1]通过对波谱浅水变形的数值计算及试验研究,从波能流守恒这一基本原理出发,与计算相结合得到各组成波的浅水变形,然后再利用波浪叠加法得到波浪的浅水谱,以此来分析波谱浅水变形方式。

各种计算方法的可靠性还不是很明确,需要更多的验证试验来作为依据,不规则波浅水变形的模型试验也还需要进行多次验证及改进。

2 公式

每个组成波列从 d_j 到 d_{j+1} 传播过程的波能流平衡方程:

$$\frac{\partial(EGB)}{\partial X} = \frac{(EGB)_j - (EGB)_{j+1}}{\Delta X} = R_\omega 2d + (R_b + R_T)B_j$$

其中, $E = \frac{1}{2}\rho g H^2$,为单位海面上的波动能量; $G = nc = \frac{1}{2}\left(1 + \frac{4\pi d/L}{\sinh 4\pi d/L}\right) \times \frac{gT}{2\pi}\tanh\frac{2\pi d}{L}$; B 为水槽宽度; ΔX 为 d_j 至 d_{j+1} 之间的水平距离; T 为波周期; H 为波高; g 为重力加速度; ρ 为水的密度; n 为波能传递率; c 为波速; R_b 为水槽底部摩擦所引起的单位时间内单位面积上波能损耗量的平均值; R_ω 为单位时间内在单位面积上由单位槽壁摩擦所引起的波能损耗平均值; R_T 为单位时间内单位面积上的平均波能紊动损耗值。

1)综合法

按文献[2] R_b 可依下式计算:

$$R_b = \frac{2}{T}\int_0^{\frac{1}{2}} f\rho u_b^3 \mathrm{d}t = \frac{4}{3}\pi^2 f\rho \frac{H^3}{T^3 sh^3 kd}$$

边壁摩擦损耗率 R_ω(为单面值)可推求为:

$$R_\omega = \frac{2}{T} \cdot \frac{1}{d}\int_0^{\frac{1}{2}} f\rho u^3 \mathrm{d}z\mathrm{d}t$$

$$= \frac{4}{9}\pi^2 f\rho \frac{H^3}{T^3 \cdot kd \cdot sh^3 kd}(shkd \cdot ch^2 kd + 2shkd)$$

229

紊动波能损耗率 R_r 可依文献[3]按下式计算:

$$R_r = \frac{3}{100}\rho c^3 \cdot \left(\frac{\pi H}{L}\right)^5 \cdot \left[1 - \frac{15}{14}\left(\frac{\pi H}{L}\right)^2\right]$$

式中,k 为波数,$k = \frac{2\pi}{L}$;ω 为圆频率,$\omega = \frac{2\pi}{T}$;f 为摩擦系数;z 为沿水深纵坐标(水面为零,向上为正);u 为波动水质点的水平分速度,按线性波浪理论计算为:

$$u = \frac{Hgk}{\omega} \cdot \frac{\mathrm{ch}k(d+z)}{\mathrm{ch}kd} \cdot \sin(kx - \omega t)$$

u 为 $Z = -d$ 时水底质点水平分速度。

求出任一组成波于水深 d_{j+1} 处的能量值为:

$$E_{j+1} = \left[(EGB)_j(R_b + R_T) \cdot B_j \cdot \Delta X - R_\omega \cdot 2d_i \cdot \Delta X\right]/(GB)_{j+1}$$

则水深 d_{j+1} 处的浅水谱密度可推求为:

$$S_{j+1}(\omega) = \left(\frac{E_{j+1}}{E_j}\right) \cdot S_j(\omega)$$

2)Bretchneider 法

此法考虑海底摩擦影响时,将每一个组成波的深水波高乘以一个衰减系数而得到浅水波高;此系数以 k_f 表示,其表达式为:

$$k_f = \frac{H_{j+1}}{H_j} = \left[1 + \frac{64}{3} \cdot \frac{\pi^3}{g^2} \cdot \frac{fH_j\Delta X}{d^2} \cdot \left(\frac{d}{T^2}\right)^2 \cdot \frac{k_z^2}{\mathrm{sh}^3\left(\frac{2\pi d}{L}\right)}\right]^{-1}$$

式中,H_j 及 H_{j+1} 分别为任一组成波于水深 d_j 及 d_{j+1} 处的波高值;k_g 为浅水系数;其他同前。从上式可知,系数 k_f 已包括有摩擦与浅水两项的影响。因此,可求出水深 d_{j+1} 处的波谱密度值为:

$$S_{j+1}(\omega) = (k_f)^2 \cdot S_i(\omega)$$

3)Hough 法

基于微幅波理论所得到的解为:

$$R_F = \frac{k}{2\pi}\int_{-d}^{0}\int_{0}^{L}\mu\left[\left(\frac{\partial\omega}{\partial x} - \frac{\partial u}{\partial z}\right)^2 - 4\left(\frac{\partial u\partial\omega}{\partial x\partial z} - \frac{\partial u\partial\omega}{\partial z\partial x}\right)\right]\mathrm{d}x\mathrm{d}z$$

$$= \frac{\pi^2\mu\beta H^2}{2T^2\,\mathrm{sh}^2kd}\left[1 + \frac{2k}{\beta}\mathrm{sh}2kd + \cdots\right]$$

式中,u、ω 分别为波动水质点的 X、Z 方向上的分速度,按微幅波理论计算,μ 为流体黏滞系数:$\beta = \left(\frac{\omega}{2\gamma}\right)^{\frac{1}{2}}$,$\omega = \frac{2\pi}{\tau}$,$\gamma = \frac{\mu}{\rho}$。

利用波能流平衡方程可以推求任一浅水处的波能谱与已知波能谱的关系为:

$$S_{j+1}(\omega) = \exp\left[2\int_{\xi_0}^{\xi}J\mathrm{d}\xi\right] \cdot S_j(\omega)$$

其中,$\xi = d/L$;$\xi_0 = d/L_0$,于深水中可取 $\xi_0 = \dfrac{1}{2}$;J 由下式表示:

$$J = -\frac{\pi(\text{sh}2kd - kd \cdot \text{ch}2kd + kd)}{\text{ch}^2 kd \cdot (\text{sh}^2 kd + kd \cdot \text{th}kd)} + \frac{\sqrt{2}\pi\gamma^{\frac{1}{2}}\omega^{\frac{3}{2}}}{gs \cdot \text{sh}^2 kd} + \frac{8\pi\gamma\omega^3}{g^2 s} \cdot \coth^2 kd$$

式中,s 为海底坡度。

依据任意两点的实测谱即可得到任一组成波在传播过程中的摩擦系数为:

$$f = \frac{\dfrac{1}{8x} \cdot gcnB \cdot (H_j^2 - H_{j+1}^2) - \dfrac{3}{100}BC^3\left(\dfrac{\pi\overline{H}}{L}\right)^5\left[1 - \dfrac{15}{14}\left(\dfrac{\pi\overline{H}}{L}\right)^2\right]}{\dfrac{8\pi^2\overline{H}^3}{9T^3 \cdot kd \cdot \text{sh}^3 kd} \cdot (\text{sh}kd \cdot \text{ch}^2 kd + 2\text{sh}kd) + \dfrac{4\pi^2 H^3 B}{3T^3 \text{sh}^3 kd}}$$

式中,$H_j = \sqrt{2S_j(\omega) \cdot \Delta\omega}$;$H_{j+1} = \sqrt{2S_{j+1}(\omega) \cdot \Delta\omega}$。

$$\overline{H} = \frac{H_j + H_{j+1}}{2}$$

3 意义

根据海浪各参数的计算公式,得到浅海波浪谱,可以清楚地了解到波浪传播时,由于水深变浅、海底摩擦及反射、内部紊动摩擦、折射与海底渗透等因素的影响,波浪能量也会有所变化。这是一个极为复杂的过程,其细节上的原理还需要进一步地研究与探讨。从能量损失出发,利用计算机算出变化值,并与实验结果比较,可以进一步通过数模计算将其转换为浅水波浪时间系列,为浅海建筑物上不规则波力的数值计算提供了条件。

参考文献

[1] 康海贵 . 波谱浅水变形的数值计算及试验研究 . 海岸工程,1987,6(2):21 - 27.

[2] 文圣常 . 海浪原理 . 济南:山东人民出版社,1962.

[3] 余广明 . 波能的紊动损耗 . 科学通报,1979,24(5):225 - 229.

盐水入侵量的计算

1 背景

船舶经过海船闸时，会出现海水由船闸入侵的现象，此现象被认为是淡水咸化的根源。船闸在船舶过闸时海水的入侵方式主要有水位差的调平、盐水楔异重流、闸阀门漏水量的补给及扰动。这些现象都会造成海水污染淡水水域。周华兴[1]通过船舶过"海船闸"时盐水入侵量的分析与计算，来总结此现象发生的原理，并极力找出解决的方法来阻止淡水咸化的现象。

2 公式

密度较大的海水由底部潜入，闸室淡水则由表层排出，根据位能与动能互相转化原理，盐水楔楔头潜入闸室的速度为：

$$u = \xi\left(\frac{\Delta\rho}{\rho}gh\right)^{1/2}$$

式中：g 为重力加速度；Δ 为海水与淡水的密度差；h 为水深；ξ 为速度系数；由上式可知，盐水楔入侵速度与相对密度差、水深成正比关系。

在已知闸室尺度、水深、水质盐度的条件下，可以计算任何时刻入侵闸室或河侧的咸水水体或盐量。

（1）进入闸室的咸水水体 V_s 或盐量 W：

$$V_{S闸} = VM_1 = (\Delta L + L)BhM_1$$

$$W_{闸} = \Delta S_1 VM_1 = (S_{海} - S_{0闸})VM_1$$

（2）进入河侧的咸水水体或盐量：

$$V_{S河} = VM_2 = (\Delta L + L)BhM_2$$

$$W_{河} = \Delta S_2 VM_2 = (S_{闸} - S_{0河})VM_2$$

（3）当 N 由 0～4 时：　　$M_1 = 0.205N$，　　$M_2 = 0.2N$

当 N 由 4～8 时：　　$M_1 = 0.72 + 0.024N$，　　$M_2 = 0.72 + 0.02N$

当 N 由 8～15 时：　　$M_1 = 0.875 + 0.005N$，　　$M_2 = 0.82 + 0.072N$

$$N = \frac{tu}{L^\circ} = \frac{[(\rho_1 - \rho_0)gh]^{1/2} \cdot t}{L^\circ p_1^{1/2}}, \quad L^\circ = L + \Delta L$$

式中：M_1、M_2 为进入闸室或河侧咸水水体占闸室水体的百分数；N 为无因次数；ρ_1 为海水密度；ρ_0 为淡水密度；ΔL 为闸室富裕长度；L 为闸室有效长度；B 为闸室宽度；$S_{0闸}$ 为海侧闸门开闸前闸室初始平均盐度；$S_海$ 为开闸前海侧平均盐度；$S_闸$ 为河侧闸门开闸前闸室初始平均盐度；$S_{0河}$ 为开闸前河侧平均盐度；t 为开闸后的时间。

闸室水深 8.0 m，淡水盐度 4。改变海侧盐度，分别为 20、25、30，计算结果如表 1 所示。

表 1 闸室内无船、相同水深不同盐度时进入闸室和河侧盐量表

h /m	$S_海$	$S_闸$	$\dfrac{\Delta\rho}{\rho}$	$u = \left(\dfrac{\Delta\rho}{\rho}gh\right)^{1/2}$	t /min	$N = \dfrac{ta}{L^*}$	M_1	W_1 /t	M_1	W_2 /t
8.0	20	4.0	0.012 2	0.978	10	2.99	0.614	354.29	0.598	345.06
					20	5.99	0.864	498.58	0.840	484.70
					30	8.98	0.920	530.80	0.885	510.47
					40	11.98	0.935	539.46	0.904	521.55
	25		0.015 95	1.118	10	3.42	0.702	531.35	0.684	518.33
					20	6.84	0.884	669.70	0.857	648.97
					30	10.27	0.926	701.56	0.892	575.47
					40	13.69	0.944	714.52	0.916	693.60
	30		0.019 74	1.244	10	3.81	0.781	732.01	0.762	714.50
					20	7.62	0.903	846.51	0.872	817.94
					30	11.42	0.932	873.90	0.90	843.90
					40	15.23	0.951	891.87	0.929	868.87
备注				W_1、W_2 分别为进入闸室与河侧的盐量(t)						

3 意义

根据四种海水入侵方式进行定量分析与初步探讨，得出了船舶过"海船闸"时海水入侵的数量概念。它将严重污染淡水水质和影响人民生活，希望引起有关部门的重视。通过分析比较，列出供船闸运传、管理及选择防咸措施时的参考：为了减少咸水入侵，尽可能缩短船舶过闸时间，原则上越短越有利；尽可能在闸室多停船舶，使闸室的容积和水域达列最大的利用率，因咸水入侵量是船舶排开水体的函数，船舶排开闸室水体多，则入侵量就少；控制河侧水位，使河位高于潮位，这样可避免水位差水体及闸阀门漏咸的入侵。

参考文献

[1] 周华兴,孙玉萍. 船舶过"海船闸"时盐水入侵量的分析与计算. 海岸工程,1987,6(2):48 – 57.

定位的距离交会公式

1　背景

以两个已知控制点为中心,分别以目标点与两已知控制点的距离为半径画圆,交会点即为要求目标点,这种方法称为距离交会法。冯守珍[1]使用540型微波定位装置,对施测位置精度较差的区域配用PC-1 500型电子计算机进行解算,求得精度较高的测量位置,并通过定位中的距离交会计算,编制成源程序,结合计算机,求得精度较高的测量位置,以适应陆用测距仪测边交会与海用微波定位装置测距交会计算工作的需要,在实际工作中,取得了令人满意的效果。

2　公式

在一般情况下,如图1所示,A、B为已知点,P为待定点,用变形戎格公式计算P点坐标时,其公式为:

$$\left.\begin{aligned}
x_p &= \frac{x_A \mathrm{ctg}\beta + x_\beta \mathrm{ctg}\alpha - y_A + y_B}{\mathrm{ctg}\alpha + \mathrm{ctg}\beta} \\
y_p &= \frac{y_A \mathrm{ctg}\beta + y_\beta \mathrm{ctg}\alpha + y_A - y_B}{\mathrm{ctg}\alpha + \mathrm{ctg}\beta}
\end{aligned}\right\}$$

当 α 和 β 角小于30°或大于150°时,按下列公式计算:

$$\left.\begin{aligned}
x_p &= \frac{x_A \mathrm{tg}\alpha + x_\beta \mathrm{tg}\beta + (y_B - y_A)\mathrm{tg}\alpha\mathrm{tg}\beta}{\mathrm{tg}\alpha + \mathrm{tg}\beta} \\
y_p &= \frac{x_A \mathrm{tg}\alpha + x_\beta \mathrm{tg}\beta - (x_B - x_A)\mathrm{tg}\alpha\mathrm{tg}\beta}{\mathrm{tg}\alpha + \mathrm{tg}\beta}
\end{aligned}\right\}$$

程序的编写考虑了适用图2两种图形组合方式。

例1　图2a解算示例及其距离化前后的数值计算对比(表1)。

已知 x_a、y_a,x_b、y_b,x_c、y_c 测得待定点至3个已知点的3个距离 s_{ap},s_{bp},s_{cp},求待定点P的坐标。

例2　验证图形组合较差情况下的对比计算(表1)。

已知 x_a、y_a,x_b、y_b,x_c、y_c 测得待定点至3个已知点的3个距离 s_{ap},s_{bp},s_{cp}。

例3　微波定位装置在图形组合较差位置上直接读取的坐标(x_b,y_b)值与读取的两距

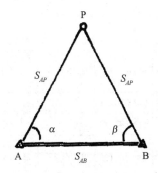

图 1　图形组合方式

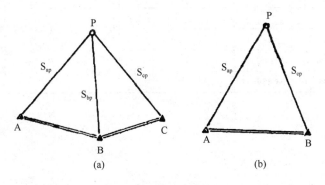

图 2　图形组合方式

离进行计算的坐标(x_p,y_p)值对比(表1)。

读取坐标值:$x_p = 14\ 440, y_p = 60\ 426$。

表 1　实例计算表

项目		原始数据			测量距离			求待定点	误差
		X_a	X_b	X_c	S_a	S_b	S_c	X_p	
		Y_b	Y_b	Y_c				Y_p	
例1	距离 未改化	496 574. 55	478 279. 48	467 014. 74	26 565.6	19 295.0	31 207.4	470 137. 39	17. 34
		260 088. 20	245 315. 52	231 745. 46				262 802. 53	
	距离 未改化				26 584.96	19 309.25	31 231.74	470 131. 31	0. 06
								262 821. 34	

续表

项目		原始数据			测量距离			求待定点	
		X_a	X_b	X_c	S_a	S_b	S_c	X_p	误差
		Y_b	Y_b	Y_c				Y_p	
例2	距离已改化	151 243.55	141 248.43	147 676.31	9 260.12	11 018.97	1 035.43	148 478.08	0.01
		215 015.35	215 537.26	223 197.70				23 852.89	
					9 260.12	11 018.97		148 478.09	
								223 582.88	
					9 260.12		1 035.43	148 478.08	
								223 852.38	
						11 018.97	1 035.43	148 478.06	
								223 852.91	
例3	距离已改化	6 574.48	20 369.54		7 875.1	6 612.2		14 142.18	
		60 088.10	63 359.71					60 459.23	

3 意义

根据公式的计算精度分析,再结合对540型微波定位装置配用计算以获得可靠的资料,并与实际事例进行比较分析,以此可以得出在不同的情况下获取资料也是不同的。对定位各种情况下的计算对比,配用计算机进行即时解算,是确保540型微波定位装置获得理想资料的重要技术措施,加快了计算工作,使海洋定位更加准确、更加快速。这样即解决了实际工作问题,又提高了成果质量。

参考文献

[1] 冯守珍.定位中的距离交会计算.海岸工程,1987,6(2):110-114.

防浪堤的胸墙断面优化公式

1 背景

胸墙位于闸孔上部，处于闸室胸位的挡水墙，当水闸设计挡水位高于泄流控制水位且差值较大时，为减小闸门高度，可设置胸墙。任佐皋和项菁[1]通过对设有胸墙的斜坡式防浪堤进行试验研究，对胸墙的作用机理进行数值分析。设有胸墙的放浪堤由于结构简单、就地取材、施工容易，并可有效阻止波浪侵入，还可以节省堤身和护面材料，因而在港口防波堤中得到广泛应用。

2 公式

在波浪作用下，一个波越过每延米墙顶的水量 $Q(\mathrm{m^3/m})$ 主要与下列因素有关：堤前波高 H 及波长 L、静水位到墙顶的高度 H_c、静水位到平台的高度 H_r、平台宽度 B_t、堤前水深 d、外侧堤坡坡度 m 及堤前底坡坡度 m_b、斜坡堤糙率及渗透系数 K_Δ 等。可用下列无因次关系式表示：

$$\frac{2\pi Q}{HL} = F\left(\frac{H}{L} \cdot \frac{H_c}{L} \cdot \frac{H_r}{H} \cdot \frac{B_t}{H} \cdot \frac{d}{H} \cdot m \cdot m_b \cdot K_\Delta\right)$$

根据试验研究，得出下列计算越浪量的经验公式[2]：

$$\mu = \frac{2\pi Q}{HL} = 0.5(1.32 - 0.19\,m)\exp\left[-3.52K_\Delta\left(1 + 0.28\frac{H_r}{H}\right)\left(0.82 + 3.7\frac{B_t}{L}\right)\right.$$
$$\left.\left(0.34 + 13.4\frac{H}{L}\right)\left(0.7 + 0.075\frac{d}{H}\right)\left(0.15 + \frac{H_c}{H}\right)\right]$$

由试验资料，略去次要影响因素，得相对越浪量与相对墙高的关系（表1）。

表1 相对越浪量与相对墙高的关系

相对墙高	相对越浪量
H_c/H	$2\pi Q/HL$
>0.9	<0.01
0.7 ~ 0.9	0.01 ~ 0.025

相对墙高	相对越浪量
0.5 ~ 0.7	0.025 ~ 0.05
<0.5	<0.05

令挑浪嘴的挑浪效果为 K_θ,则:

$$K_\theta = \frac{Q_b}{Q_o}$$

式中,Q_o 为无挑浪嘴的直立式防浪墙的越浪量,Q_b 为有挑浪嘴时的越浪量。显然,影响 K_θ 的主要参数是 $\theta°$、B_c/H 和相对墙高。

考虑到波浪作用下不允许胸墙位移过大,在计算波稳定时,可按 1/3 被动土压力取值,令齿深为 $t_2 = 0.2H$,则土抗力:

$$E_p = \frac{1}{3}(0.2r_b K_p H^2)$$

式中,K_p 为被动土压力系数,对于块石,$K_p \leqslant 5.83$;r_b 为抛垫块石的容重。

作用在胸墙上的侧向波压力强度与下述无因次参数有关:

$$-\frac{p}{rH} = F\left(\frac{L}{H}、\frac{Z}{H}、\frac{d}{H}、\frac{t_1}{H}、\frac{h}{H}、\frac{B}{H}、\frac{B_t}{H}、m、\frac{d_1}{H}\right)$$

经对试验资料的分析,上述函数可用如下经验式表示:

$$\frac{p}{rH} = K\left(\frac{Z}{H} + 0.7\right)^b \exp\left[c\left(\frac{Z}{H} + 0.7\right)\right]$$

式中,$K = 2 \times 10^8 \left(\frac{L}{H}\right)^{-4.82}$。

$$b = 10.4\exp\left(-0.057\frac{L}{H}\right)$$

$$c = -1.35b$$

式中,$\frac{L}{H}$ 为堤前波坦。

挑浪嘴的设置将引起波浪顶托力 P_c 和附加的局部水平力 P_d,基于试验资料,P_c 和 P_d 的分布图形可按梯形考虑,相应的压强为:

$$P_4 = 2rHK_\delta$$

$$P_5 = \left(2 - 6\frac{B_c}{H}\right)rHK_\delta$$

$$P_6 = P_5 - C_1$$

$$P_7 = P_4 - C_1$$

式中:B_c 为嘴宽,一般可采用 $0.08H$;K_δ 和 C_1 均为波坦影响系数。由试验资料分析得经验值,如表 2 所示。

表 2　波坦影响系数

L/H	10	15	20	25	30
C_1	0.1	0.2	0.3	0.4	0.5
K_δ	0.86	—	0.98		0.93

为了进行胸墙断面的优化设计,须给出预定参数:堤前波高 H、波长 L、墙高 h、顶宽 B_0、挑浪嘴及前齿的尺寸。设计变量为底宽 B、胸墙直立部分底宽 B_1、底板厚度 H_0,目标函数为胸墙重量 G:

$$G = (0.3H \times B + 0.6 \times 0.2H)(r_b - 1) +$$
$$\left[\frac{1}{2}(B_0 + B_1)(h - H_0) + (H_0 - 0.3H) \times B + (0.08H)^2\right]r_b$$

约束条件如下。

(1)抗滑稳定约束。

在波浪作用下,为满足抗滑稳定所需的胸墙重量 G_s:

$$G_s = \frac{(P_x + P_t + P_d - P_c - E_p)K_s}{f} + P_0 + P_y$$

式中:f 为胸墙底与块石间的摩擦系数,当设前齿时,f 为 0.78;P_x 为波浪水平力;P_t 为作用在前齿上的波浪水平力;P_d 为因设置挑浪嘴后产生的附加水平力;P_c 为齿后的波浪水平力;E_p 为齿后的土抗力;P_y 为作用在底板上的波浪上托力;P_0 为作用在挑浪嘴上的波浪顶托力。

为了靠胸墙自重来维持在波浪作用下的抗滑稳定,必须满足下列不等式:

$$G - G_s \geq 0$$

(2)抗倾稳定约束。

在波浪作用下,波浪侧向压力和上托力等所引起的倾覆力矩为:

$$M = \sum P_i L_i$$

式中:P_i 为各项水平力和上托力;L_i 为各项力(P_i)对 O 点的力臂。

由此可得满足抗倾稳定所需的胸墙重量为:

$$G_0 = \frac{MK_0}{L_0}$$

式中:L_0 为胸墙重心至 O 点的水平距离。

为了靠墙重来保证波浪作用下的抗倾稳定,则必须满足不等式:

$$G - G_0 \geqslant 0$$

（3）地基应力约束。

在波浪作用下地基应力合力的作用点 R 应不超出三分点，即：

$$G_2 \geqslant \frac{B}{3}$$

此即地基应力分布的约束方程。

当没有波浪作用时，结构重心的力臂 L_0 应不大于底宽的 $2/3$，即：

$$L_0 \leqslant \frac{2B}{3}$$

（4）几何约束。

胸墙直立部分的底宽 B_1 应不小于顶宽 B_0，但也不应大于底板宽度 B，即：

$$\left. \begin{array}{l} B_1 - B_0 \geqslant 0 \\ B - B_1 \geqslant 0 \end{array} \right\}$$

3 意义

根据各公式的计算，又结合实际工程的模型试验及专题研究，对越浪量能够进行合理估算，得以确定堤顶标高，并对挑浪嘴和墙底前齿的机理及其效应有了很好的解释，使作用于墙上的波压力得到计算，对胸墙断面的设计方法进行了优化。采用了断面优化设计法对几个工程实例进行计算，结果表明，其比传统的安全校核法可减小断面尺寸，降低了造价，值得推广。

参考文献

[1] 任佐皋,项菁. 关于设有胸墙的斜坡式防浪堤的试验研究小结. 海岸工程,1987,6(2):28 - 37.

[2] 贺朝敖,任佐皋. 带胸墙斜坡堤越浪量的试验研究. 华东水利学院学报,1984.9.

[3] 项菁,任佐皋. 砌石护面斜坡堤胸墙上的波压力. 华东水利学院学报,1985,13(4):109 - 114.

特征波的要素统计公式

1 背景

波浪要素是表征波浪运动性质和形态的主要物理量。瑞利分布已广泛运用到深水波高的分布规律,但是否遵循这一分布还有待探讨。常德馥[1]用胶州湾现场观测的 138 组波浪资料,结合几个波要素间的关系进行统计和分析,并比较统计结果和理论结果,得出相关结论。分析波浪要素的分布规律以及各规律之间的关系,对海浪预报和海上工程建设的应用有着更现实的意义。

2 公式

在理论上均方根波高对应于波高分布函数的二阶矩,由此推出 H_{rms} 和的关系为:

$$H_{rms} = \frac{2}{\sqrt{\pi}} \overline{H} = 1.129 \overline{H}$$

实际结果知 $H_{rms}/\overline{H}$ 的频率分布比较集中,其平均值为:

$$H_{rms} = 1.09 \overline{H}$$

统计结果说明周期的变化是不大的,基本上可近似地认为:

$$T_{\frac{1}{10}} = T_{\frac{1}{3}} = T_{mrs} = 1.1T$$
$$T_{\max} = 1.2T$$

合田使用日本沿海的观测资料统计结果为:

$$T_{\max} = T_{\frac{1}{10}} = T_{\frac{1}{3}} = 1.1 \overline{T}$$

特征周期 $T_{\frac{1}{10}}$ 和 $T_{\frac{1}{3}}$ 都取大值进行统计,则可近似地得到:

$$T_{\max} = T_{\frac{1}{10}} = T_{\frac{1}{3}} = 1.2 \overline{T}$$

按照周期 $T_{\frac{1}{10}}$ 和 $T_{\frac{1}{3}}$ 的定义,波高 $H_{\frac{1}{10}}$ 和 $H_{\frac{1}{3}}$ 对应的周期 $T_{\frac{1}{10}}$ 和 $T_{\frac{1}{3}}$ 不是唯一的。例如,一次现实波浪观测 100 个波,波高按大小顺序排列如表 1。

表1 波高排序

序号	1	2	3	4	5	6	7	8	9	10	11	12	13	14	15	⋯	100
波高/m	5.0	4.2	3.8	3.0	2.5	2.4	2.3	2.2	2.0	2.0	2.0	2.0	2.0	1.8	1.5	⋯	0.1
周期/s	10.6	8.9	7.5	6.7	7.3	5.8	6.2	5.5	6.7	5.6	8.2	9.1	8.8	5.4	6.8	⋯	2.2

根据以上分析,将现场观测的 138 份记录,分别计算波高 $H_{\frac{1}{10}}$ 和 $H_{\frac{1}{3}}$ 对应的周期 $T_{\frac{1}{10}}$ 和 $T_{\frac{1}{3}}$ 的最大值和最小值,表 2 列出了周期 $T_{\frac{1}{10}}$ 和 $T_{\frac{1}{3}}$ 的最大值和最小值之差的频率分布。

表2 周期 $T_{\frac{1}{10}}$ 和 $T_{\frac{1}{3}}$ 的最大值和最小值之差的频率分布

$\Delta T/\text{s}$	$T_{\frac{1}{10}}$		$T_{\frac{1}{3}}$	
	出现次数/次	频率/%	出现次数/次	频率/%
0.0	9	6.52	5	3.62
0.1	27	19.57	31	22.46
0.2	27	19.57	21	17.39
0.3	18	13.01	23	16.67
0.4	11	7.97	16	11.59
0.5	18	13.01	11	7.97
0.6	10	7.25	15	10.87
0.7	2	1.15	4	2.90
0.8	5	3.62	3	2.17
0.9	2	1.45	2	1.15
1.0	3	2.17	1	0.72
1.1	3	2.17	1	0.72
1.2	2	1.45		
1.3			2	1.45
1.4	1	0.72		
$\Delta T \geq 0.5$	46	33.33	39	28.26
$\Delta T \geq 1.0$	9	6.52	4	2.90

3 意义

根据公式可知,胶州湾波高 $H_{\frac{1}{10}}$、$H_{\frac{1}{3}}$、H_{rms} 较瑞利分布给出的理论值偏低;最大波高 $H_{\max}$ 的期望值较理论值偏低,周期的统计结果与合田统计的结果基本相同。工程应用波高 $H_{\frac{1}{10}}$、$H_{\frac{1}{3}}$ 的对应周期 $H_{\frac{1}{10}}$、$H_{\frac{1}{3}}$ 取最大值为宜;计算波高 $H_{\frac{1}{10}}$、$H_{\frac{1}{3}}$ 的周期时,$H_{\frac{1}{10}}$、$H_{\frac{1}{3}}$ 将波高按大小依次排列,若波高相同,则周期大的波排在前面。以此找出波列中几个特征波要素间的统计关系,并且和理论值进行了比较,这些工作对海浪预报和海上工程建设都起到一定的作用。

参考文献

[1] 常德馥. 胶州湾特征波要素间的统计关系. 海岸工程,1987,6(2):65-72.

风荷载的概率模型

1 背景

风荷载也称风的动压力,是空气流动对工程结构所产生的压力。风荷载与基本风压、地形、地面粗糙度、距离地面高度以及建筑体形等诸因素有关。王超[1]从风荷载入手,通过改变已用多年的设计风速值,建立了在设计基准期内最大值分布的概率模型。若在时间上和空间上的各种荷载作用是相互独立的,那么在海洋工程中,由于环境荷载引起的水压力等可变荷载的概率分布和与此相对应的数字特征就成为分析中不可缺少的组成部分,其中的环境荷载包括风、雪、浪、流、冰以及水位的变化。

2 公式

现代建筑物将统一采用极限状态设计原则,即将作用效应(S)和结构抗力(R)作为两个基本的随机变量,且要求:

$$g(S,R) = R - S \geqslant 0$$

作用效应——这一随机变量就是通过在设计基准期 T 内出现的荷载最大值 Q_T 的概率分布函数来表达的。

$$Q_T = \max Q(t)$$
$$0 \leqslant i \leqslant T$$

由于风荷载:

$$W = \frac{r}{2g} C_h C_s A V^2$$

式中,W 为风力(kg);r 为空气重度;g 为重力加速度;C_h 为高度系数;C_h 为体形系数;A 为构件垂直于风向的投影面积与挡风面积之比;$A = \sin\theta$,θ 为风向与构件挡风表面之间的夹角;V 为风速。

设:

$$B = \frac{r}{2g} C_h C_s A$$

则:

$$W = BV^2$$

根据这一设想，则有：

$$W = B(V/\overline{V})^2 \overline{V}^2$$

式中，$\overline{V}$ 为平均风速。若 V 取年极值风速时，$\overline{V}$ 则为年最大风速的多年平均值。$(V/\overline{V})^2$ 称为风载因子。

$(V/\overline{V})^2$ 的概率分布曲线，其密度函数为：

$$f(Z) = \alpha \exp\left[-\alpha(Z - u) - e^{-\alpha(Z-u)} \right]$$

式中，$Z = (V/\overline{V})^2$；α 及 u 为极值一型分布的两参数。

B 的取值由 $\dfrac{r}{2g}$、C_h、C_s 和 A 的任意组合之乘积来确定：

$$B = \begin{pmatrix} \dfrac{r_1}{2g} \\ \dfrac{r_2}{2g} \\ \vdots \\ \dfrac{r_4}{2g} \end{pmatrix} \times \begin{pmatrix} C_{h_1} \\ C_{h_2} \\ \vdots \\ C_{h_{10}} \end{pmatrix} \times \begin{pmatrix} C_{s_1} \\ C_{s_2} \\ \vdots \\ C_{s_5} \end{pmatrix} \times \begin{pmatrix} A_1 \\ A_2 \\ \vdots \\ A_6 \end{pmatrix}$$

则：

$$f(B) = \frac{1}{\delta_B \sqrt{2\pi}} e^{-\frac{(B-\overline{B})^2}{2\delta_B^2}}$$

且其参数 $\overline{B} = 0.063\,4$，$\delta_B = 0.031\,6$。

代入上式得：

$$f(B) = \frac{1}{0.031\,6 \sqrt{2\pi}} e^{-\frac{(B-0.063\,4)^2}{2(0.031\,6)^2}}$$

设 $f_1(x_1)$、$f_2(x_2)$ 分别为 B 及 Z 的密度函数要求乘积 $W = \overline{BZ}V^2$ 的分布。由于 $\overline{V}^2$ 为一常数，故变量 W 的分布将等于变量 W_1 为 BZ 的分布。

令 $\eta_1 = B$，$\eta_2 = BZ$，由方程组：

$$\begin{cases} y_1 = x_1 \\ y_2 = x_1 x_2 \end{cases}$$

解得反函数 $x_1 = y_1$，$x_2 = \dfrac{y_2}{y_1}$。

其雅可比行列式：

$$J = \begin{vmatrix} \dfrac{\partial x_1}{\partial y_2} & \dfrac{\partial x_1}{\partial y_2} \\ \dfrac{\partial x_2}{\partial y_1} & \dfrac{\partial x_2}{\partial y_2} \end{vmatrix} = \begin{vmatrix} 1 & 0 \\ -\dfrac{y_2}{y_1^2} & \dfrac{1}{y_1} \end{vmatrix} = -\frac{1}{y_1}$$

于是 (η_1, η_2) 的联合密度函数为：

$$f_\eta(y_1, y_2) = f[x_1(y_1, y_2), x_2(y_1, y_2)] \mid J \mid$$

$$= f\left(y_1, \frac{y_2}{y_1}\right) \frac{1}{\mid y_1 \mid}$$

$\eta_2 = BZ$ 的密度函数及分布函数分别为：

$$f(y_2) = \int_{-\infty}^{\infty} f\left(y_1, \frac{y_2}{y_1}\right) \frac{1}{\mid y_1 \mid} dy_1$$

$$F(y_2) = \int_{-\infty}^{y_2} \int_{-\infty}^{\infty} f\left(y_1, \frac{y_2}{y_1}\right) \frac{1}{\mid y_1 \mid} dy_1 dy_2$$

当 B 及 Z 相互独立时，有：

$$f(y_2) = \int_{-\infty}^{\infty} f_1(y_1) f_2\left(\frac{y_2}{y_1}\right) \frac{1}{\mid y_1 \mid} dy_1$$

$$F(y_2) = \int_{-\infty}^{y_2} \int_{-\infty}^{\infty} f_1(y_1) f_2\left(\frac{y_2}{y_1}\right) \frac{1}{\mid y_1 \mid} dy_1 dy_2$$

风荷载 W 的分布函数：

$$F(W_1) = \int_0^{W_1} \left[\int_0^{\infty} 12.61 e^{-\frac{(B-0.06)^2}{0.002}} \left(193.92 e^{-4.21\frac{y_2}{B}} - 46.06 e^{-4.21\frac{y_2}{B}} \right) \frac{1}{B} dB \right] dy_2$$

$$= 2\,448.1 \int_0^{W_1} \left[\int_0^{\infty} \frac{1}{B} e^{-\frac{(B-0.06)^2}{0.002}} e^{-4.21\frac{y_2}{B}} - 46.06 e^{-4.21\frac{y_2}{B}} dB \right] dy_2$$

对于预期使用寿命为 N 年，其设计基准期内最大风荷载的概率分布为：

$$F_{Qr}(W_1) = \left\{ 2\,443.1 \int_0^{W_1} \left[\int_0^{\infty} \frac{1}{B} e^{-\frac{(B-0.06)^2}{0.002}} e^{-4.21\frac{y_2}{B}} - 46.06 e^{-4.21\frac{y_2}{B}} dB \right] dy_2 \right\}^N$$

具有普遍意义的风在设计基准期内最大荷载的分布函数：

$$F_{Qr}(W_1) = \left\{ \int_0^{W_1} \left[\int_0^{\infty} 12.61 e^{-\frac{(B-0.06)^2}{0.002}} \alpha e^{-\alpha\left(\frac{y_2}{B}-u\right)} - e^{-\alpha\left(\frac{y_2}{B}-u\right)} \frac{1}{B} dB \right] dy_2 \right\}^N$$

3　意义

根据风荷载的相关计算以及极限状态设计法与可靠度分析相结合，同时还考虑了各有关风荷载计算系数在自然界中的变异性，从而得出大气容重、风载高度变化系数、体形系数等均可视为随机变量的事实。又因为各地域长期风速序列平均值大小各异，计算风荷载的第二个随机变量可用风载因子来代替。从而推导出一个风荷载概率模型，此模型对于海岸工程建筑物具有普遍性意义。除此之外，还可以结合波、流等其他形式的环境荷载，以此来建立综合概率模型。

参考文献

[1]　王超. 统一设计标准中风荷载的概率分布模型. 海岸工程,1987,6(2):1-9.

稳定块重分析

1 背景

抛石指的是为防止河岸或构造物受水流冲刷而抛填较大石块的防护措施。块石受到的外力主要有重力,浮力,速度力与惯性力以及升力,这些力会造成块石在波浪作用下的失稳模式,这种失稳主要为滚动失稳。为计算这种稳定性的作用方式,李玉成[1]根据直墙建筑抛石基础稳定块重计算方法的验算,进行了实验研究。通过多种方法相互比较,相互验证,解决计算值与理论值是否一致,在港口工程中能否采用计算值等问题。

2 公式

任意形状块石重量 W 的基本因子相关式为:

$$\frac{W}{\left(\frac{V_{x\max}^2}{g}\right)^3}K_r = f\left(\frac{V_{x\max}^2}{gT}, m, \frac{d_1}{d}\right)$$

式中, $V_{x\max}$ 为块石基础顶部处的波浪最大水平流速; m 为其底坡坡度; d_1 为基床上水深; d 为建筑物前水深; T 为波周期; K_r 为一容重系数。

$$K_r = \left(\frac{\gamma_s}{\gamma_f} - 1\right)^3 / Y_s$$

式中, γ_s 为块石容重; γ_f 为水容重。

港口工程规范方法[2]

由图 1 可直接查出相关数值,然后由下式计算所需块重:

$$W = HK^3$$

古本胜利方法[3]

基于立波运动下块石在波浪运动所产生的速度力与升力作用下的滑移稳定的极限条件,块石的稳定重量可用下式求得:

$$W = \frac{\gamma_s}{N_s^3\left(\frac{\gamma_s}{\gamma_f} - 1\right)^3}H_{1/3}^3$$

248

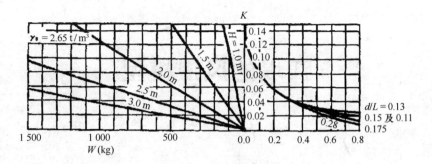

图 1　港口工程规范数值图

稳定系数 $N_s = f\left(\dfrac{d_1}{H_{\frac{1}{3}}}, k, 块体形状及放置系数\right)$

式中，k 为直堤外形尺寸系数，与基肩宽 b，基床上水深 d_1 及波长 L 有关，即：

$$k = f\left(\frac{b}{d_1}, \frac{b}{L}\right)$$

稻垣方法[4]

基床块石稳定重量的经验公式如下：

$$W = 0.03\,\frac{H_{1/3}^3}{5^{d_1/h_{1/3}}}$$

3　意义

根据我国港口工程规范现用方法[2]、古本胜利方法[3]、稻垣方法[4]以及李玉成等[1]所用的方法相互比较验证，最终是李玉等[2]所提出的方法计算值与实际情况符合最佳并且有相当的安全度。此方法与实际情况相比符合率最高；和破坏实例相比，由于给出比较恰当，因此得出明显改善的结果；还可以减少块重，节省投资，符合现今的经济和政策的需要。从校核情况分析，更是大大提高了安全性，为在以后工程中的大力推广提供了便利。

参考文献

[1] 李玉成,仲跻权,佘美玲. 直墙建筑抛石基础稳定块重计算方法的验算. 海岸工程,1987,6(2):38 – 47.

[2] 交通部. 港口工程技术规范(第四篇)——水工建筑物(试行). 北京:人民交通出版社,1989.

[3] 谷本胜利. 混成堤基床护面材料稳定性的不规则波试验研究. 港湾技术研究所报告,1982,21(3).

[4] 稻垣红史. 受灾混成堤基床护面块石稳定界限的研讨. 港湾技研资料,1971(127).

江堤的风浪模型

1 背景

宝山钢铁总厂的地理位置是长江口南岸,原有的防护措施已远远不够作为保护屏障,加固江堤防护已势在必行。设计江堤方案需要从江堤断面的消浪效果和构件稳定性出发,兼顾经济、合理、安全的特点。孙学信[1]从宝钢江堤加固工程模型试验及风浪模型律出发,设计了相关有效方案,设计实验中,利用了涌浪和风浪综合特征,运用重力相似律进行涌浪实验的模型设计以及重力相似律和风浪模型律来进行风浪模型设计,因而引出风浪模型律在风浪试验中应用的意义。

2 公式

根据宝钢江堤处的水文条件,$\bar{T} = 5.01$ s,$d = 4.07$ m,于是:

$$\bar{L} = \frac{g}{2\pi}T^2 \mathrm{th}kd$$

由文献[2]:

$$U_p = \frac{U_{0m}^2}{C_p \exp\left[\left(C_p^{-\frac{1}{2}} - \frac{U_m}{U_{0m}} - 11.5\right)k\right]}$$

式中,U_p 为原型风速(m/s);U_m 为模型风速(m/s);$C_p = 2.6 \times 10^{-3}$;$U_{0m} = 0.98$ m/s;$k = 0.4$。

由海浪理论,沿波峰方向单位宽度一个波长内的平均能量为:

$$E = \frac{1}{3}\rho g H^2 L$$

且:

$$L = \frac{g}{2\pi}T^2 \mathrm{th}kd$$

于是:

$$E = \frac{1}{8}\rho g H^2 \frac{g}{2\pi}T^2 \mathrm{th}kd = KH^2 T^2$$

250

其中,

$$K = \frac{1}{16\pi}\rho g^2 \mathrm{th}kd = \mathrm{const}$$

由若干实地观测可知,$H_{1\%}$ 对应的周期一般为平均周期的 0.8 倍,在江堤附近给出的波浪要素见表 1,有:

$$H_{1\%} = 2.85, \overline{H} = 1.50 \text{ m}$$

则:

$$\frac{H_{1\%}}{\overline{H}} = 1.90$$

于是在 $H_{1\%}$ 出现时,有:

$$E_1 = H_{1\%}^2 (0.8T)^2 = 0.64 H_{1\%}^2 T^2$$

表 1   江堤附近的波浪要素

水位条件/m			堤前波浪状况				
设计水位	水底高程	水深	$H_{1\%}$/m	$H_{4\%}$/m	$H_{13\%}$/m	H/m	T/s
+5.87	+1.80	4.07	2.85	2.42	2.12	1.50	5.01
+5.82	+3.80	2.02	1.88	1.76	1.60	1.34	5.02

此处略去常数 $K = \frac{1}{26\pi}\rho g^2 \mathrm{th}kd$,并不影响比较。而对于涌浪,以平均周期 $\overline{T}$ 为依据,此时对应的波高应具有与 E_1 相同的能量。且:

$$E_2 = H^2 \overline{T}^2, \text{即应 } E_1 = E_2$$

得:

$$H^2 = (0.8H_{1\%})^2, H = 0.8H_{1\%}$$

由随机波理论,$H_{1\%} = 2.42H$,则:

$$H = 0.8 \times 2.42\overline{H} = 1.94\overline{H}$$

又知:

$$H_{5\%} = 1.95H$$

应用风浪模型律[2]:

$$U_p^2 = \frac{U_{0m}^2}{C_p \exp\left[\left(C_p^{-\frac{1}{2}} - \frac{U_m}{U_{0m}} - 11.5\right)k\right]}$$

3   意义

根据风浪模型的计算,得出了宝钢江堤加固工程模型试验的原理方法和结果,以确定模型风浪与原型风浪的关系,得出比较满意的结果,同时也能够证实单波能量比拟法确定涌浪实验的波高。研究结果也说明,单用涌浪来进行研究是远远不够的,需要同时与风浪相结合,才能相得益彰。并且应用风浪模型律换算并且计算模型与原型波高的方法极为有效。值得指出的是此风浪模型律得自单一水槽,它是否可应用于任意风浪槽还有待进一步研究。

参考文献

[1] 孙学信,李春柱,张就兹. 宝钢江堤加固工程模型试验及风浪模型律. 海岸工程,1988,7(1):55 – 61.
[2] 侯国本,李桐魁. 在水气界面上风应力与表面粗糙的相关性. 海洋石油,1981(1):33 – 41.

波高的分离推算公式

1 背景

不规则波浪实验中测量入、反射波谱的常用方法是入、反射波高分离推算法。由于此方法理论充足、计算简单,近几年其使用得到进一步的扩大。孙巨才[1]着重讨论了波高计间距 Δl 取值与推算误差的关系以及波形等时采样间隔 Δt 取值与推算误差的关系。这两个因素影响了入、反射波高分离推算值的精度,并且这两个因素在测量中是可以控制的。分离推算法的理论和实用问题,已得到国内外的极大关注,并得出了很多研究成果,为以后的推广带来了极大的方便。

2 公式

水槽中任意一点的波浪均由入、反射两个波系 η_I 和 η_R 叠合而成,其波形表达为:

$$\left.\begin{aligned}
\eta_I(x,t) &= \sum_{m=1}^{n} a_{Im}\cos(k_m x - 2\pi f_m t + \varepsilon_{Im}) \\
\eta_R(x,t) &= \sum_{m=1}^{n} a_{Rm}\cos(k_m x + 2\pi f_m t + \varepsilon_{Rm})
\end{aligned}\right\}$$

式中,a_{Im} 为入射组成波振幅;a_{Rm} 为反射组成波振幅。

求解得:

$$\left.\begin{aligned}
a_I(m) &= \frac{1}{2\sin k_m \Delta l}\big[(A_{2m} - A_{1m}\cos k_m \Delta l - B_{1m}\sin k_m \Delta l)^2 + \\
&\quad (B_{2m} + A_{1m}\sin k_{1m}\Delta l - B_{1m}\cos k_m \Delta l)^2\big]^{1/2} \\
a_k(m) &= \frac{1}{2\sin k_m \Delta l}\big[(A_{2m} - A_{1m}\cos k_m \Delta l + B_{1m}\sin k_m \Delta l)^2 + \\
&\quad (B_{2m} - A_{1m}\sin k_m \Delta l - B_{1m}\cos k_m \Delta l)^2\big]^{1/2}
\end{aligned}\right\}$$

式中,A_{1m}、B_{1m}、B_{2m} 是富氏系数。当波形记录为等时间隔采样时,可表示为:

$$A_{1m} = \frac{2}{N} \sum_{S=0}^{N-1} \eta_1 \left(\frac{S}{N} T \right) \cos \frac{2\pi sm}{N}$$

$$B_{1m} = \frac{2}{N} \sum_{S=0}^{N-1} \eta_2 \left(\frac{S}{N} T \right) \sin \frac{2\pi sm}{N}$$

$$A_{2m} = \frac{2}{N} \sum_{S=0}^{N-1} \eta_2 \left(\frac{S}{N} T \right) \cos \frac{2\pi sm}{N}$$

$$B_{2m} = \frac{2}{N} \sum_{S=0}^{N-1} \eta_2 \left(\frac{S}{N} T \right) \sin \frac{2\pi sm}{N}$$

其中:N 为样本数;T 为采样总时间;$m = 1,2,3,\cdots,n \left(n = \frac{N}{2} - 1 \right)$;$s$ 为采样序数 0、1、2、$\cdots$,N;$\eta \left(\frac{S}{N} T \right)$ 为采样序数 s 对应的采样值。

推进波情况

当两波高计间距为 Δl 时,两测点波形相位差为 $k\Delta l$,则两点的实测波形为:

$$\eta_1(t) = a\cos\omega t$$

$$\eta_2(t) = a'\cos k\Delta l\cos\omega t + a'\sin k\Delta l\sin\omega t$$

$\eta_1(t)$ 波形记录的富式系数:

$$A_1 = a, B_1 = 0$$

$\eta_2(t)$ 波形记录的富式系数:

$$A_2 = a'\cos k\Delta l, B_2 = a'\sin k\Delta l。$$

理论上,$a = a'$,则有:

$$a_I = \frac{1}{2\sin k\Delta l} [(a - a')^2\cos^2 k\Delta l + (a + a')^2\sin^2 k\Delta l]^{1/2}$$

设 $a' = a(1 + \varepsilon)$,并令 $a = 1$,则有:

$$a_I = \frac{1}{2\sin k\Delta l} [\varepsilon^2\cos^2 k\Delta l + (2 + \varepsilon)^2\sin^2 k\Delta l]^{1/2}$$

完全立波情况

将 x_1 点取在波腹位置,则 x_2 点在 x_1 点后 Δl 的位置。x_1、x_2 两点的波形为:

$$\eta_1(t) = 2a\cos\omega t$$

$$\eta_2(t) = 2a'\cos k\Delta l\cos\omega t$$

$\eta_1(t)$ 的富式系数:

$$A_1 = 2a, B_1 = 0$$

$\eta_2(t)$ 的富式系数:

$$A_2 = 2a'\cos k\Delta l, B_2 = 0。$$

计算入射波振幅则有:

$$a_I = \frac{1}{|\sin k\Delta l|}[2(a'-a)^2\cos^2 k\Delta l + a^2\sin^2 k\Delta l]^{1/2}$$

利用与推进波相同的处理方法,取 $a' = a + \varepsilon a$,并令 $a = 1$,则得:

$$a_I = \frac{1}{|\sin k\Delta l|}[2\varepsilon^2\cos^2 k\Delta l + \sin k\Delta l]^{1/2}$$

3 意义

根据波高公式的分析,得出了重要的参数波高计间距 Δl,波形测量等时采样间隔 Δt 取值与波高推算误差的关系。入、反射波高分离推算公式中的参数很多,因此误差的来源也很多。针对这些误差的出现又提出了在波形测量和数据采集处理过程中控制误差的方法。还有入、反射波高推算公式中没有反映出的其他因素,比如造波水槽中的横波紊动、波形的偶然性变动等都会影响波形测量,同样这些误差也是可以控和排除的。从目前情况来看,波浪波高推算结果还是比较令人满意的,虽有不足,但理论还是比较充分的,可以适当推广。

参考文献

[1] 孙巨才. 关于《入、反射波高分离推算法》实用问题的探讨. 海岸工程,1988. 7(1):1 – 8.

风输沙率的计算

1　背景

在一定水流和床沙组成的条件下,水流能够输移的泥沙量,可用单位时间内通过河流断面的干沙质量表示。刘文通[1]就关于干沙表面输沙率问题展开了探讨。为了使沙质岸滩风吹沙的物理过程更明朗化,从而可以制订出防沙治沙对策,世界各国特别是日本对风吹沙问题进行了大量的研究工作,以便于稳定和有效地利用岸滩以及保护岸滩附近的农田以及防止河口的填塞。可以从输沙率公式出发来研究风输沙,再根据公式估算出在某一区域内固定时间间隔内输入沙、输出沙的总量。

2　公式

O'Brien 和 Rindlaub 在进行了大量现场观测的基础上,首先提出了简单的经验输沙率公式:

$$G = 0.036u_5^3$$

式中:G 为每天通过 1 英尺①宽度断面的输沙率;u_5 为 5 英尺高处的风速,以英尺/s 表示。

使用风速分布的对数规律及 Zigg 的经验公式,对上式方程进行修正:

$$q = 9.96 \times 10^{-7}(u_0 + 10.8)^3 \quad (u_0 > 20 \text{ cm/s})$$

式中:q 为风输沙率;u_0 为剪切速度。

Bagnold 根据实验室和现场观测,由跳跃模式并引入了表面蠕动修正量,提出了如下的输沙率公式:

$$q = B\frac{\rho_\alpha}{g}\left(\frac{d}{D}\right)^{\frac{1}{2}}u_0^3$$

式中:B 为由经验确定的常数(有量纲);ρ_α 为空气密度;g 为重力加速度;d 为沙的粒径;D 为沙的标准粒径。

Chepil 通过风洞实验和现场实验,得到了一个不含因子 d/D,但能描述风吹土的 Bagnold 公式:

---

① 英尺,非法定计量单位,1 英尺 ≈0.3 m。

256

$$q = C \frac{\rho_0}{g} u_0^3$$

式中：$C = 1.0 \sim 3.1$（经验系数，与土的结构有关）

Kawamura 在对风的输沙率进行了理论和实验研究的基础上，建议应用公式为：

$$q = k \frac{\rho_0}{g} (u_0 + u_{0c})^2 (u_0 - u_{0c})$$

式中：k 为经验系数；u_{0c} 为起动剪切速度。

Zingg 通过在风洞里对五种不同粒径吹沙垂直分布的观测，获得了与 Bagnol 在形式上完全相同的经验关系式，两者的差别仅在于 (d/D) 的指数不同。具体形式为：

$$q = z \frac{\rho_0}{g} \left(\frac{d}{D} \right)^{3/4} u_0^3$$

式中：$z = 0.83$（经验系数）。

Hsu 提出了以福罗德数表示的风输沙率公式：

$$q = H F_r^3 = H \left[\frac{u_0}{(gd)^{1/2}} \right]^3$$

式中：F_r 福罗德数；H 为与平均粒径有关的带量纲的经验系数。

Nakashima 在进行风洞实验并通过量纲分析及资料拟合后，得到：

$$\frac{q}{d u_0 \rho_s} = N_1 \left(\frac{u_0^2}{gd} \frac{\rho_s}{\rho_0} \right)^{0.8} - N_2$$

式中：N_1 和 N_2 分别为 3.25 和 0.03。

Herikawa 在考虑了粒径分布因素的影响之后，引入了下述表达式：

$$q = B \frac{\rho_0}{g} u_0^n \left(\frac{d_{50}}{D_{50}} \right)^{1/2} (u_0 + u_{0c})^2 (u_0 - u_{0c})$$

式中：B，n 为经验系数；d_{50}，D_{50} 分别为吹沙和沙床上沙的中值粒径；u_0^n 为已知的吹沙粒径分布的经验系数，与剪切速度有关。

在风速随时间有正常分布的假定下，推广了 Kawamura 公式，其形式为：

$$\widetilde{q_v} = k' \tfrac{\rho_0}{g} \left[(\bar{u}_0 + u_{0c})^2 (\bar{u}_0 - u_{0c}) H_1 + (3\bar{u}_0^2 + 2\bar{u}_0 u_{0c} - 2u_{0c}^2) H_2 + (3(\bar{u}_0 + u_{0c}) H_3) \right]^N$$

其中：

$$H_1 = \frac{1}{2} - E_r f \left(\frac{u_{0c} - \bar{u}_0}{\sqrt{2}\sigma_0} \right), \quad (u_{oc} > u_0)$$

$$H_1 = \frac{1}{2} + E_r f \left\{ - \left(\frac{u_{0c} - \bar{u}_0}{\sqrt{2}\sigma_0} \right) \right\}, \quad (u_{oc} < u_0)$$

$$H_2 = \frac{\sigma_0}{\sqrt{2\pi}} \exp \left\{ - \frac{1}{2} \left[\frac{u_{0c} - \bar{u}_0}{\sigma_0} \right]^2 \right\}$$

$$H_3 = \frac{\sigma_0^2}{\sqrt{2\pi}}\left[\left(\frac{u_{0c} - \bar{u}_0}{\sigma_0}\right)\exp\left(-\frac{1}{2}\left[\frac{u_{0c} - \bar{u}_0}{\sigma_0}\right]^2\right) + \frac{\sqrt{2\pi}}{2} - \sqrt{2\pi}E_r f\left\{-\left(\frac{1}{\sqrt{2}}\frac{u_{0c} - \bar{u}_0}{\sigma_0}\right)\right\}\right], (u_{oc} > \bar{u})$$

$$E_r f(x) = \frac{1}{\sqrt{x}}\int_0^x \exp(-t^2)\,\mathrm{d}t$$

式中，$\widetilde{q_v}$ 为超过一定时间、不同风速的输沙率；$\bar{u}_0$ 为平均剪切速度；u_{0c} 为临界剪切速度；$\sigma_0 - u_0$ 为标准差；N 为在某一时间 T 内含有的时间间隔数。

迄今为止提出的主要预报风输沙率公式，可以用一个统一的函数形式表达：

$$q = \alpha u_0^\beta + A(u_0)$$

式中，α 和 β 为常数，A 为 u_0 的函数。

3 意义

根据风输沙率的计算，可知风输沙率与风的剪切速度呈指数关系，Bagnold 公式和 Kawamura 公式得到理论与实验的双重验证，但这些实验都是在实验室风洞中进行的，缺乏系统性的现场实验验证，可靠性不强，并且相对沙的吸引效率也会引起经验系数的差异。针对这些问题，需要进行多方面的改进，首先测量技术需要改良，如现场不规则的风速和沙面状况，需要在以后的研究中解决；其次还需要对控制风吹沙的方法进行新的探索。

参考文献

[1] 刘文通. 关于干沙表面输沙率问题. 海岸工程,1988,7(1):86 - 90.

沉箱的远程浮运公式

1 背景

沉箱是一种有顶无底的箱形结构,顶盖上装有气闸,便于人员、材料等进出工作室,同时还保持工作室的气压。沉箱的稳性随吃水的增加而变强,随拖拽阻力的变大而减弱。夏林[1]根据巨型沉箱远程浮运成功纪实的研究,来计算和分析沉箱远程浮运的数值,从而选择相应方法,使这一工程更加简便易行。

2 公式

考虑航道水深和主拖轮拖拽能力及航速、航距和海况等影响,确定沉箱远程浮运时的控制稳性定倾高度($m \geqslant 0.5$ m),如表1所示。

表1 沉箱浮运压载稳定计算汇总

沉箱直径 /m	沉箱高度 /m	沉箱数量 /个	加压载重货 /t	沉箱吃水 /m	重心高度 /m	浮心高度 /m	定倾高度 /cm
14	13.5	2	—	8.223	4.353	4.017	115
14	17.2	2	石头90	10.974	5.570	5.050	54
14	21.0	2	石头234、水66	13.922	6.850	6.480	51
14	24.5	9	石头126、水384	16.932	8.000	7.976	61
18	20.2	1	水410	12.215	6.500	5.546	49
18	34.5	3	水864	14.505	7.500	6.992	72

有关被拖物的阻力计算公式如下。

水流阻力:

$$R_f = aA \frac{V^2}{2g}$$

式中,A 为阻力系数,V 为拖航速度,A 为阻水面积。

波浪阻力:

$$R_H = R_f [1 + 4(H - 0.8)] \times 20\%$$

式中,H 为波高。

空气阻力:

$$R_a = C_a A V^2$$

式中,C_a 为受空气阻力面积形状系数,A 为阻风面积;V 为风速。

总拖拽阻力为:

$$R = R_f + R_H + R_a$$

拖缆选用丙纶长丝尼龙缆,破断力为:

$$R_p = 0.020\ 1 D^{1.85}$$

式中,D 为尼龙缆直径。

3 意义

根据波浪阻力及拖拽力等公式的计算,可知降低沉箱浮运难度需要减少沉箱吃水,解决定倾度不足的问题,保证沉箱稳定安全施工;控制好沉箱稳性,也就是要减小吃水与阻力,并快速拖拽,可增加安全性;立式围缆拖拽的形式,原则是将沉箱拖平为宜;选择水深、障碍物少、航距短的航道以及顺流时间长的条件来进行;掌握天气、海况来进行安全拖航;做好拖航中的安全应急措施及事故处理;还要通过加强科学试验来不断总结经验增加安全系数。其对于没有沉箱预制场的港口进行沉箱施工和在外海建设独立墩建筑,对发展外海工程都是非常经济的。黄岛二期油码头采用栈桥结构,并在石臼港下水后至黄岛安装取得成功,比在原地新建场制作缩短工期,减少费用,值得推广。

参考文献

[1] 夏林. 巨型沉箱远程浮运成功纪实. 海岸工程,1988,7(1):72 - 79.

龙口湾的波浪公式

1 背景

波浪是水体在外力作用下水质点离开平衡位置做周期运动、水面呈周期起伏并向一定方向传播的现象。龙口湾是典型的湾内湾,是山东省的重要海湾。随着经济建设的发展,龙口湾的开发利用不断深入人心,为使开发活动更加科学化,其自然条件和资源状况已得到部分考察和论证。陈雪英[1]试图对龙口湾及其附近海域的波浪进行数值上的计算,以清晰显示该海域的波浪分布状况。海湾开发的主要水动力因素即为波浪,须了解整个湾内的波浪分布状况及其变化规律,才能对龙口湾进行合理开发利用。选用适合于该海域的计算方法,对其进行数值计算,对海湾的综合利用和工程建设均有重要意义。

2 公式

理论分析认为某一定点的波高比例于方向谱的零阶矩。按文献[2]得出的任意计算点的波高公式为:

$$h^2 = \frac{2}{\pi} \int_{-\frac{\pi}{2}}^{\frac{\pi}{2}} h_0^2(v_0 x) \cos^2\theta \mathrm{d}\theta$$

在具体计算中,积分采用求和的形式,并引进能量分布得:

$$h = \left[\sum_i h_{0i}^2(v_0 x_i) \Delta E_i \right]^{\frac{1}{2}}$$

式中,h_{i0}是在风速为v时离岸为$x_i = r(\theta_i)\cos\theta_i$的点的波高;$r(\theta_i)$为从计算点到背风岸在$\theta_i$方向上的距离;$x_i$为$r(\theta_i)$在极轴上的投影距离;$\Delta E_i$为谱分量的能量差。

$$\Delta E_i = E\left(\theta_1 + \frac{1}{2}\Delta\theta\right) - E\left(\theta_1 - \frac{1}{2}\Delta\theta\right)$$

计算结果与实测值相当接近,其波高的标准差为 0.22 m,周期的标准差为 0.66 s(见表1)。可见这种计算方法是适用于该海域的,其计算结果可满足工程要求。

表1 波高 $H_{\frac{1}{10}}$ 的计算数值

序号	实测 $H_{\frac{1}{10}}$/m	计算 $H_{\frac{1}{10}}$/m	$(H_{\frac{1}{10}计} - H_{\frac{1}{10}实})^2$	实测 T/s	计算 T/s	$(T_计 - T_实)^2$
1	1.8	1.7	0.01	5.5	5.2	0.09
2	1.8	1.7	0.01	5.4	5.2	0.04
3	2.0	2.0	0.00	5.7	5.5	0.04
4	2.0	1.7	0.09	5.6	5.2	0.16
5	2.5	2.2	0.09	6.1	5.8	0.09
6	2.5	2.3	0.04	6.5	5.9	0.36
7	1.7	1.6	0.01	6.0	5.1	0.81
8	2.0	1.9	0.01	5.4	5.5	0.01
9	2.1	2.2	0.01	5.8	5.8	0.00
10	2.2	1.9	0.09	6.3	5.5	0.64
11	2.5	2.4	0.01	6.6	6.0	0.36
12	2.8	2.4	0.16	6.6	6.0	0.36
13	2.1	2.2	0.01	6.5	5.8	0.49
14	2.0	1.9	0.01	6.2	5.5	0.49
15	2.2	2.3	0.01	4.7	5.9	1.44
16	2.6	2.3	0.09	6.7	5.9	0.64
17	2.2	2.5	0.09	5.7	6.1	0.16
18	2.9	2.6	0.09	5.4	6.2	0.64
19	2.5	2.3	0.04	6.4	5.9	0.25
20	1.8	2.0	0.04	6.2	5.7	0.25
21	2.1	2.3	0.04	6.0	6.1	0.01
22	2.6	2.8	0.09	6.5	6.1	0.16
23	2.3	2.0	0.09	6.2	5.7	0.25
24	2.3	2.0	0.09	6.4	5.7	0.49
25	2.3	2.2	0.01	5.2	5.9	0.49
26	2.3	2.3	0.00	5.4	6.1	0.49
27	2.2	2.5	0.09	5.2	6.3	1.21
28	2.7	2.5	0.04	5.3	6.3	1.00

序号	实测 $H_{\frac{1}{10}}$/m	计算 $H_{\frac{1}{10}}$/m	$(H_{\frac{1}{10}计} - H_{\frac{1}{10}实})^2$	实测 T/s	计算 T/s	$(T_{计} - T_{实})^2$
29	2.8	2.5	0.09	5.2	6.3	1.21
30	3.2	3.1	0.01	7.2	6.8	0.16
31	3.4	3.1	0.09	7.3	6.8	0.25
32	1.3	1.3	0.00	5.4	4.6	0.64
Σ			1.55			13.68
	$\sigma = 0.22$			$\sigma = 0.66$		

3 意义

根据波高公式的计算,可知由于地形因素,龙口湾的波高都不会太大,这极有利于港口建设和海洋资源的开发;但东北风也会影响海域波高的计算,这一方面还值得注意;而西南风所造成的浪较小;在一定风速下,水深对波浪的影响也比较大。利用龙口海洋站的风资料,结合海浪方向谱方法,计算龙口湾及其附近海域的波浪数值,绘制 NE、N、N W、SW 方向五十年一遇的风产生的浪的等波高线和等周期线图,并分析计算区域内的波浪分布状况及其变化规律,有利于更合理地利用海浪资源。

参考文献

[1] 陈雪英. 龙口湾及其附近海域的波浪数值计算. 海岸工程,1988,7(1):10 - 18.

[2] Ю. М. КРЫЛОВ. СПЕКТРАЛЬНЫЕ МЕТОДЫ ИССЛЁДОВАНИЯ И РАСЧЁТА ВЕТРОВЫХ ВОЛН. ГИЛРОМЕТЕОРОЛОГИЧЕСКОЕ ИЭДАТЕЛВСТВО ЛЕНИНГРАД. 1966.

龙口湾的泥沙运动模型

1 背景

通过龙口湾的沉积物和重矿物的基本特征,再结合它们的分布规律,可以看出附近海域的沉积物的亲陆性和区域性尤为明显,这些物质基本来自于陆地。龙口湾附近有很多河流,这些河流都是源近流短的小河,且处于山丘地区,降水时间较为集中,都是些为暴涨暴落的山溪性河流。王文海[1]就龙口湾泥沙问题展开研究,来探讨分析河流中泥沙来源、活动水深、移动趋势及沿岸输沙等问题。

2 公式

河流输沙量根据侵蚀模数计算为:

$$Q_{rs} = ds \cdot F$$

式中,Q_{rs} 为河流输沙量, $\times 10^4$ t/a;ds 为侵蚀模数,t/(km² · a);F 为流域面积,km²。

Munk 提出了破波波高和波浪破碎水深的计算方法[2],其计算公式为:

$$\frac{H_b}{H_0} = \frac{1}{3.3(H_0/L_0)^{1/3}}$$

$$d_b = 1.28 H_b$$

式中,H_0 为深水波高;L_0 为深水波波长;H_b 为破波波高;d_b 为波浪破碎水深。

合田认为波浪破碎不仅与深水波的波陡有关,还与海底坡度有关[3]。据此,他提出的计算公式为:

$$\frac{d_b}{H_b} = \frac{1}{b - (aH_b/gT^2)}$$

式中,a 为海滩坡度函数,$a = 1.36 g(1 - e^{-19 m})$;$b$ 为海滩坡度函数,$b = \frac{1.56}{(1 + e^{-19.5 m})}$;$m$ 为海滩比降;g 为重力加速度;T 为波浪周期。

一些学者根据试验结果导出如下公式并列出设计标准,分别计算泥沙表层活动水深和显著活动水深[4]:

$$\frac{H_0}{L_0} = 1.35 \left(\frac{d_m}{L_0}\right)^{\frac{1}{3}} \left(\sin h \frac{2\pi D_c}{L}\right)\left(\frac{H_0}{L_0}\right)$$

$$\frac{H_0}{L_0} = 2.40\left(\frac{d_m}{L_0}\right)^{\frac{1}{3}}\left(\sin h\,\frac{2\pi D_c}{L}\right)\left(\frac{H_0}{L_0}\right)$$

式中,d_m 为泥沙中值粒径,mm。D_c 为泥沙活动临界水深。

我国海港水文规范法[5]:

$$Q_s = 0.64 \times 10^{-2}k'(H_0/L_0)H_b^2 C_b \sin 2\alpha_b$$

美国海岸研究中心法[6]:

$$Q_s = 0.7 \times 10^{-2}H_0^2 C_0 k_r^2 \sin 2\alpha_b$$

式中,Q_s 为沿岸输沙率;C_α 为深水波速,$C_0 = L_0/T$;C_b 为破波波速,$C_b = L_b/T$;H 为任意点波高;L_b 为破波波长;k_r 为破波折射系数;n_b 为破波波能传递系数。

$$n_b = \frac{1}{2}\left(1 + \frac{4\pi d_b/L_b}{\sinh 4\pi d_b/L_b}\right)$$

式中,a_b 为破波波峰线与等深线夹角。

3 意义

根据各泥沙公式的计算以及资料分析,可以得出龙口湾海区的泥沙主要来源于河流输沙,然而工业垃圾造成的泥沙也不容忽视;又由于波浪条件不同而形成的不同的破碎水深,使泥沙活动水深差别较大;连岛沙坝以南泥沙从西向东运动,输沙量由西向东逐渐减少;龙口湾海区泥沙来源少,输沙量不大,因此没有泥沙淤积之患,是比较合适的建港海区。

参考文献

[1] 王文海,武桂秋,王润玉.龙口湾泥沙问题的研究.海岸工程,1988,7(1):19-27.

[2] 文圣常.海浪原理.济南:山东人民出版社,1962.

[3] Goda. Y. A Synthsis of Breaker, Indices. Poceeding of Japan Society of Civil Engneers,1970(180).

[4] 港湾协会.港口建筑物设计标准.北京:人民交通出版社,1979.

[5] 中华人民共和国交通部.港口工程技术规范:海港水文.北京:人民交通出版社,1980.

[6] U. A. Army Coastal Engineering Research Center. Shore Protection Manual,1975.

抛石工程的效率计算

1 背景

抛石指的是为防止河岸或构造物受水流冲刷而抛填较大石块的防护措施,这需要考虑抛石船机的效率和抛石准确度与精度。抛石方法种类很多,全开式抛石船和侧卸式抛石船是属于粗抛类的,还有带抛石机械的细抛工作船以及结合了整平与细抛工艺的联合式装置。机械化抛石的研究和应用,我国虽然有所涉及,但还是比较落后的,相对于发达国家对抛石工程船的研究应用的开展,我们这一发面还有待发展。皮建设[1]对水下抛石基床进行了深度研究,为改良抛石装置奠定了一定基础。

2 公式

(1)表 1 列出了日本和国产的几种全开式卸石船的主要技术参数。其中国产 66 号、67号驳为自航式,装有两台荷兰"肖特尔"公司生产的舵桨推进装置,能侧向及横向移动,并能瞬间急停或快速转向。

表 1 几种全开式卸石船的主要技术参数

船号	制造厂家	全长 /m	型宽 /m	型深 /m	满载 吃水 /m	轻载 吃水 /m	料仓 容积 /m³	料仓最 大开口 /m	舱底 夹角 /°
66/67 号	中国新河船厂	54.1	10.7	3.6	2.8		500	2.5	约 101
三晃 6 号 三晃 7 号	日本三菱重工广岛造船所	39.1	11.5	4.2	3.6		600	3.5	约 130
タチカ	日本三井海洋开发株式会社	43.5	11.0	3.8	2.3	0.98	300	3.0	约 111.6
(石日港试验用抛石驳)		57.5	11.0		2.9		500		110

(2)根据锤下落时的平衡关系和水流阻力的工程表达式导出了单位面积上每锤的冲击能:

266

$$\varepsilon = \frac{M^2 \eta g}{C_f \omega^2 \rho_\text{水}}(1 - e^{-\frac{C_f \omega \rho_\text{水} H}{M}})$$

夯锤速度等于 0.95 倍极速度时的落距:

$$H_\text{有效} = \frac{M}{C_r \omega \rho_\text{水}} \ln \frac{1}{1 - 0.95^2}$$

上两式中 ε 为单位面积上的冲击能; M 为夯锤质量; $\eta = 1 - \dfrac{\rho_\text{水}}{\rho_\text{夯}}$, $\rho_\text{水}$、$\rho_\text{夯}$ 分别是水与夯锤的密度; g 为重力加速度; C_f 为水对夯锤的绕流阻力系数; ω 为夯锤底面积; H 为夯锤落距; $H_\text{有效}$ 为 0.95 倍极限落速时的落距。

按强夯法的理论,加固的深度为:

$$H = a\sqrt{W}$$

式中, W 是一次冲击能; a 是小于 1 的系数,由实验测得,土质或夯实条件不同时, a 也取不同的值。

3 意义

根据各公式的分析,可得出在抛填量大、运距远、工期紧的情况下须采用驳船卸石方法,尽量使用大型船只,可以减小抛填强度和提高工作效率;还可以通过单位面积上的冲击能不变,仅只增加夯锤底面积的办法来进行改良,基床整平作业已有用于工程实践的成功经验,是处于实用阶段的一种方法,探讨建筑物对整平精度的要求,放宽精度,研究适应凹凸表面的结构,以此来研究和普及机械化基床整平的方法,与此同时,提高测量和图像观察技术也是必不可少的。

参考文献

[1] 皮建设. 水下抛石基床的机械化施工. 海岸工程,1988,7(1):62 - 71.

西双版纳的舒适评价方程

1　背景

西双版纳以其优美的自然景观、独特的民族风情及优越的气候条件,成为著名的旅游胜地,旅游业也成其支柱产业。为充分发挥及合理利用本区旅游资源优势,探讨分析本区温湿环境及其舒适状况是必要的。刘文杰[1]就西双版纳温湿状况及其舒适性展开了评价。本区地处季风气候区,气候有明显的季节性变化,且有比较明显的低温期和干旱期。虽无冬夏之分,但有干、雨季之别,考虑到温度的变化又可将干季分为干凉季、干热季、雾凉季和雾冷季。

2　公式

2.1　环境应力特征分析

对于人体健康与舒适来说,首要的是保持体温恒定(36.5 ~ 37.0℃),要保持这样恒定的体温则必须使体内新陈代谢的产热量与对环境的得热和失热之和相等。如果新陈代谢产热量大于体内对环境的失热量,体温将上升,反之则下降。因此,人体对环境的得热与失热,除决定于体内新陈代谢的产热量之外,还与环境的热状况有关[2]。

人体新陈代谢产热与周围环境之间的热平衡是通过各种热交换方式实现的,只要热环境条件不超过人体生理所调节的范围,则人体与环境之间的热交换可用下式表示[3]:

$$Q = M + C + R - E$$

式中,Q 为体内积热变化量;M 为新陈代谢产热量;C 为对流热交换;R 为辐射热交换;E 为蒸发散热。其中对流热交换 C 表示在温度均衡的环境中,人体与环境之间通过对流交换的热量,可表示为:

$$C(\text{kcal/h}) = aV^{0.3}(t - 35),$$

式中,a 为取决于衣着条件的系数(平均温度小于 20℃ 时取 11.6,平均温度大于 20℃ 时取 13.0);V 为气流速度(m/s);t 为气温(℃)。

辐射热交换 R 表示太阳辐射对人体产生的热压力,可表示为:

$$R = IK_pK_i[1 - a(C^{0.2} - 0.88)]$$

式中,R 为辐射热交换(Kcal/h);I 为垂直面上的太阳辐射强度(Kcal/h);K_p 为取决于姿势与场地性质的系数(户外背对太阳站立时取 0.286);K_i 及 a 为取决于衣着的系数(平均温度小于 20℃时分别取 0.4 和 0.52;平均温度大于 20℃时取 0.5 和 0.52)。

蒸发散热 E 表示人体通过对流和辐射热交换不足以平衡新陈代谢产热时,通过排汗散失的热量,其值决定于环境的最大可能蒸发量 E_{max},因而以 E_{max} 代替 E 分析蒸发散热状况,其表达式为:

$$E_{max} = PV^{0.3}(42 - Pa)$$

式中,P 为与衣着有关的系数(平均温度小于 20℃时取 13;平均温度大于 20℃取 20.5);Pa 为环境的水汽压(mmHg)。

2.2 西双版纳温湿环境的舒适性评价

人体的舒适和对外界热状况的生理反应,取决于的新陈代谢热量、环境气象因素(空气温度、湿度、太阳辐射等)及衣着。许多学者研究了各种条件下人体对环境小气候的反应,并提出了许多与人体舒适有关的生物气候指标。其中之一为有效温度,但用有效温度表示环境舒适状况存在影响舒适因子考虑不全的缺点,为此,提出了全面考虑温、湿、风三要素对人体舒适的影响指标——综合舒适指标[4]。

$$S = 0.6(|T_a - 24|) + 0.07(|u - 70|) + 0.5(|V - 2|)$$

式中,S 为综合舒适指标;T_a 为气温(℃);u 为空气相对湿度(%);V 为风速(m/s)。并确定:$S \leqslant 4.55$ 为舒适;$4.55 < S \leqslant 6.95$ 为较舒适;$6.95 < S \leqslant 9.00$ 为不舒适;$S > 9.00$ 为极不舒适。

3 意义

根据舒适指标方程分析,评价了西双版纳地区温湿状况及其舒适性,除干热季(3—5月)的中午人体感觉闷热,其他时间或季节均为舒适或较舒适,其中以雾凉季、雾冷季及干凉季的舒适条件较好。人体感觉舒适与否,取决于生理和环境的众多因素,因而衡量舒适的指标也多种多样。选用的综合舒适指标主要考虑了对人体影响最大的三因素(温、湿、风),因而基本上能反映人体舒适感觉状况。

参考文献

[1] 刘文杰. 西双版纳温湿状况及其舒适性评价. 山地研究,1998,16(4):277 - 280.

[2] 杨士弘. 广州市热环境与舒适. 生态科学. 1986(2):82 - 88.

[3] B. 吉沃尼. 人、气候、建筑. 陈士译. 北京:中国建筑工业出版社,1982:50 - 67.

[4] 陆鼎煌. 颐和园夏季小气候//中国农林学会. 中国林业气象文集. 北京:气象出版社. 1989:221 - 228.

同震滑坡的年代公式

1 背景

地衣形态量计法由 Beschel 提出并逐步得到改进,多用于测定冰退后露出的地面的年龄。Gregory 将该方法引入河流地貌年龄的研究[1]。Mottershcad 曾用地衣形态量计法研究基岩海岸的侵蚀过程。近年来,一些研究者将地衣形态量计法应用于同震滑坡灾害的研究中[3],证明它是一种有效的方法。李有利和杨景春[2]通过相关公式分析了地衣形态量计在同震滑坡研究中的应用。

2 公式

Bull 等人用地衣测年法研究新西兰南阿尔比斯山同震崩塌和滑坡川。通过测量特定种的地衣的大小,做出地衣直径－数量直方图,即地衣大小频度图,他们发现单一崩塌滑坡事件的地衣的最大直径频度分布曲线为一正态分布曲线,多个事件的曲线为具有众多数值的频度分布曲线。直方图上多个尖锐的峰分别代表着不同的地展。合成的概率密度曲线可以分解为几个小的正态分布曲线,分别代表几个不同的事件(图1)。

通过回归分析得到地衣大小与时间的关系:

$$y = -0.16x + 328 \tag{1}$$

式中,y 是最大地衣直径的众数值;x 是公历年,$\tau^2 = 0.99$;τ 为相关系数。这一公式可以用来测定该地区其他同震滑坡的年龄。

在获得每个测点特种地衣大小的数据后,将每个测点的数据按大小排成次序,并分割成 10 个数据段,每个数据段的数据个数相同。第一数据段中最大数用 X_{max} 表示,平均值用 X_1 表示,第二数据段的平均值用 X_2 表示。取 X_{max},X_1,X_2 作为衡量某测点的地衣直径的三个特征指标,如果在岩性相同和其他条件一致的不同滑坡壁上的地衣的三个指标值大致相等,可以认为它们是同时形成的。根据野外调查和航片解释将年代相同的崩塌和滑坡绘制成平面分布图,再根据每平方千米内崩塌和滑坡个数做成崩塌和滑坡分布密度等值线图(图2),从图上可以看出,崩塌主要集中在山地沟谷陡坡发育地区,滑坡主要分布在山前黄土台地上的谷坡两侧,沿系舟山山前断裂附近的崩塌与滑坡最为密集。

从图 2 中可发现,每个事件的曲线下面的面积与观测点距震中的距离有关。将每个事

270

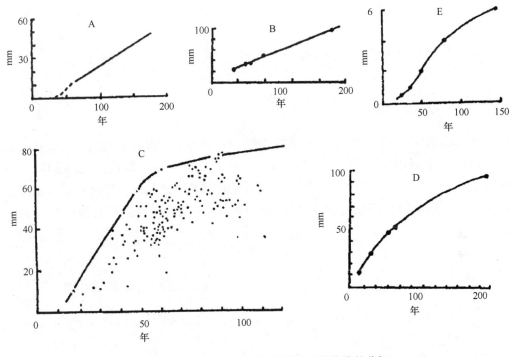

图1 新西兰某地复合地衣大小－丰度曲线的分解

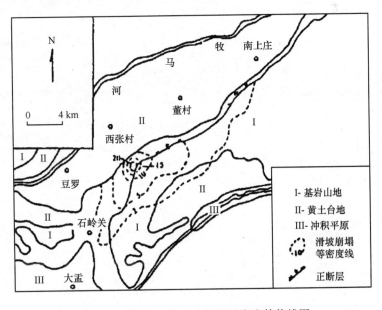

图2 山西忻州系舟山北侧滑坡密度等值线图

件的曲线下的面积占总面积的百分数定义为振动指数,统计发现,振动指数与震中距线性相关。

$$y = 69.5 - 0.49x \qquad (2)$$

式中,y 是振动指数,x 是震中距(km),$\tau^2 = 0.91$。

3　意义

根据振动指数与震中距线性相关等公式的分析,阐述了在没有其他测年方法可用的情况下,地衣形态量计可以用于区分同震滑坡的相对年代;在有年龄数据控制的条件下,可以获得地衣大小与生长时间之间的函数关系来测定同震滑坡的年龄。将地衣形态量计法引入同震滑坡的研究,可以获得震时、震中、地震频度、地震影响范围以及地震断层的一些信息。

参考文献

［1］　Gregory K J. Lichene and the determination of river channel capacity. Earth surface processes,1976,1:273 – 285.

［2］　李有利,杨景春. 地衣形态量计在同震滑坡研究中的应用. 山地研究,1998,16(3):167 – 170.

［3］　张世民,杨景春. 公元1038年定襄地震的地质地貌遗迹研究. 华北地震科学. 1989,7(3). 22 – 30.

岩爆的动力扰动方程

1 背景

自英国首次报道了岩爆现象以来,此后世界各地陆续有相关报道出现。近年来,这种地质灾害在我国铁道、采矿、水电工程建设中逐渐突出,引起了岩石力学界和工程地质界的高度重视。对岩爆的定义有很多。岩体内部积聚有大量的变形能或应变能是产生岩爆的主要原因。大多数的研究工作也正是围绕着岩石的聚能性进行的。基于此,结合某水电站引水隧洞的岩爆实例,王贤能和黄润秋[1]利用数值模拟方法,定量分析了动力扰动全过程对岩爆的影响。

2 公式

2.1 应力波的反射机制及对岩爆的影响

动力扰动在岩体中造成的动应力,实质上是岩体中传播的一种应力波。应力波在穿过某些地质界面时,由于两侧介质特性的差异,将产生反射波。界面处的反射波应力(σ_τ)、透射波应力(σ_i)与入射波应力(σ_1)之间的关系有[2]:

$$\sigma_i = \frac{2\sigma_1}{n+1}, \sigma_\tau = \frac{\sigma_1(1-n)}{n+1} \tag{1}$$

式中,$n = \sqrt{p^1 E_1/p_2 E_2}$;$p_1$,$p_2$、$E_1$,$E_2$ 分别为界面两侧岩体的密度和弹性模量。

当应力波从相对坚硬的岩体传入较软弱的岩层中,即 $E_1 > E_2$,由于 $n > 1$,产生的反射波为拉伸波,则在界面处产一拉应力。并且,两侧介质的弹性模量相差越大,拉应力值就越高,这种性质的拉应力对岩体的稳定性极为不利。

2.2 动力扰动对岩爆影响的数值模拟

动力响应的复反应分析原理

岩爆是由于动力扰动(主要指的是爆破影响)触发的,这种随机动荷载的定量计算可采用下述有限元方程:

$$[K]\{\bar{u}\} + [C]\{\dot{u}\} + [M]\{u\} = F(t) \tag{2}$$

式中,$[M]$ 为质量矩阵;$\{u\}$ 为加速度向量;$[C]$ 为阻尼矩阵;$\{\dot{u}\}$ 为速度向量;$[K]$ 为刚度矩阵;$\{\bar{u}\}$为位移向量;$F(t)$为计算模型中爆破动荷载。

求解式(1)的经典方法有很多,如振型叠加法和直接积分法,这些方法不能很好地处理阻尼问题,而采用复反应法就能很好地处理这个问题,其基本原理请参阅文献[3]。

在复反应法中,岩土体的黏弹性可采用复弹性模量 E^* 和能量损耗系数 η 来描述:

$$E^* = E + iE' \tag{3}$$

$$\eta = E'/E \tag{4}$$

式中,E 为杨氏弹性模量,反映岩土体的弹性性质;E' 为损耗模量,反映岩土体由于变形而损耗能量的特性。

图1为静力计算模型,模型尺寸为 $60\ \text{m} \times 60\ \text{m}$,隧洞半径取为 $5.0\ \text{m}$,顶部作用垂直荷载为 $11.3\ \text{Mpa}$,右边界作用水平荷载 $14.7\ \text{MPa}$;网格全部剖分成四边形单元。计算参数如表1所示。

表1　岩石力学参数取值表

参数名称	取值
容重 $\gamma/\text{g}\cdot\text{cm}^{-3}$	2.76
弹性模量 E/MPa	3×10^4
泊松比 μ	0.30
摘拉强度 σ_i/MPa	3.00
内聚力 C/MPa	7.75
内摩擦角 $\phi/°$	68
损耗系数 $\eta/\%$	1.3

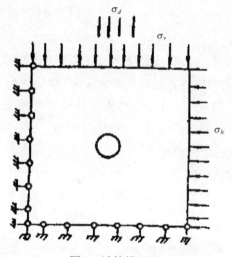

图1　计算模型图

3　意义

根据复弹性模量的公式分析,弹性应变能的积聚是产生岩爆的内因,但岩爆的发生往往具有外界因素的扰动。据此首先分析了动力扰动对岩爆触发的机理,然后结合某水电站引水隧洞岩爆实例,利用复反应分析原理计算了动力扰动过程对岩爆的影响。通过有限元计算表明,动力扰动不仅仅是触发岩爆,还使岩爆规模发生变化。总体上说,当入射波为压缩波时,岩爆范围增大;当入射波为拉伸波时,岩爆范围减少。

参考文献

［1］　王贤能,黄润秋.动力扰动对岩爆的影响分析.山地研究,1998,16(3):188 - 192.

［2］　张倬元,王士天,王兰生.工程地质分析原理.北京:地质出版社,1992:86 - 298.

［3］　黄润秋,王贤能.深埋隧道工程山体动应力响应的复反应分析.工程地质学报,1997,5(1):1 - 5.

山区流域的坡面流方程

1 背景

最早进行坡面浅层水流研究的是美国学者 Horton。他认为坡面流是一种混合状态的水流。其流态介于层流与紊流之间。自 Lighthill 和 Whitham 发表运动波理论以来,对坡面流的应用已做了许多工作[1]。目前应用较多的是特征线方法,而该方法仍然显得繁杂,求解十分费时且涉及较多参数。王协康等[2]根据山区流域特性,对坡面流漫流过程进行简化,从理论上探讨坡面流的变化规律。

2 公式

由坡面流的动量守恒和质量守恒可导出坡面流基本方程组为[3]。

$$\begin{cases} h\dfrac{\partial v}{\partial x} + v\dfrac{\partial h}{\partial x} + \dfrac{\partial h}{\partial t} = r \\[2mm] \dfrac{\partial v}{\partial t} + v\dfrac{\partial v}{\partial x} + g\dfrac{\partial h}{\partial x} + r\dfrac{v}{h} + g(S_f - S_o) = 0 \end{cases} \tag{1}$$

式中,h 为坡面水深(m);v 为坡面平均流速(m/s);r 为净雨率(m/s)(雨强与土壤下渗率的差值);g 为重力加速度(m²/s);x 为坡距(m);S_0 为坡面平均比降;S_f 为摩阻比降。

由于式(1)为非线性偏微分方程组,在实际应用中须简化。采用隐式差分等方法,可对偏微分方程进行数值求解,但因偏微分方程中涉及较多参数,因而其应用具有很大的局限性。

2.1 坡面流偏微分基本方程

山区流域坡面比降陡、糙率大,水流流态多为紊流。在式(1)的动力方程中,其他各项与坡面比降和摩阻比降相比皆可忽略,由此认为坡面水流接近运动波。Woolhiser 和 Liggett[4]指出,为使运动波求解坡面流有效,须使其"运动流数"K 值满足下式:

$$K = S_o L / F_{ro}^2 H_o > 10 \tag{2}$$

式中,S_0 为坡面比降;L 为坡长(m);F_{ro} 为坡面末端弗汝德数;H_0 为坡面末端水深(m)。沈冰等[5]通过实验指出:在坡面降雨漫流过程中,其"运动流数"K 值大于100,应用运动波描述坡面水流是合理的。因而式(1)可化为:

$$\begin{cases} h\dfrac{\partial v}{\partial x} + v\dfrac{\partial h}{\partial x} + \dfrac{\partial h}{\partial t} = r \\ S_f = S_o \end{cases} \tag{3}$$

由坡面水流的运动波模型或扩散波模型的理论可知[5],坡面流坡末端的运动方程可用均匀流的水面线表示,H·巴津认为坡面流速与其水深呈线性关系[6],即:

$$V = m\sqrt{S_f h} \tag{4}$$

式中,m 为巴津系数(S^{-1});S_f 为摩阻比降;v、h 分别为坡面流速(m/s)和水深(m)。利用 H·巴津提出的流速关系式(4)得:

$$S_f = V^2/(m^2 h^2) \tag{5}$$

由式(3)和式(5)得坡面流近似方程组为:

$$\begin{cases} \dfrac{\partial q}{\partial x} + \dfrac{\partial h}{\partial t} = r \\ q = m\sqrt{S_o h^2} \end{cases} \tag{6}$$

式中,q 为单宽流量(m³/s)。

Govindaraju 等[3]在研究坡面水流时,证实了坡面水深 $h(x,t)$ 可用如下分离变量形式近似描述为:

$$h(x,t) = h_L(t)\mathrm{Sin}(\pi x/2L) \tag{7}$$

式中,x 为坡面沿程距(m);L 为坡面长度(m);$h_L(t)$ 为坡长 L 处的水深(m)。

采用式(7)应用于式(6)中水流连续方程后,产生的误差 $R(x,t)$ 可表示为:

$$R(x,t) = \frac{\partial\left[h_L(t)\mathrm{Sin}(\pi x/2L)\right]}{\partial t} + \frac{\partial\left[m\sqrt{S_o}h_L^2(t)\mathrm{Sin}^2(\pi x/2L)\right]}{\partial x} - r \tag{8}$$

由于 Govindaraju 等[3]对坡面流采用分离变量形式的近似假定能满足水流连续方程,在任何时刻 t,在坡面区域$[0,L]$范围内,其累积误差 $R(x,t)$ 应为零,即:

$$\int_0^L R(x,t)\mathrm{d}x = 0 \tag{9}$$

由式(8)、式(9)得:

$$2h'_L(t) + \pi m\sqrt{S_o}h_L^2(t)/L - \pi r = 0 \tag{10}$$

式(10)即为所求坡面流偏微分基本方程。

2.2　净雨历时 $t_r \geqslant t_e$(汇流平衡时间)的坡面流近似解

根据坡面流汇流平衡理论[7]可知:在汇流达到平衡时,在坡长为 L 的断面出口平衡流量 q_e 和平衡时间 t_e 分别为:

$$q_e = rL, \quad t_e = h_e/r \tag{11}$$

由式(6)动力方程和式(11)得:

$$r = m\sqrt{S_o}h_e^2/L, \quad t_e = L^{0.5}\left[_{rm}\sqrt{S_o}\right]^{-0.5} \tag{12}$$

式中,q_e 为坡长 L 处汇流平衡单宽流量(m^3/s);h_e 为对应水深(m);t_e 为平衡时间(s)。把式(12)中 r 值代入式(10)得:

$$2\,h'_L(t) + \pi m \sqrt{S_o}[h_L^2(t) - h_L^2]/L = 0 \tag{13}$$

则微分方程式(13)的解为:

$$t = \pi m \sqrt{S_o}Ln\{[h_e + h_L(t)]/[h_e - h_L(t)]\}/4Lh_e + C \tag{14}$$

式中,C 为积分常数。

由起始条件 $h_L(t)\,|_{t=0}=0$,得 $C=0$。由此(14)式变换为:

$$h_L(t) = h_e(1 - e^{\beta t})/(1 + e^{\beta t})\,(t < t_e) \tag{15}$$

把式(15)代入式(7),得坡面水深函数式为:

$$h(x,t) = h_e \sin(\pi x/2L)(1 - e^{\beta t})/(1 + e^{\beta t})\,(t < t_e) \tag{16}$$

式中,$\beta = -4r^{0.5}L^{1.5}(m\sqrt{S_o})^{-1.5}/\pi$。

把式(15)代入式(6)水流动力方程,得坡面单宽流量函数式为:

$$q(x,t) = m\sqrt{S_o}h_e^2(t)\sin(\pi x/2L)(1 - e^{\beta t})^2/(1 + e^{\beta t})\,(t < t_e) \tag{17}$$

此外,根据坡面汇流理论可知[7]在净雨历时 $t_r \geq t_e$ 时,$t_e \leq t \leq t_r$ 的坡面末端水深 $h_L(t)$ 为常数,其值等于 h_e,代入式(6)、式(7)得:

$$h(x,t) = h_e Sin(\pi x/2L) \qquad t_e \leq t \leq t_r \tag{18}$$

$$q(x,t) = m\sqrt{S_o}h_e^2 Sin^2(\pi x/2L) \qquad t_e \leq t \leq t_r \tag{19}$$

式中,$h_e = (rL)^{0.5}(m\sqrt{S_o})^{-0.5}$,$t_e = L^{0.5}(rm\sqrt{S_o})^{-0.5}$。

在净雨历时 $t_r \geq t_e$ 的情况下,当净雨量为零,$t > t_r \geq t_e$ 的坡面末端水深变化方程式(10)变换为:

$$2\,h'_L(t) + \pi m\sqrt{S_o}h_L^2(t)/L = 0 \tag{20}$$

对微分方程式(20)求解为:

$$h_L(t) = [h_L^{-1}(t_r) + \pi m\sqrt{S_o}(t - t_r)/2L]^{-1} \qquad (t > t_r \geq t_e) \tag{21}$$

式中,$h_L(t_r)$ 是净雨为零时($t = t_r$),坡末端出口断面水深(m),由式(18)可得:

$$h_L(t_r) = (rL)^{0.5}[{}_m\sqrt{S_o}]^{-0.5} \tag{22}$$

则由式(6)、式(7)、式(21)、式(22)可得在净雨历时 $t_r \geq t_e$ 时,坡面流退水段近似解为:

$$h(x,t) = [(m\sqrt{S_o})^{0.5}(rL)^{-0.5} + \pi m\sqrt{S_o}(t - t_r)/2L]^{-1}Sin(\pi x/2L)$$
$$(t > t_r \geq t_e) \tag{23}$$

$$q(x,t) = {}_m\sqrt{S_o}Sin^2(\pi x/2L)[(m\sqrt{S_o})^{0.5}(rL)^{-0.5} + \pi m\sqrt{S_o}(t - t_r)/2L]^{-2}$$
$$(t > t_r \geq t_e) \tag{24}$$

由上述可知,当净雨历时 $t_r \geq t_e$ 时,由式(16)、式(17)、式(18)、式(19)、式(23)、式(24)可求坡面流随时空变化的漫流过程。

2.3 净雨历时 $t_r < t_e$（汇流平衡时间）的坡面流近似解

在净雨历时 $t_r < t_e$ 的情况下，$t \leqslant t_r$ 时段的坡面流变化过程与净雨历时 $t_r \geqslant t_e$ 情况下同时段的变化过程是一致的，因而由式(16)、式(17)可得坡面流近似解为：

$$h(x,t) = h_e \mathrm{Sin}(\pi x/2L)(1 - e^{\beta t})/(1 + e^{\beta t}) \qquad (0 \leqslant t \leqslant t_r) \qquad (25)$$

$$q(x,t) = m \sqrt{S_0} h_e^2 \mathrm{Sin}^2(\pi x/2L)(1 - e^{\beta t})^2/(1 + e^{\beta t})^2 \qquad (0 \leqslant t \leqslant t_r) \qquad (26)$$

同理，在净雨为零时($t = t_r$)，坡末端出口断面水深由式(25)得：

$$h_L(t_r) = h_e(1 - e^{\beta t_r})/(1 + e^{\beta t_r}) \qquad (27)$$

则由式(6)、式(7)、式(21)、式(27)可得在净雨历时 $t_r < t_e$ 时，坡面流退水段近似解为：

$$h(x,t) = [(m \sqrt{S_o})^{0.5}(rL)^{-0.5}(1 + e^{\beta t})/(1 - e^{\beta t})^{-1} + \pi m \sqrt{S_o}(t - t_r)/2L]^{-1}$$
$$\mathrm{Sin}(\pi x/2L) \qquad (t > t_r) \qquad (28)$$

$$q(x,t) = m \sqrt{S_o} \mathrm{Sin}^2(\pi x/2L)[(m \sqrt{S_o})^{0.5}(rL)^{-0.5}(1 + e^{\beta t})/(1 - e^{\beta t})^{-1} +$$
$$\pi m \sqrt{S_o}(t - t_r)/2L]^{-2}$$
$$(t > t_r) \qquad (29)$$

式中，$\beta = -4r^{0.5}L^{1.5}(m \sqrt{S_o})^{-1.5}/\pi$。

由此可知，在净雨历时 $t_r < t_e$ 的条件下，由式(25)、式(26)、式(27)、式(28)可得坡面流随时空变化的漫流过程。

2.4 坡面粗糙度系数的确定

切卡索夫以巴津系数为基础，将坡面粗糙度系数 λ 表示为[6]：

$$\lambda = 87/m \qquad (30)$$

式中，m 为巴津系数(S^{-1})。

在前期降雨充分的条件下，可认为坡面土壤含水量达到饱和，则土壤下渗率近似为零，此时，净雨率 r 为 I[I 为雨强(m/s)]。由式(24)可得在降雨历时 $t_r \geqslant t_e$ 时坡末端坡面流退水方程为：

$$q(L,t) = m \sqrt{S_o}[(m \sqrt{S_o})^{0.5}(rL)^{-0.5} + \pi m \sqrt{S_o}(t - t_r)/2L]^{-2} \qquad (t > t_r \geqslant t_e)$$
$$(31)$$

上式可简化为：

$$m = 4L[IL/q(L,t) - 1]^2/[\pi^2(t - t_r)^2 I \sqrt{S_o}] \qquad (32)$$

式中，$t - t_r$ 为退水历时(s)；$q_L(L,t)$ 为相应时刻 t 的退水单宽流量(m^3/s)；I 为雨强(m/s)；L 为坡长(m)；m 为巴津系数(s^{-1})。利用式(32)、式(30)可判断坡面粗糙度。

3 意义

在山区流域坡面流近似为运动波的条件下，利用 Govindaraju 等提出的坡面流分离变量形式,导出了坡面流的偏微分基本方程。根据坡面净雨历时与汇流平衡时间的关系,得到了不同净雨历时的坡面流漫流过程。利用导出的坡面流基本方程,根据净雨历时与汇流平衡时间的关系,得到了不同净雨历时的坡面流近似解。以退水过程为基础,可用切卡索夫定义的粗糙度关系式分析坡面粗糙程度。

参考文献

[1] Govindaraju, et al. . Approximate analytical solutions for overland flow. Water Resources Research,1990,26 (2):2903 – 2912.

[2] 王协康,方铎,曹叔尤. 山区流域坡面流的一种近似解. 山地研究,1998,16(4):263 – 267.

[3] 薛焱森. 水文学原理. 成都科技大学水电院水利系,1988,5:131 – 134.

[4] Woolhiser D A,Liggett J A. Unsteady one – dimensional flow over a plane – the rising hydrograph. Water Resources Research,1967,3(3):753 – 771.

[5] 沈冰,李怀恩,沈晋. 坡面降雨强度漫流过程中有效糙率的实验研究. 水利学报,1994,(10): 61 – 68.

[6] 吴长文,王礼先. 林地坡面的水动力学特性及其延阻地表径流的研究. 水土保持学报,1995,9(2): 32 – 38.

[7] 文康,金管生,李琪等. 地表径流过程的数学模拟. 北京:水利电力出版社,1990. 144 – 146.

石山区发展的评价公式

1 背景

广西石山区近热带海洋,气候湿热,属南亚热带季风气候区。其内部是峰洼连绵的岩溶峰丛山地,山高水深,河流自然落差大,水能资源丰富。由于石山区地形复杂,气候的垂直变化和纬向变化都十分明显且复杂多样,为多种生物的繁衍提供了条件。胡宝清和任东明[1]就广西石山区的可持续发展进行了综合评价,对数据的无量纲化展开单项指标评价。总之,广西石山区是贫困落后和生态环境严重恶化与矿藏、生物种质资源、水能资源和旅游资源丰富的矛盾统一体,是一个具有整体区位优越但区内相当封闭的人工动态系统。

2 公式

对各单项指标的实际值按下式进行无量纲处理,即:

$$\bar{D_{ij}} = \begin{cases} 1 & D_{ij} \leqslant a \\ \dfrac{e-1}{b-a}D_{ij} + \dfrac{b-ae}{b-a} & a < D_{ij} < b \\ e & D_{ij} \geqslant b \end{cases} \tag{1}$$

$$\bar{D_{ij}} = \begin{cases} 1 & D_{ij} \leqslant b \\ \dfrac{1-e}{b-a}D_{ij} + \dfrac{eb-a}{b-a} & a < D_{ij} < b \\ e & D_{ij} \geqslant a \end{cases} \tag{2}$$

式中,$i = 1,2,\cdots,28$,$j = 1,2,\cdots,52$;a,b,c 为参数,因不同指标而不同。由此得出各项指标的相对标准值(评价值)。其中 a,b,c 三指标参数的确定要综合反映该评价指数的描述、评估及预警三种功能。

将各单项指标的相对标准值与相应的权重值经综合评价计算模型运算得出广西石山区各县(市)可持续发展度值 A。为了便于比较,把 A 值进行归一化处理,即得出相应的标准可持续发展度 $\bar{A}$(表1)。

表1 广西石山区各县(市)可持续发展度计算结果及排名等级表

县市名	B_1	B_2	B_3	B_4	A	$\bar{A}$	排名	等级
阳朔	16.04	22.60	21.93	10.16	70.73	0.75	6	2
上林	16.57	19.15	15.74	8.39	59.85	0.38	13	3
隆安	17.73	14.88	17.94	8.00	58.55	0.34	15	3
马山	12.02	13.90	16.02	6.43	48.37	0.00	28	4
崇左	19.05	25.65	19.11	11.30	75.11	0.89	2	1
大新	13.43	16.59	18.46	9.13	57.61	0.31	16	3
天等	10.66	13.29	17.59	7.57	49.11	0.02	27	4
龙州	14.99	21.88	20.43	11.20	68.50	0.67	8	2
柳江	16.05	24.00	22.07	10.57	72.69	0.81	4	1
来宾	18.10	24.95	18.41	9.34	70.80	0.75	5	2
忻城	13.24	15.27	17.90	6.30	52.71	0.15	25	4
田阳	12.50	21.62	18.45	8.75	61.32	0.43	12	3
平果	10.32	23.89	16.99	10.32	61.52	0.44	11	3
德保	13.24	14.73	18.81	8.42	55.20	0.23	20	3
靖西	11.80	15.27	18.50	7.40	52.97	0.15	23	4
那坡	16.09	13.97	17.51	6.14	53.71	0.18	22	4
凌云	15.40	16.25	15.30	8.42	55.37	0.23	19	3
隆林	15.03	13.39	14.49	9.92	52.83	0.15	24	4
河池	15.33	26.69	21.57	14.70	78.29	1.00	1	1
宜州	17.56	24.30	21.08	10.27	73.21	0.83	3	1
罗城	15.30	20.29	20.12	9.07	64.78	0.55	9	1
环江	13.85	20.93	19.27	9.66	63.71	0.51	10	3
南丹	12.89	22.16	21.47	12.04	68.56	0.67	7	2
凤山	14.44	14.75	15.23	9.70	54.12	0.19	21	4
东兰	13.26	21.41	17.13	7.41	59.21	0.36	14	3
巴马	12.15	16.99	18.52	9.62	57.28	0.30	17	3
都安	13.08	14.21	14.97	8.50	50.76	0.08	26	4
大化	12.33	18.93	17.10	8.16	56.52	0.27	18	3

将上面计算出的广西石山区各县(市)可持续发展度相对准则值(A)从大到小排列,作直线频率图,找出突高点,并做必要的修改,确定可持续发展度的等级和等级分数值区间(表2)。

表2　区域可持续发展度等级及其分布区间

区域等级	I	II	III	IV
标准可持续发展度区间	>0.8	0.56~0.80	0.23~0.55	<0.22
可持续发展度区间	>72.69	65.13~72.21	55.37~64.78	<54.95

最后将各单元(县、市)所得的分数值换算成区域等级,并标在评价单元中,合并同等级的县(市),构成了广西石山区可持续发展等级图(图1)。

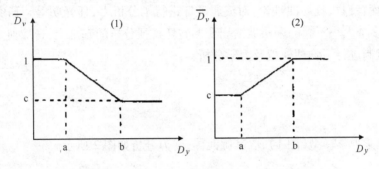

图1　广西石山区可持续发展等级图

3　意义

根据石山区可持续发展综合评价指标体系和方法,可得出单项指标的实际值,可以综合反映该评价指数的描述、评估及预警三种功能。对广西28个典型石山县(市)进行评价实践,以评价结果为依据提出石山区持续发展模式与对策。突出经济、社会与资源、环境、人口之间的协调,对现行经济社会的发展战略和规划进行反思和评估,调整到可持续发展的道路上来,推行"人口、粮食、生态"这一农村经济持续发展战略,使社会经济持续稳定地发展,增强广西石山区可持续发展能力。

参考文献

[1]　胡宝清,任东明. 广西石山区可持续发展的综合评价 II. 评价实践及对策建议. 山地研究,1998,16(3):193-197。

顺层坡的溃屈破坏模型

1 背景

滑坡形成机制的研究是评价、预测和防治自然边坡和已发生滑坡的边坡稳定性的重要依据。目前在有关顺层滑坡形成机制方面,平面滑动和楔体滑动的机理、分析方法都很成熟;但在斜坡滑移—弯曲(或溃屈)破坏方面尚无系统、成熟的分析方法,仍处于不断完善和发展阶段,如库特以板柱屈曲理论,对溃屈破坏进行了分析[1];任光明等[2]研究某工程所在地发育的30多个大小不同的顺层坡溃屈变形破坏特征分析的基础上,选取典型剖面对顺层坡滑坡形成机制进行了物理模拟及力学分析。

2 公式

建立的板梁力学模型(图1),取其微元体,受力分析如图2所示。

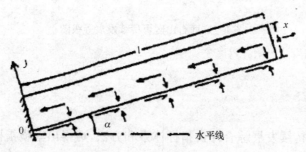

图1　板梁力学模型

下滑力 $S = \gamma h \sin a$;

抗滑力 $F = \gamma h \cos a \operatorname{tg}\phi + c$;

附加力偶 $m = (\gamma h \cos a \operatorname{tg}\phi + c)h/2$;

轴向均布荷载 $P_1 = \gamma h \sin a - \gamma h \cos a \operatorname{tg}\phi + c$; P_2 为坡顶集中荷载 $(x = l)$ 。

式中, γ 为岩体容重; h 为岩体厚度; α 为斜坡倾角; φ, c 分别为板梁下部支承物的内摩擦角和内聚力。因此,板梁可简化为一个沿轴向压缩和附加弯曲的叠加受力模式(图3)。设板梁弯曲变形的形函数为[3]:

284

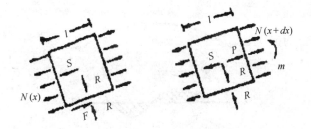

图2　微元体受力分析

$$y = a\sin(n\pi x/l) \tag{1}$$

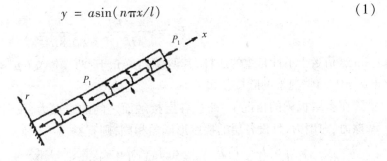

图3　板梁受轴向压缩和附加弯曲

根据能量平衡原理,不计势能时,板梁的变形能(ΔU)等于外力做功(ΔT),即:

$$\int_0^l \left[P_1 \frac{1}{2} \int_0^x \left(\frac{\mathrm{d}y}{\mathrm{d}x}\right)^2 \mathrm{d}x \right] \mathrm{d}x + P_2 \int_0^l \frac{1}{2}\left(\frac{\mathrm{d}y}{\mathrm{d}x}\right)^2 \mathrm{d}x = \frac{EJ}{2}\left(\frac{\mathrm{d}^2 y}{\mathrm{d}x^2}\right)^2 \mathrm{d}x \tag{2}$$

P_1 是轴向均布荷载,且为常量,解式(2)得:

$$P_1 = \frac{2\pi^2 n^2}{l^3}EJ - \frac{2P_2}{l} \tag{3}$$

式(3)中的 n 表示板梁处于临界状态时所对应的弯曲变形形式(图4)。现场调查及模拟试验结果表明,在顺层坡的溃屈变形破坏中,其坡脚附近常有一个充分发育的半波(呈弯曲隆起状),而另一个半波往往因坡体下部受阻、无临空条件等而难于明显发育。因此,板梁溃屈临界状态的弯曲变形当为全波,取 $n=2$ 较合理[3]。

考虑到桥梁受到的约束情况:下端固定,上端可近似为铰支,而且板梁仅坡面及坡顶临空。取长度系数为 $\sqrt[3]{4}$,设板梁原长为 L,则 $l=\sqrt[3]{4}L$,故临界均布荷载 P_{1a} 为:

$$P_{1a} = \frac{2\pi^2 EJ}{L^3} - \frac{2P_2}{\sqrt[3]{4}L} \tag{4}$$

式中,E 为弹模(Mpa);J 为桥梁横截面关于中性轴的惯性矩, $J = \frac{bh^3}{12}$;b,h 分别为桥梁的宽度及厚度(取 $b=1$);P_2 为坡顶集中荷载(kN);L 为坡长或板梁长度(cm 或 m)。式(4)即为层状结构顺层坡的溃屈条件。在不计板梁自重及其梁间的摩擦阻力时,$P_{1a}=0$,则:

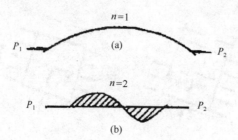

图8　桥梁的弯曲变形形式

$$P_2 = \frac{\sqrt[3]{4}\pi^2 EJ}{L^2} \approx \frac{\pi^2 EJ}{(0.8L)^2} \qquad (5)$$

这相当于不计自重的压杆,其两端约束介于:两端铰支($\mu=1$)与一端固定、一端铰支($\mu=0.7$)情况下的欧拉公式。

在多层板梁的情况下,略去各层接触面之间的摩擦力,仅考虑其与下覆软弱层带间的摩擦力、内聚力,且设各层的挠度形函数相同,则有:

$$\left(\frac{E_1 J_1}{2} + \frac{E_2 J_2}{2} + \cdots \frac{E_m J_m}{2}\right)\int_0^1 \left(\frac{\mathrm{d}^2 y}{\mathrm{d}x^2}\right)^2 \mathrm{d}x = \frac{1}{2}\sum_{i=1}^m E_i J_i \int_0^1 \left(\frac{\mathrm{d}^2 y}{\mathrm{d}x^2}\right)^2 \mathrm{d}x \qquad (6)$$

若各层材料及厚度相同时,则:

$$\sum_{i=1}^m E_i J_i = mEJ \qquad (7)$$

故在多层等厚板梁情况下式(4)可改为:

$$P_{1a} = \frac{2\pi^2 mEJ}{L^3} - \frac{2P_2}{\sqrt[3]{4}L} = \frac{\pi^2 mEh^3}{6L^3} - \frac{2P_2}{\sqrt[3]{4}L} \qquad (8)$$

式(8)即为多层、等厚、弹模相同岩层的溃屈条件。由式(8)可求出临界坡长 L_a:

$$6[\gamma mh\sin a - (\gamma mh\cos tg\phi + c)]L_a^3 + 12P_2 L_a^2/\sqrt[3]{4} - \pi^2 mEh^3 = 0 \qquad (9)$$

$$A = 6[\gamma mh\sin a - (\gamma mh\cos tg\phi + c)];\ B = 12P_2;\ c = -\pi^2 mEh^3 = 0$$

则式(9)变为:

$$AL_a^3 + BL_a^2 + c = 0 \qquad (10)$$

天然斜坡的坡顶一般没有集中荷载(即 $P_2=0$),故求解式(10)获得的顺层坡溃屈破坏的临界坡长为:

$$L_a = h\left\{\frac{\pi^2 mE}{6[\gamma h\sin\alpha - (\gamma mh\cos\alpha tg\phi + c)]}\right\}^{1/3} \qquad (11)$$

式(11)中:

$$\alpha > \arcsin\left(\frac{c\cdot\cos\alpha}{\gamma mh}\right) + \phi$$

定义层状结构顺层坡岩层溃屈的判据为:

$$K = L_a/L \tag{12}$$

式中，L_a 为发生溃屈的临界长度；L 为顺层坡岩层实际长度；K 为溃屈判断系数；当 $K=1$ 时，斜坡处于临界状态，当 $K>1$ 时，岩层不溃屈，当 $K<1$ 时，岩层发生溃屈。

为了获得板梁弯曲隆起的最高点位置，对形函数式(1)求极值。溃屈时式(1)可写为：

$$y = a\sin(n\pi x/L_a) \tag{13}$$

3 意义

根据溃屈破坏模型的计算，可知顺层坡在坡脚无临空条件下形成典型的滑移—弯曲（或溃屈）变形破坏，其演变过程具有明显的阶段性；通过能量平衡法，导出了顺层坡发生溃屈破坏的临界坡长、隆起端位置等力学模型，坡体的滑动表现为上部沿软弱面（或带）控制的顺层滑动，下部沿缓倾角剪裂面的切层滑动；通过对顺层坡发生溃屈破坏的力学分析，建立了破坏的力学模型。这为滑坡形成机制分析提供了理论依据。

参考文献

[1] 张倬元,王士天,王兰生. 工程地质分析原理. 北京:地质出版社,1994:327 – 331.

[2] 任光明,李树森,聂德新,等. 顺层坡滑坡形成机制的物理模拟及力学分析. 山地研究,1998,16(3):182 – 187.

[3] 王仁,丁中一,殷有泉. 固体力学基础. 北京:地质出版社,1979:128 – 133.

西双版纳鸟类的多样性计算

1 背景

西双版纳是多民族区,以山地农业为主,轮歇农业是传统的生产方式,包括斑块式轮歇系统、永久覆顶式轮歇系统和保留部分树种式轮歇系统。西双版纳地区人类活动形成不同类型的森林景观,构成相异的鸟类多样性格局。基诺山亚诺地区原有的连续自然森林景观正被破坏,原始生态机制轮歇系统已逐渐瓦解,形成隔离和大小不等的山顶"森林岛屿"景观。王直军[1]对西双版纳山地不同森林景观鸟类的多样性进行了调查,并通过公式具体说明鸟类分布。

2 公式

采用路线调查方法,在各生境观察统计鸟类,每一生境记录到 20 种鸟为一分析段,连续进行,直至种类增加趋势递减到最大限度,从而获得各生境的鸟种、数量及相关资料,并采用 T 种间相遇几率指数 PIE(ProPortion of Interspecific Eneounter)和变异系数 C_v(Coerficient of variation)来度量各生境鸟类群落,获取鸟类多样性及其变异资料[2-3],联系景观特征和鸟类群落组织特征,进行比较研究。使用公式:

$$PIE = \sum_{i=1}^{s} \left(\frac{n_i}{N}\right)\left(\frac{N-n_i}{N-1}\right)$$

$$C_v = \frac{V}{\bar{x}} \times 100\%$$

式中,S 为调查区所遇到的鸟种数;N 为所遇到的鸟个体总数;n_i 为记录到的第 i 种鸟个体数;v 为样本标准差;x 为参数(各生境鸟种数,种间相遇几率指数)平均值。

1994—1997 年每年干季(2 月、4 月、12 月)和雨季(6 月、8 月、10 月)开展鸟类调查。在勐宋记录到鸟类 148 种,分属 1 目 3 科 4 个亚科;在基诺山亚诺记录到鸟类 107 种,分属 1 目 29 科 4 个亚科。鸟类与森林景观结构的关系、鸟类多样性参数、变异系数及鸟类群落分析比较于表 1。

表1 各生境鸟种数和种间相遇几率指数比较

	勐宋总数/种数	遇见鸟种类/种数		相遇几率指数（PIE）		基诺山总数/种数	遇见鸟种类/种数		相遇几率指数（PIE）	
		干季	雨季	干季	雨季		干季	雨季	干季	雨季
休闲3~6年林地	107	102	100	0.929 0	0.928 6	53	48	43	0.842 3	0.821 9
休闲10年林地	108	102	101	0.929 1	0.928 8					
休闲20年林地	112	104	102	0.938 7	0.935 8					
休闲30年林地	114	104	103	0.948 5	0.941 4					
传统用材林	114	105	104	0.952 4	0.950 8					
传统经济林	115	107	106	0.961 7	0.961 2	42	35	33	0.823 7	0.816 8
藤类保护林	120	111	110	0.972 5	0.972 0					
常绿阔叶林	121	113	114	0.973 0	0.973 2	85	80	82	0.861 5	0.866 0
山地雨林	123	114	116	0.973 9	0.977 0	87	83	86	0.912 6	0.919 4
变异系数(C_v)/%	4.85	4.35	4.80	1.91	2.04	34.0	38.58	38.35	4.45	4.58

3 意义

根据种间相遇几率指数和变异系数的计算,可以度量各生境鸟类群落,获取鸟类多样性及其变异资料。从而研究在不同形式人类经济活动下的森林景观变化与西双版纳地区鸟类多样性的关系。同时对发展生产时的用地布局和维护森林景观的动态发展与提高人们生活质量和持续发展的关系进行了讨论。保护西双版纳地区现存自然森林景观是维持生物多样性的重要一环,这必须与研究当地民族的观念习俗相结合。此外,发展生产要注意用地布局,维护森林景观的动态发展,这是提高人们生活质量和持续发展的基础。

参考文献

[1] 王直军.西双版纳山地不同森林景观鸟类多样性.山地研究,1998,16(3):161-166.
[2] 尹绍亭.森林孕育的农耕文化.昆明:云南人民出版社.1994.
[3] 王直军.西双版纳基诺山林地环境及鸟类分布的变化.云南地理环境研究,1997,9(1):85-91.

石山区发展的评价指标

1 背景

"石山"系岩溶山区的俗称,具有独特的地理地质环境。由于水文动态变化剧烈,植被生长困难,生态系统极为脆弱敏感,环境承载力低。加上人口增长过快,土地利用不合理,石山地区为我国最贫困的地区之一。为了生态环境恶化、生活条件极差的石山地区尽早脱贫致富,显然应将可持续发展的思想溶进石山贫困地区的扶贫开发战略之中[1-2]。如何定量地评价区域可持续发展程度,就成为实行可持续发展战略的关键。胡宝清和任东明[3]结合广西石山区的实际情况,提出了综合评价石山地区持续发展的指标体系及使用方法以期引起讨论。

2 公式

评价指标体系是由目标层、准则层、指标层及分指标层构成的层次体系(图1)。

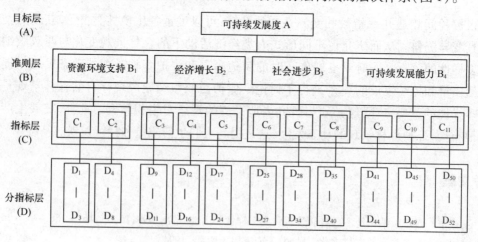

图1 石山区可持续发展评价指标体系结构模型

石山区可持续发展度以模糊综合评价方法计算可持续发展隶属度。综合评判值用 A 表示,并按下列公式计算:

$$A = \sum_{i=1}^{52} Y_i D_i$$

式中,A 为综合评判值(称为可持续发展度);Y_i 为 i 项指标权重值;D_i 为 i 项指标得分。

3 意义

根据区域可持续发展理论和广西石山区的实际,为欠发达地区制订出一套典型区域的可持续发展综合评价指标体系和综合评价方法。把各评价单元的可持续发展度依次排列,作直线频率图,找出突高点,得出区域可持续发展度等级图,可揭示区域可持续发展度等级分异的规律及原因。经系统聚类区划,得出可持续发展分区图,分析分区区域特征,并提出其相应的可持续发展模式及对策。

参考文献

[1] 吴应科. 广西石山区地区岩溶的综合治理与开发战略研究概要. 广西科学院学报,1988,(1):32 –39.

[2] 国家科委等编. 中国 21 世纪议程——中国 21 世纪人口、环境与发展白皮书. 北京:中国环境科学出版社,1994,47 – 51.

[3] 胡宝清,任东明. 广西石山区可持续发展的综合评价 I 指标体系和评价方法. 山地研究,1998,16(2):136 – 139.

水系沟槽的统计函数

1 背景

限于调查的精度及原始资料的完备程度,统计的水系仅位于临川城区一带,面积为 9 km²。水系沟槽的分布,除了少数是由实地量测之外,大部分是从国家测绘局测制的 1:10 000 地形图上进行转绘和量测的。戴东升[1]根据公式分析了江西临川市水系沟槽及新构造应力场。本区地貌可划分为两大类型,在地形上以低缓的冈地和河谷平原为主,地势开阔而平缓,地貌的成因以外动力中的流水作用最为明显,构造和基岩等因素仍在一定程度上制约了地貌的分布与发育。

2 公式

在统计区的水系折线图中,将各线段的方向定义为某水系沟槽的方向,将该线段的长度定义为相应沟槽的长度。这样,每段水系沟槽可用两个量(方位角和长度)来表示,全部水系沟槽网络就形成了包含两个变量 (Q, L) 的集合.

在近 9 km² 的统计区内,从水系图中共量测出 638 条线段,代表水系沟槽的总长度为 63 982 km(见表 1)。

表 1 临川市水系沟槽频度及累积长度比(频度: $\sum n/N, N = 638$,积累长度比: $\sum l/L, L = 63\ 928$ m)

区间	$\sum n$	频度 /%	$\sum l$ /m	累积长度 比/%	区间	$\sum n$	频度 /%	$\sum l$ /m	累积长度 比/%
NE1°~10°	44	6.90	4 807	7.51	NW0°~9°	4	5.3	3 290	5.14
NE11°~20°	3	5.49	3 649	5.7	NW10°~19°	40	6.27	4 180	6.53
NE21°~30°	40	6.27	3 842	6.0	NW20°~29°	47	7.37	4 849	7.58
NE31°~40°	6	5.64	3 470	5.42	NW30°~39°	40	6.27	3 656	5.71
NE41°~50°	38	5.96	3 506	5.48	NW40°~49°	35	5.49	3 576	5.59
NE51°~60°	31	4.86	2 787	4.36	NW50°~59°	38	5.96	4 059	6.34
NE61°~70°	3	5.17	3 121	4.88	NW60°~69°	27	4.23	2 620	4.09

区间	Σn	频度/%	Σl/m	累积长度比/%	区间	Σn	频度/%	Σl/m	累积长度比/%
NE71°~80°	30	4.70	2 683	4.19	NW70°~79°	35	5.49	3 561	5.57
NE81°~90°	25	3.71	3 142	4.91	NW80°~89°	30	4.70	3 184	4.98

统计分析的基本做法:选用一种恰当的理论分布,用极大似然法[2],计算出若干个最佳"平均"方向,然后将结果与地震应力场进行比较,以此检验假设正确与否。该计算程序:假设某地区水文网分布格局符合密度函数为 $k\cos^2$ 类型的理论分布,该分布密度函数:

$$f(\theta) = \frac{2}{\pi}\cos^2(\theta + a) \qquad \theta \in [0, \pi] \tag{1}$$

所求"平均"方向:

$$\theta = \int_0^n \theta \cdot \frac{2}{\pi}\cos^2(\theta + a)\,\mathrm{d}\theta = \frac{2}{\pi} + \sin 2a \tag{2}$$

据极大似然法,设 $F = \prod\limits_{i=1}^n \frac{2}{\pi}\cos^2(\theta_i + a)$,而:

$$\ln F = \sum_{i=1}^n \left[\ln\frac{2}{\pi} + 2\ln\cos(\theta_i + a) \right] = n\ln\frac{2}{\pi} + 2\sum_{i=1}^n \ln\cos(\theta_i + a) \tag{3}$$

令 $2\ln F/2a = 2\sum\limits_{i=1}^n \dfrac{-\sin(\theta_i + a)}{\cos(\theta_i + a)} = 0$,得:

$$2\ln F/2a = -2\sum_{i=1}^n \operatorname{tg}(\theta_i + a) = 0$$

代入 $\theta_i (i = 1, 2, 3, \cdots, n)$,可求导出 a 得 $\overline{\theta}$:

$$\overline{\theta} = \frac{\pi}{2} + \sin 2\overline{a}$$

上述统计方法在讨论较复杂区域构造应力场时才有更大的意义(有若干个解),正如伊沙德格尔认为,水文网分布的非随机现象,其根源在于地壳板块的运移和构造,是构造应力作用的结果[3]。

3　意义

据对临川市抚河及更次一级沟糟的水系分布统计和频度、累积长度比处理,发现本区在玫瑰图上均存在 NE0°~10° 和 NW20°~30° 两个"优势"的最大值,表明因新构造运动的垂直差异性,使本区东南面地势相对较高,抚河干流也大致沿区域地势最大梯度 NNW 方向延展。此外新构造运动也可伴随近水平方向的构造形变同时发生,在某些区段甚至可以超过水平位移占主导地位。

参考文献

[1] 戴东升,朱诚,张金城. 江西临川市水系沟槽及新构造应力场. 山地学报,1998,16(2):136-139.

[2] 王景明. 黄土沟槽网络与新构造应力场. 地理科学,1987,7(5):139-146.

[3] Scheides A E. TeetonoPhys. 55. 1979:7-10.

泥石流的土体破坏方程

1 背景

泥石流是由地貌、降水以及固体物质补给等多种因素共同作用的结果。理论分析和野外观测表明,流域内斜坡上的土体在重力及水的作用下平衡遭到破坏,是泥石流形成的内在原因。其力学机理为,源地土受到剪切力和自身抗剪力的作用,当剪切力小于等于抗剪力时,源地土处于平衡状态;反之,当剪切力大于抗剪力时,源地土遭到破坏。刘雷激等[1]利用公式将泥石流源地土抗剪强度指标 φ、C 值同土体含水量 Q 的关系进行了分析计算。剪切力的产生,主要是由于重力沿斜面的分力以及水的渗透压力的作用,抗剪力则是由土体自身的特性所决定的。

2 公式

土体的破坏理论

一般认为,源地土破坏遵循莫尔—库伦理论,即在源地土极限状态下,法线为 n 的面上的最大剪应力 τ_n 与该面上的法向应力 σ_n 成某一确定的函数关系[2]:

$$\tau_n = f(\sigma_n) \tag{1}$$

上式的线性形式即是通常所说的库伦方程。

$$\tau_n = \sigma_n \mathrm{tg}\varphi + C \tag{2}$$

式中,C 和 φ 分别为源地土内聚力和内摩擦角。

式(2)右边两项分别代表了源地土的摩擦强度分量和凝聚分量。源地土的内摩擦力包含两部分,一部分是由于土颗粒粗糙产生的表面摩擦力,另一部分是粗颗粒之间互相镶嵌、连锁作用产生的咬合力。而内聚力主要来源于土颗粒之间的电子吸引力和土中天然胶结物质(如硅、铁物质和碳酸盐等)对土粒的胶结作用。

进行试验时,人工配制了三种不同的含水量的源地土,采用快剪方式进行 φ、C 值的测定。根据理论分析,当源地土含水量增加时,水分在土粒表面形成润滑剂,使功值减小,同时使薄膜水变厚,甚至增加自由水,则粒间电子力减弱,内聚力 C 降低。但根据试验,源地土的 φ、C 值在含水量达到塑限以前,其变化不是简单的(图1和图2)。

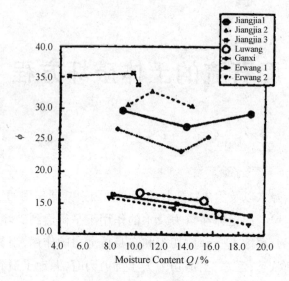

图1　内摩擦角 φ 随含水量 Q 的变化曲线

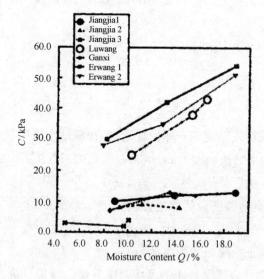

图2　内聚力 C 随含水量 Q 的变化曲线

3　意义

　　根据探索源地土抗剪强度与土体含水量关系而进行土体 φ、C 值随含水量变化的试验,可知在源地土含水量达到塑限以前,φ 值随含水量的变化不是线性的,而是主要呈上凸和下凹两种曲线形式;C 值随含水量的变化基本上是单调上升的。源地土抗剪强度指标 φ、C

296

值对泥石流的发生具有重要意义,然而,所得出的关系仅是概略的、定性的,精确的定量关系尚待进一步研究。

参考文献

[1] 刘雷激,朱平一,张军. 泥石流源地土抗剪强度指标 φ、C 值同含水量 Q 的关系. 山地研究,1998,16 (2):99 – 102.

[2] 黄文熙. 土的工程性质. 北京:水利电力出版社,1983. 242 – 244.

山区资源的可持续利用模型

1 背景

可持续发展的核心是如何正确处理人与环境的关系,要使人地关系协调,人地系统优化,最终应建立模型。根据人地协同论,可持续发展战略的哲学基础是系统辨证论,其数学基础是动力系统理论,核心定理是 Poincare – Bendixson 定理[1-2]。它显示了调控和优化人地系统的目标与方法。优化山区人地系统,包括三个方面,即边界的优化、结构的优化及接合方式和接合点的优化[3],为了研究方便,选好结合的切入点是关键。而就其重要性和代表性而言,人和资源系统是研究人地系统的最好切入点。

2 公式

2.1 人地协同论

Poincare – Bendixson 定理是判断极限环是否存在,即是否达到协同状态的重要定理。仿文献[2],设人和资源系统为:

$$dh/dt = H(h,e,k) \qquad de/dt = E(h,e,k) \tag{1}$$

式中,k 为调节参数;H 和 E 分别是关于人和资源的多因素非线性函数,是人和资源系统分别对人和资源作用的泛函。若方程组有一轨线总是局限在相平面(第一象限)的有限范围内,并不会到达任何奇异点,那么这一轨线就是或者趋于一个极限环,系统就存在或者近似存在一种协同状态,极限环是最典型的差异协同体。

2.2 再生资源的可持续利用模型

将问题简化,我们采用的调控手段是,调控人类对资源的需求,以求人和资源系统的协同。根据徐建华[4]的可更新资源的最佳利用策略模型,若 $x = x(t)$ 为 t 时刻资源的水平,是人和资源系统的状态变量;$u = u(t)$ 为该时刻资源的开发率,是这一系统的调控变量。$g(x)$ 为资源可再生率,目标是确定一个允许的资源开发率 $u^*(t)$,使资源储量稳定在获得最佳效益的某个水平,利用最大值原理,欲求的资源水平 x^* 将满足方程:

$$dp(x)/dx = \delta[p - C(x)] \tag{2}$$

式中,p 为资源的单位收获量价格;$C(x)$ 为成本;δ 为货币贴现率,而:

$$p(x) = g(x)[p - C(x)] \tag{3}$$

298

表示资源水平储量为 x 时的持续经济利润。

人和资源系统的动态方程为：

$$\mathrm{d}x/\mathrm{d}t = g(x) - u(t) \tag{4}$$

显然，资源的可再生率 $g(x)$ 是一个重要的约束条件。只有在 $x=0$ 和 $x=x_{max}$ 之间时，$g(x)$ 才有增长的可能。$g(x)$ 函数图形一般就是 Logistic 曲线[5]：

$$g(x) = \tau x(1 - x/k) \tag{5}$$

若 x^* 为式(2)的唯一的解，那么资源的持续利用策略为：

$$u^*(t) = \begin{cases} u_{max} & \text{当 } x < x^* \\ rx(1 - x^*/k) & \text{当 } x = x^* \\ u_{max} & \text{当 } x > x^* \end{cases} \tag{6}$$

式(6)告诉我们，当资源的储量水平小于或大于资源的利用水平时，资源的利用策略都相对简单。资源储量水平小于利用水平，出现资源短缺，这时的解决办法，若未能寻求出代用资源，就被迫使发展遭受影响，总之要使资源利用水平 x^* 不断减少而趋近于 x。而当资源储量大于资源利用水平时，发展的环境较为宽松，但是，很有可能是随着资源利用水平不断地增长，x^* 将不断增加而趋近于 x。因此研究 $u^*(t) = rx(1 - x^*/k)$ 的情形将具有普遍意义。

3　意义

根据人地协同论，建立了人—资源可持续利用模型。人和自然资源构成了山区人地系统的一个子系统，且是研究后者很理想的切入点。这个模型的意义在于：资源消耗的持续性是要以求得补偿为前提的。如果人类能够做到废物资源化，不断地扩大用可再生的资源替代不可再生的资源，就能实现社会经济发展与资源消费同步增长。只有已探明的总量足够大，或者寻求替代资源以保证填补不可再生资源的减少量，才谈得上可持续利用，因此可再生资源管理模型在一定程度上具有普遍意义。

参考文献

[1] 艾南山,李国林,李后强. 山区资源可持续利用模型. 山地研究,1998,16(2):850-88.

[2] 李后强. 人地系统中的差异协同——兼论可持续发展战略的科学基础. 云南大学学报(自然科学版),1997,19(增刊):120-122.

[3] 余大富. 我国山区人地系统结构及其变化趋势. 山地研究,1996,14(2):122-128.

[4] 徐建华. 地理系统分析. 兰州:兰州大学出版社,1991,82-84.

[5] 牛文元. 持续发展导论. 北京:科学出版社,1994,232-233.

山系的分形模型

1 背景

分形理论由美国科学家曼得尔布罗特(B. B. Mandelbrot)于 20 世纪 70 年代中期创立,与耗散结构论、混沌论一样,都是近 10 多年来发展起来的一门新学科,现已在包括地学在内的众多领域取得了极为广泛的应用。对于地貌学领域而言,运用分形理论对地表形态及其发生、发展和分布规律的研究,都已经取得了丰硕的成果[1],这些应用已使分形地貌学(fractaigeomorphology)初见轮廓,但大量研究往往多集中于流水地貌及分形地形的模拟[2],而对山系的分维以及山系、断层系之间能否通过相关参数对其相互关系进行探讨等基本问题却少有涉及。朱晓华和王建[3]根据中国山系、断层系资料,对上述问题进行了初步研究,以此来探讨山系的分维及山系与断层系关系。

2 公式

分形理论主要用于研究复杂系统的自相似性,根据分形基本概念,如果具有大于 r 的特征线性尺度的客体数目 $N(r)$ 满足关系式:

$$N_{(r)} = c/r^v \tag{1}$$

则定义了一个分形分布。式中 c 为待定常数,D 为客体的分维数。如果一客体具有分形性质,则在一定标度域内分维数为一常数。现对该式两边同时取以 10 为底的常用对数,则:

$$\lg[N(r)] = -D\lg(r) + kg(c) \tag{2}$$

根据式(2),$\lg[N(r)] - \lg(r)$ 散点在一定标度域内在一条直线上,则可以通过求取直线的斜率得到分维数的值。现将 r 定义为山系的特征线性长度,取值在 50~500 km 之间,将满足具有大于 r 的特征线性长度的 A、B 研究区山系数目分别定义为 N_A 和 N_B,根据统计资料,通过分别建立 A、B 研究区 $\lg[N_A] - \lg(r)$、$\lg[N_B] - \lg(r)$ 散点图来分析中国山系是否具有分形性质等相关问题。

以 50~500 km 之间不同的 r 值为特征线性长度,统计具有大于不同 r 值的 A、B 研究区各个山系数目,结果见表 1。

表 1　A、B 研究区山系数目

km	>50	>100	>150	>200	>250	>300	>350	>400	>450	>500
N_A	381	251	143	95	67	45	37	25	17	13
N_B	132	91	56	38	29	20	18	15	11	8

由表 1,建立 A、B 两研究区 $\lg(N_A)-\lg(r)$、$\lg(N_B)-\lg(r)$ 的关系图(图 1 和图 2)。

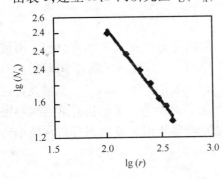

图 1　A 研究区 $\lg(N_A)-\lg(r)$ 关系图

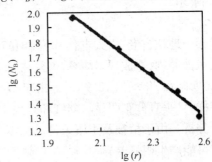

图 2　B 研究区 $\lg(N_B)-\lg(r)$ 关系图

3　意义

根据中国山系,运用分形理论对山系分布是否具有分形性质进行了统计分形分析,并探讨了山系分维的地学意义。在此基础上,根据分维的相关性,进行了山系、断层系关系的研究,从一个新的角度进行了断层系形成机制的探讨。山系分维值在不同区域间的差异,除表征其分布频度的差异外,还表征了构造运动在不同区域间的强弱程度之分。将山系分维与断层系分维相联系,既是研究这两种分形地貌现象的关联点及探讨两者关系的新量度,也是探讨断层系形成机制的新思路。

参考文献

[1]　张捷,包浩生.分形理论及其在地貌学中的应用——分形地貌学研究综述及展望.地理研究.1994,13(3):104-109.

[2]　洪时中,洪时明.地学领域中的分维研究:水系、地震及其他.大自然探索,1988,7(24):33-37.

[3]　朱晓华,王建.山系的分维及山系与断层系关系.山地研究,1998,16(2):94-98.

土壤动物的群落结构模型

1　背景

　　泰山地质古老,由太古代片麻岩和花岗岩构成,周缘部分是石灰和钙质页岩。山坡经长久风蚀冲刷,造成很多峻峰深谷,主峰玉皇顶海拔1 545 m。气候属暖温带季风型,夏季多雨,冬寒晴燥,年均温12.9℃,无霜期186～196 d,年平均降雨量750 mm[1]。土壤及植被类型多样,且垂直分布明显。刘红和袁兴中[2]利用相关公式对泰山土壤动物群落结构特征进行了分析。由于植被及土壤条件的高度异质性,土壤动物种类组成及生态分布在较小范围内有可能产生明显差异。

2　公式

　　就稀有类群和极稀有类群而言,虽然数量稀少,但其中有些类群却能反映所栖息环境的地理特征,具有一定的指示作用,泰山土壤动物各类群(纲、目)相对数量如图1所示。

　　山顶灌丛草甸湿度大,雾多,植被覆盖度为100%,且土壤有机质相当丰富,土壤动物种类和数量居五种生境的首位。油松林和山顶灌丛草甸由于自然生态条件良好,受人类活动影响较小,这两个生境中的土壤动物个体数量占总数量的71.09%(图2)。

　　泰山土壤动物在土壤层中也表现出明显的地下成层现象即垂直结构(图3)。从图3中可以看出,不同生境中土壤动物的垂直结构各不相同。

　　研究以土壤动物大的分类群为计算依据,计算公式为[3]:

$$H' = -\sum_{i=1}^{s} P_i \ln P_i$$

$$J' = H'/\ln S$$

$$C = \sum (n_i/N)^2$$

式中,H'为香农(Shannon – Wiener)多样性指数,J'为皮洛(Pielou)均匀度指数,C为辛普森(Simpson)优势度指数,$P_i = n_i/N$,n_i为每一类群个体数,N为总的个体数,S为类群数。

3　意义

　　随海拔高度的变化,不同土壤动物群的垂直分异现象表现较为明显。根据土壤动物的

302

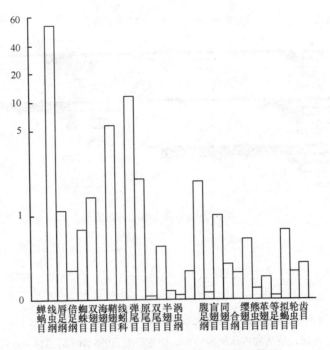

图1 泰山土壤动物各类群(纲、目)相对数量

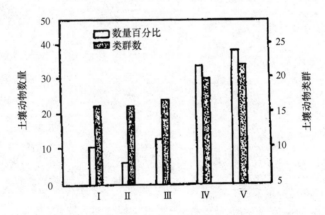

图2 泰山不同生境中土壤动物种类和数量分布比较

Ⅰ侧柏林;Ⅱ赤松林;Ⅲ刺槐林;Ⅳ油松林;Ⅴ灌丛草甸

群落结构模型,不同生境中的土壤动物类群数和个体数也不相同,总的说来是山顶灌丛草甸最大,油松林居第二。从群落垂直结构模型上看,土壤动物的类群数和个体数均随土壤层次的加深而减少,具有明显的表聚性。五种生境中,土壤动物群落的多样性及均匀性呈一致的趋势,差异并不巨大,各群落相似性系数的差异也不显著,反映了泰山不同植被土壤动物群落组成具有较大的共通性。

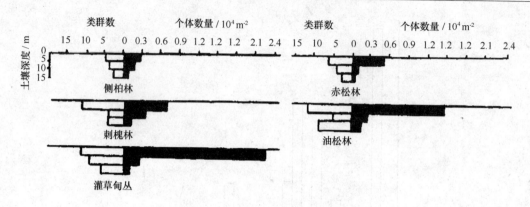

图3　泰山不同生境土壤动物垂直结构图

参考文献

[1]　孙庆基. 山东省地理. 济南:山东教育出版社,1987:60－127.

[2]　刘红,袁兴中. 泰山土壤动物群落结构特征. 山地研究,1998,16(2):114－119.

[3]　钟觉民. 昆虫分类图谱. 南京:江苏科技出版社,1985:1－317.

植物因子阻拦明渠输沙的方程

1 背景

　　植物因子是植物中未被人所认知但对人体有用的一类物质。明渠是一种具有自由表面(表面上各点受大气压强的作用)水流的渠道。根据它的形成可分为天然明渠和人工明渠。明渠中按一定规律种植植物后,人为地设置了一道道屏障,使流经的水流阻力增大,水位攀升,床面切应力降低,推移质输沙率减小;从而导致了进出植物带影响区域的输出量不平衡,造成自奎水区上端开始的沿程淤积。拾兵等[1]就植物因子与明渠推移质输沙率的关系展开了分析,并引入公式进行分析。

2 公式

　　对于恒定水沙条件,给定了植物带长度和密度后,其拦截沙量是一定的,总量可由下式表示:

$$W_b = \int_{t_1}^{t_2} [G_b - G_b(t)] dt \tag{1}$$

$$T_c = t_2 - t_1 \tag{2}$$

式中,G_b 为平衡输沙率;$G_b(t)$ 为 t 时刻的输沙率;T_c 为自开始淤积至淤积达到平衡所需的时间。G_b 可由国内外众多平衡输沙率公式计算求得,它仅与水沙条件有关;$G_b(t)$ 则是受植物作用后,植物带末端输沙率,它除与时间 t 有关外,还与植物有关参数和水流泥沙因子有关。为了探讨植物对输沙率的影响,仅以 $G_b(t)$ 为研究对象,经引入一定假设后,并结合部分试验成果,分析某时刻 $G_b(t)$ 与对应树木参数之间的内在联系(以下简称 G_b)。

2.1 床面相对切应力与树木因子关系的建立

　　假设树木在明渠中按一定规律种植后,在足够长的树木林带内,水流能够形成均匀流(或接近均匀的渐变流)。令林带长为 L,I 排树木阻水有效面积为 A,床面上树木占据面积为 W,淹没在水体中的树木总体积为 V_f,断面总面积及湿周分别为 A' 和 P' (含树木),平均流速为 v',则由受力平衡(图1):

$$r'_0 \left(P'L - \sum_{i=1}^N W_i \right) + \sum_{i=1}^N \frac{p \, v'^2}{2} C_{D_i} A_i = \gamma (A'L - V_f) S_o \tag{3a}$$

　　令 $\eta_b = r'_0 \sum_{i=1}^N W_i / P'L$,$\eta_1 = A_i/A'$,$f_v = V_f/A'L$,则:

$$r'_0(1 - \eta_L)P'L + \frac{pv'^2}{2}A' \sum_{i=1}^{N} C_{D_i}\eta_i = (1 - f_v)\gamma A'LS_o \tag{3b}$$

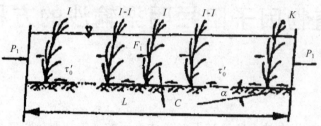

图1 水体受力分析

方程两端同除以 $P'L$,并代入 $R' = A'/P'$,则:

$$r'_0 = \frac{1}{1 - \eta_l}\Big[(1 - f_v)\gamma R'S_0 - \frac{pv^2}{2}\frac{R'}{L}\sum_{i=1}^{N} C_{D_i}\eta_i\Big] \tag{3c}$$

式中,C_{D_i} 为 I 行的平均阻力系数,它与树木的布置方式及水流雷诺数有关。据 Li 和 Shen 的研究[2],无论是平行种植还是交错种植,1~4 排阻力系数 C_D 值衰减较快;4~N 排(N > 4),C_D 值基本保持某一常数。为了分析方便,忽略入口段 C_{D_i} 的波动值,假定 C_{D_i} 为常数,即 $C_{D_i} = C_D$,则有:

$$r'_0 = \frac{1}{1 - \eta_b}\Big[(1 - f_v)\gamma R'S_0 - \frac{\gamma C_D v^2}{2g}\frac{R'}{L}\sum_{i=1}^{N} \eta_i\Big] \tag{3d}$$

令 $\dfrac{C_D v^2}{2g} = H_d, \dfrac{R'}{L}\sum_{i=1}^{N} \eta_i = F_v$,则:

$$r'_0 = \frac{1}{1 - \eta_b}\Big[(1 - f_v)\gamma R'S_0 - \gamma H_d F_v\Big] \tag{3e}$$

当明渠中无树木时,床底切应力为:

$$r_0 = \gamma RS_o \tag{4}$$

将式(3e)除以式(4),得:

$$\frac{r'_0}{r_0} = \frac{1}{1 - \eta_b}\Big[(1 - f_v)\frac{R'}{R} - \frac{1}{S_0}\frac{H_4}{R}F_v\Big]$$

$$= 1 - \frac{1}{1 - \eta_b}\Big[(f_v - \eta_b) - (1 - f_v)\frac{R' - R}{R} + \frac{H_4}{R}\frac{F_v}{S_o}\Big] \tag{5}$$

为了说明式(5)中 $(f_v - \eta_b), (1 - f_v)\dfrac{R' - R}{R}, \dfrac{H_d}{R}\dfrac{f_v}{S_0}$ 的量级大小。为简化,得:

$$r'_o/r_0 = 1 - F_v^m \tag{6}$$

式中,m 为指数,并与 f_v 有关。

表 1　m 值相关表

植物类型	布置方式	τ'_0/τ_0	$1-\tau'_0/\tau_0$	F_r	f_1	m	备注
乔木	交错	0.286	0.714	0.030 2	0.003 928	0.096	$Q=4.786\ \mathrm{m^2 \cdot s^{-1}}$ $S_0=0.2\%$ 矩形断面
		0.442	0.558	0.015 3	0.001 964	0.140	
		0.629	0.371	0.007 7	0.009 820	0.204	
		0.308	0.692	0.027 2	0.003 630	0.102	
		0.265	0.735	0.025 8	0.003 626	0.084	
		0.268	0.732	0.027 3	0.003 626	0.093	
		0.283	0.717	0.027 4	0.003 626	0.087	
乔木	平行	0.188	0.812	0.059 4	0.007 860	0.071	$Q=5.89\ \mathrm{m^2 \cdot s^{-1}}$ $S_0=0.2\%$ 矩形断面
		0.331	0.669	0.030 3	0.003 928	0.115	
		0.305	0.694	0.030 3	0.003 928	0.104	
		0.301	0.699	0.030 2	0.003 928	0.102	
		0.335	0.665	0.030 2	0.003 928	0.117	
		0.228	0.772	0.043 5	0.005 892	0.083	
灌木	交错	0.777	0.223	0.030 7	0.007 670	0.431	$Q=6.82\ \mathrm{m^2 \cdot s^{-1}}$ $S_0=0.2\%$ 梯形断面
		0.735	0.265	0.035 0	0.007 670	0.396	
		0.452	0.548	0.094 0	0.002 310	0.254	
		0.448	0.552	0.076 0	0.002 310	0.230	
		0.394	0.626	0.087 0	0.002 310	0.205	

绘 $f_v - m$ 关系点,如图 2 所示。由相关分析,则有:

$$\text{乔木交错布置} \qquad m = 2 \times 10^{-3} f_v^{2/3} \qquad\qquad (7)$$

$$\text{乔木平行布置} \qquad m = 3.4 \times 10^{-3} f_v^{2/3} \qquad\qquad (8)$$

$$\text{灌木交错布置} \qquad m = 4 \times 10^{-3} f_v^{2/3} \qquad\qquad (9)$$

即:

$$m = k f_v^{2/3}$$
$$r'_o/r_o = 1 - F_1^k f_v^{-2/3} \qquad\qquad (10)$$

式中,k 为常数。

2.2　相对输沙率与树木因子关系的建立

由 Shields 输沙率方程[3]得:

$$G_b = \frac{10(r_o - r)QS_o\gamma}{(\gamma_s - \gamma)d_{65}} \qquad\qquad (11)$$

则植树后断面输沙率可表示为:

$$G'_b = \frac{10(r'_o - r)QS_o\gamma}{(\gamma_s - \gamma)d_{65}} \qquad\qquad (12)$$

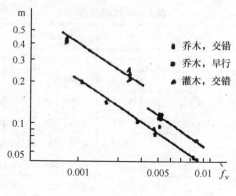

图2 $f_v - m$ 关系曲线

式中，Q 为水流流量，r_c 为临界切应力，d_{65} 代表粒径。由式（10）、式（12）有：

$$G'_b = \frac{10(r_o - r)QS_o\gamma}{(\gamma_s - \gamma)d_{65}} - \frac{10r_o F_u^k f_v^{-2/3} QS_o\gamma}{(\gamma_s - \gamma)d_{65}} = G_b - \Delta G_b \tag{13}$$

其中，$\Delta G'_b = \dfrac{10r_o F_u^k f_v^{-2/3} QS_o\gamma}{(\gamma_s - \gamma)d_{65}}$ 为输沙率减小量。式（13）除以式（11）得：

$$\frac{G'_b}{G_b} = 1 - \frac{r_o}{r_o - r_c} F_u^k f_v^{-2/3} \tag{14}$$

此式即为 F_v、f_v 对应的泥沙输沙率的相对关系。

3　意义

依据均匀流假设，采用理论分析与试验研究相结合的方法，借助床面相对剪切应力的推求，得到了沟道植树前后，推移质相对输沙率与植物因子 F_v 之间的关系。由此可推求植物带布设后，推移质输沙率的减小值 ΔG_b 及植物带前推移质淤积量。当植物全部被泥沙埋没时，即断面输沙率已恢复到河床调整后的无树状态；但当树木很高，如乔木，水流和泥沙无法淹没时，流速增加，同时水面比降也将增加，此时植物带范围内的水流已为非均匀流，水面线型为云落水曲线，还应引入其他因子，方能揭示其变化规律。

参考文献

［1］ 拾兵，曹叔尤，何建宇. 植物因子与明渠推移质输沙率的关系. 山地学报，1998，16（2）：89 – 93.

［2］ Li RM, Shen WH. Effect of Tall Vegetations on Flow and Sediment. Journal of Hydraulics Division, May1973，vol. 99，799 – 801.

［3］ Henderson M. Open Channel Flow. The Macmillan CO. ，New York. N. Y. 1966：438.